U0830617

线性代数

燕山大学理学院应用数学系 主编

燕山大学出版社
· 秦皇岛 ·

图书在版编目(CIP)数据

线性代数/燕山大学理学院应用数学系主编. —秦皇岛:燕山大学出版社,2023.6
ISBN 978-7-5761-0432-5

Ⅰ.①线… Ⅱ.①燕… Ⅲ.①线性代数—高等学校—教材 Ⅳ.①O151.2

中国版本图书馆 CIP 数据核字(2022)第 256752 号

线性代数

燕山大学理学院应用数学系 主编

出 版 人:陈 玉
责任编辑:孙志强
责任印制:吴 波　　封面设计:吴 波
出版发行:燕山大学出版社 YANSHAN UNIVERSITY PRESS　　电 话:0335-8387555
地 址:河北省秦皇岛市河北大街西段 438 号　　邮政编码:066004
印 刷:英格拉姆印刷(固安)有限公司　　经 销:全国新华书店

开 本:787 mm×1092 mm 1/16　　印 张:14
版 次:2023 年 6 月第 1 版　　印 次:2023 年 6 月第 1 次印刷
书 号:ISBN 978-7-5761-0432-5　　字 数:350 千字
定 价:47.00 元

前言

线性代数不仅是大学数学系列课程中的一门重要基础理论课程，而且还是理工和经管类等各专业的一门必修数学课程.线性代数主要研究有限维线性空间，其理论和方法已渗透到数学、自然科学、工程科学和社会科学的诸多分支，并且被广泛地应用于计算机、物理、经济管理、工程、材料、生物、统计和人工智能等学科和领域.

在现代教育信息化的背景下，传统的教材内容设计、教师教学模式及学生学习方式都在悄然发生变化，仅以纸质教材为媒介的课堂教学载体已不能完全满足当前的教育需要，纸质教材与数字化资源一体化的新形态教材成为必然.为适应新形势下各专业对大学数学课程的教学需要，培养学生的抽象思维、计算能力和解决实际问题的能力，燕山大学理学院应用数学系“线性代数课程教学团队”在保持线性代数传统教材内容体系的基础上，编写了这套多元化、立体化和可视化的新形态线性代数教材.本教材的具体特色如下：

1. 教材内容简明扼要、重点突出、尊重科学性、突出实用性，既保证了内容体系的完整性和连贯性，又做到了基本概念介绍清晰，基本理论分析到位，基本方法应用规范.

2. 基于移动互联网技术设置二维码，将纸质教材内容与在线视频课程讲解衔接起来，实现了教学资源、信息技术与课程教材的有机融合，丰富学生学习的方式与方法，拓宽学生学习形式的多样性.

3. 课程辅助资源丰富，设计了章节要点总结、典型问题与方法解析、简明应用案例展示、MATLAB在线性代数中的应用及资料选读等学习辅助资源，调动学生学习的自主性，为学生进行更为广泛的拓展学习提供便利.

4. 章节习题层次设置分明、难易均衡、题型多样，每章均设有两个层次的习题，对应的分别是适合多数学生能独立自主完成的基础题和部分有余力学生需要提升自己能力水平的提高题.

本教材主要内容包括行列式、矩阵、线性方程组与 n 维向量、矩阵的对角化与二次型、MATLAB在线性代数中的应用简介.全书共分为五章，第一章到第四章建议学时数为32～40，第五章加*部分以及其他各章加*小节为选学内容，教师可根据实际教学需要和学时要求酌情安排.

本教材由燕山大学理学院应用数学系“线性代数课程教学团队”教师编写. 在编写过程中，参考了国内外许多优秀教材和网络资源，得到了燕山大学理学院、教务处和出版社的大力支持，在此一并表示衷心的感谢.

由于编者水平有限，教材中难免存在疏漏和不足，恳请使用本教材的教师和学生提出宝贵意见.

编者

2022年8月

目　录

第一章

行 列 式

行列式是线性代数的基本工具，在数学和其他学科分支上具有广泛的应用．本章主要介绍 n 阶行列式的定义、性质、计算和行列式在线性方程组求解及其他方面的应用．

第一节　行列式的定义

一、二阶与三阶行列式

初等数学中，二阶行列式是在二元线性方程组求解中提出的．设二元线性方程组为

$$\begin{cases} a_{11}x_1+a_{12}x_2=b_1 \\ a_{21}x_1+a_{22}x_2=b_2 \end{cases},$$

利用消元法可得

$$\begin{cases} (a_{11}a_{22}-a_{12}a_{21})x_1=a_{22}b_1-a_{12}b_2 \\ (a_{11}a_{22}-a_{12}a_{21})x_2=a_{11}b_2-a_{21}b_1 \end{cases}.$$

当 $a_{11}a_{22}-a_{12}a_{21}\neq 0$ 时，方程组有唯一解

$$x_1=\frac{a_{22}b_1-a_{12}b_2}{a_{11}a_{22}-a_{12}a_{21}},\ x_2=\frac{a_{11}b_2-a_{21}b_1}{a_{11}a_{22}-a_{12}a_{21}}.$$

定义 1　由 2^2 个元素 $a_{ij}(i,\ j=1,\ 2)$ 构成的表达式 $\begin{vmatrix} a_{11} & a_{12} \\ a_{21} & a_{22} \end{vmatrix}$ 表示代数和 $a_{11}a_{22}-a_{12}a_{21}$，称式 $\begin{vmatrix} a_{11} & a_{12} \\ a_{21} & a_{22} \end{vmatrix}$ 为二阶行列式，即

$$\begin{vmatrix} a_{11} & a_{12} \\ a_{21} & a_{22} \end{vmatrix} = a_{11}a_{22} - a_{12}a_{21},$$

其中元素 a_{ij} 的下标 i 称为**行标**，下标 j 称为**列标**，表示该元素位于第 i 行、第 j 列.

记

$$D = \begin{vmatrix} a_{11} & a_{12} \\ a_{21} & a_{22} \end{vmatrix},\ D_1 = \begin{vmatrix} b_1 & a_{12} \\ b_2 & a_{22} \end{vmatrix},\ D_2 = \begin{vmatrix} a_{11} & b_1 \\ a_{21} & b_2 \end{vmatrix},$$

根据二阶行列式的定义，当 $D \neq 0$ 时上述二元线性方程组的解可表示为

$$x_1 = \frac{D_1}{D},\ x_2 = \frac{D_2}{D}.$$

二阶行列式的运算规律可由如下所示的**对角线法则**展开：

$$\begin{vmatrix} a_{11} & a_{12} \\ a_{21} & a_{22} \end{vmatrix} = a_{11}a_{22} - a_{12}a_{21},$$

即主对角线(实线)上的两个元素相乘，带正号；副对角线(虚线)上的两个元素相乘，带负号，即二阶行列式是这两项的代数和.

例 1 解线性方程组 $\begin{cases} 3x + 4y = 8 \\ 2x + 7y = 5 \end{cases}$.

解 由于 $D = \begin{vmatrix} 3 & 4 \\ 2 & 7 \end{vmatrix} = 13$，$D_1 = \begin{vmatrix} 8 & 4 \\ 5 & 7 \end{vmatrix} = 36$，$D_2 = \begin{vmatrix} 3 & 8 \\ 2 & 5 \end{vmatrix} = -1$，所以解为

$$x = \frac{D_1}{D} = \frac{36}{13},\ y = \frac{D_2}{D} = -\frac{1}{13}.$$

定义 2 由 3^2 个元素 $a_{ij}(i, j = 1, 2, 3)$ 构成的表达式 $\begin{vmatrix} a_{11} & a_{12} & a_{13} \\ a_{21} & a_{22} & a_{23} \\ a_{31} & a_{32} & a_{33} \end{vmatrix}$ 表示代数和 $a_{11}a_{22}a_{33} + a_{12}a_{23}a_{31} + a_{13}a_{21}a_{32} - a_{13}a_{22}a_{31} - a_{12}a_{21}a_{33} - a_{11}a_{23}a_{32}$，称 $\begin{vmatrix} a_{11} & a_{12} & a_{13} \\ a_{21} & a_{22} & a_{23} \\ a_{31} & a_{32} & a_{33} \end{vmatrix}$ 为**三阶行列式**，即

$$\begin{vmatrix} a_{11} & a_{12} & a_{13} \\ a_{21} & a_{22} & a_{23} \\ a_{31} & a_{32} & a_{33} \end{vmatrix} = a_{11}a_{22}a_{33} + a_{12}a_{23}a_{31} + a_{13}a_{21}a_{32} - a_{13}a_{22}a_{31} - a_{12}a_{21}a_{33} - a_{11}a_{23}a_{32}.$$

由上述定义可见，三阶行列式含 6 项，每项均为不同行不同列的三个元素的乘积再冠以

正负号，其运算规律可由如下所示的**对角线法则**展开：

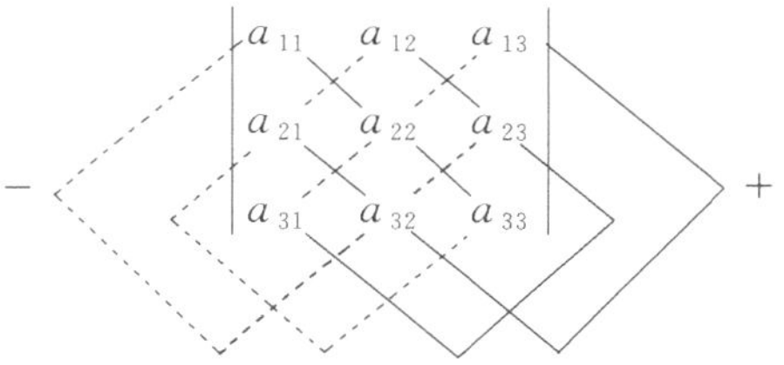

即实线上三个元素的乘积冠以正号，虚线上三个元素的乘积冠以负号，所得六项的代数和就是三阶行列式的展开式.

例 2　计算三阶行列式

$$D=\begin{vmatrix} 1 & 2 & 3 \\ 4 & 0 & 5 \\ -1 & 0 & 6 \end{vmatrix}.$$

解　根据三阶行列式的对角线法则，有

$$\begin{aligned} D &= 1\times 0\times 6+2\times 5\times(-1)+3\times 4\times 0-3\times 0\times(-1)-1\times 5\times 0-2\times 4\times 6 \\ &= -10-48=-58. \end{aligned}$$

例 3　当 a，b 满足什么条件时有

$$D=\begin{vmatrix} a & b & 0 \\ -b & a & 0 \\ 1 & 0 & 1 \end{vmatrix}=0?$$

解　根据三阶行列式的对角线法则，有

$$\begin{aligned} D &= a\times a\times 1+b\times 0\times 1+0\times(-b)\times 0-0\times a\times 1-a\times 0\times 0-b\times(-b)\times 1 \\ &= a^2+b^2, \end{aligned}$$

因此，当 $a=0$，$b=0$ 时，三阶行列式 $D=0$.

二、全排列与逆序数

由于前面给出的对角线法则仅适用于二阶与三阶行列式，为了给出四阶以及更高阶的行列式定义，下面先简要介绍有关全排列与逆序的知识.

定义 3　将 n 个不同的元素排成一列，称为 n 个元素的**全排列**，简称**排列**.

n 个元素的排列可记为 $i_1 i_2 \cdots i_n$，这 n 个元素构成排列的总数为 $n!$. 例如 1，2，3 构成排列的总数为 $3!=3\cdot 2\cdot 1=6$，它们分别是 123，231，312，132，213，321.

定义 4　在一个排列中，如果一对元素的先后次序与标准次序（由小到大）不同，称这两

个元素构成一个**逆序**，一个排列中所有逆序的总数称为该排列的**逆序数**.

排列 $i_1i_2\cdots i_n$ 的逆序数记为 $t(i_1i_2\cdots i_n)$，根据逆序数的定义，可按如下方法计算排列的逆序数：设在排列 $i_1i_2\cdots i_n$ 中，比 $i_k(k=1,2,\cdots,n)$ 大且排在其前面的元素个数为 t_k 个，则 i_k 的逆序数的个数为 t_k，全体元素的逆序数之和就是排列的逆序数，即

$$t(i_1i_2\cdots i_n)=t_1+t_2+\cdots+t_n=\sum_{k=1}^{n}t_k.$$

例 4 计算排列 32514 的逆序数.

解 因为 3 排在首位，故其逆序数为 $t_1=0$；

在 2 前面且比 2 大的数有 1 个，故其逆序数为 $t_2=1$；

在 5 前面且比 5 大的数有 0 个，故其逆序数为 $t_3=0$；

在 1 前面且比 1 大的数有 3 个，故其逆序数为 $t_4=3$；

在 4 前面且比 4 大的数有 1 个，故其逆序数为 $t_5=1$，因此有该排列的逆序数为

$$t(32514)=\sum_{k=1}^{5}t_k=0+1+0+3+1=5.$$

例 5 计算排列 $n(n-1)\cdots 321$ 的逆序数.

解 设 t_k 为第 k 个元素的逆序数，则有 $t_1=0$，$t_2=1$，…，$t_n=n-1$，因此该排列的逆序数为

$$t(n(n-1)\cdots 321)=\sum_{k=1}^{n}t_k=0+1+2+\cdots+(n-1)=\frac{n(n-1)}{2}.$$

定义 5 逆序数为奇数的排列称为**奇排列**；逆序数为偶数的排列称为**偶排列**.

易见排列 32514 为奇排列. 当 $n=4k$，$4k+1$ 时，排列 $n(n-1)\cdots 321$ 为偶排列；当 $n=4k+2$，$4k+3$ 时，排列 $n(n-1)\cdots 321$ 为奇排列.

三、n 阶行列式的定义

观察三阶行列式

$$\begin{vmatrix} a_{11} & a_{12} & a_{13} \\ a_{21} & a_{22} & a_{23} \\ a_{31} & a_{32} & a_{33} \end{vmatrix}=a_{11}a_{22}a_{33}+a_{12}a_{23}a_{31}+a_{13}a_{21}a_{32}-a_{13}a_{22}a_{31}-a_{12}a_{21}a_{33}-a_{11}a_{23}a_{32},$$

易见：(1) 三阶行列式为 $3!=6$ 项的代数和；(2) 每项均为不同行、不同列的三个元素的乘积；(3) 每项的符号规律为：当该项元素行标按自然顺序排列后，如果对应的列标构成的排列为偶排列则取正号；如果是奇排列则取负号. 即三阶行列式的每项均可写为

$(-1)^t a_{1i_1}a_{2i_2}a_{3i_3}$，$t$ 为列标排列 $i_1i_2i_3$ 的逆序数，因此三阶行列式可写为

$$\begin{vmatrix} a_{11} & a_{12} & a_{13} \\ a_{21} & a_{22} & a_{23} \\ a_{31} & a_{32} & a_{33} \end{vmatrix} = \sum_{i_1i_2i_3}(-1)^t a_{1i_1}a_{2i_2}a_{3i_3},$$

其中 $\sum\limits_{i_1i_2i_3}$ 表示对 1，2，3 这三个数构成的所有排列 $i_1i_2i_3$ 求和. 进而，将此结论推广到一般情形，可得到一般行列式的定义.

定义 6　由 n^2 个元素 $a_{ij}(i, j=1, 2, \cdots, n)$ 构成的表达式

$$\begin{vmatrix} a_{11} & a_{12} & \cdots & a_{1n} \\ a_{21} & a_{22} & \cdots & a_{2n} \\ \vdots & \vdots & & \vdots \\ a_{n1} & a_{n2} & \cdots & a_{nn} \end{vmatrix} = \sum_{i_1i_2\cdots i_n}(-1)^t a_{1i_1}a_{2i_2}\cdots a_{ni_n}$$

称为 ***n* 阶行列式**，其中 $\sum\limits_{i_1i_2\cdots i_n}$ 表示对 1，2，…，n 这 n 个数构成的 $n!$ 个排列 $i_1i_2\cdots i_n$ 求和，t 为列标排列 $i_1i_2\cdots i_n$ 的逆序数. n 阶行列式表示所有取自不同行、不同列的 n 个元素的乘积项 $a_{1i_1}a_{2i_2}\cdots a_{ni_n}$ 的代数和，这样的项共有 $n!$ 项，各项的符号规律为：当该项元素行标按自然顺序排列后，如果对应的列标构成的排列是偶排列则取正号；如果是奇排列则取负号.

行列式一般简记为 $D=\det(a_{ij})$，a_{ij} 称为行列式的**元素**，元素 a_{ij} 的下标 i 为行标，下标 j 为列标，表明该元素位于行列式的第 i 行、第 j 列，即

$$D=\det(a_{ij})=\begin{vmatrix} a_{11} & a_{12} & \cdots & a_{1n} \\ a_{21} & a_{22} & \cdots & a_{2n} \\ \vdots & \vdots & & \vdots \\ a_{n1} & a_{n2} & \cdots & a_{nn} \end{vmatrix}.$$

注：(1) 当 $n=1$ 时，一阶行列式 $|a|=a$，不要与绝对值记号相混淆.

(2) n 阶行列式是 $n!$ 项的代数和，冠以正号的项与冠以负号的项(不包括元素本身所带的符号)各占一半.

(3) 项 $a_{1i_1}a_{2i_2}\cdots a_{ni_n}$ 的符号为 $(-1)^t$(不包括元素本身所带的符号).

例 6　写出四阶行列式含 $a_{11}a_{23}$ 的项.

解　根据行列式的定义，四阶行列式含 $a_{11}a_{23}$ 的项可表示为

$$(-1)^t a_{11}a_{23}a_{3i_3}a_{4i_4},$$

i_3，i_4 在 2，4 中取值，t 是排列 $13i_3i_4$ 的逆序数，因此有

$$(-1)^{(0+0+1+0)}a_{11}a_{23}a_{32}a_{44}, \quad (-1)^{(0+0+0+2)}a_{11}a_{23}a_{34}a_{42},$$

故四阶行列式中含 $a_{11}a_{23}$ 的项为：$-a_{11}a_{23}a_{32}a_{44}$，$a_{11}a_{23}a_{34}a_{42}$.

定义 7 主对角线以下(上)元素全为0的行列式称为**上(下)三角行列式**；主对角线以下和以上元素全为0的行列式称为**对角行列式**.

例 7 计算上三角行列式

$$\begin{vmatrix} a_{11} & a_{12} & \cdots & a_{1n} \\ 0 & a_{22} & \cdots & a_{2n} \\ \vdots & \vdots & & \vdots \\ 0 & 0 & \cdots & a_{nn} \end{vmatrix}，其中 a_{11}a_{22}\cdots a_{nn}\neq 0.$$

解 根据行列式的定义，该行列式的各项可表示为$(-1)^t a_{1i_1}a_{2i_2}\cdots a_{ni_n}$，$t$ 为列标排列 $i_1i_2\cdots i_n$ 的逆序数. 现分析不为0的项：a_{ni_n} 取自第n行，在第 n 行中不为0的项仅为 a_{nn}，故 $a_{ni_n}=a_{nn}$，即 $i_n=n$；$a_{(n-1)i_{(n-1)}}$ 取第自 $n-1$ 行，在第 $n-1$ 行中不为0的项为 $a_{(n-1)(n-1)}$ 和可能不为0的项 $a_{(n-1)n}$，因为 a_{nn} 取自 n 列，故 $a_{(n-1)i_{(n-1)}}$ 不能取自 n 列，从而 $a_{(n-1)i_{(n-1)}}=a_{(n-1)(n-1)}$，即 $i_{n-1}=n-1$；同理可得 $i_{n-2}=n-2$，…，$i_1=1$. 所以不为0的项只有

$$(-1)^t a_{11}a_{22}\cdots a_{nn}=(-1)^0 a_{11}a_{22}\cdots a_{nn}=a_{11}a_{22}\cdots a_{nn},$$

即

$$\begin{vmatrix} a_{11} & a_{12} & \cdots & a_{1n} \\ 0 & a_{22} & \cdots & a_{2n} \\ \vdots & \vdots & & \vdots \\ 0 & 0 & \cdots & a_{nn} \end{vmatrix}=a_{11}a_{22}\cdots a_{nn}.$$

类似可得下三角行列式为

$$\begin{vmatrix} a_{11} & 0 & \cdots & 0 \\ a_{21} & a_{22} & \cdots & 0 \\ \vdots & \vdots & & \vdots \\ a_{n1} & a_{n2} & \cdots & a_{nn} \end{vmatrix}=a_{11}a_{22}\cdots a_{nn},$$

对角行列式为

$$\begin{vmatrix} a_{11} & 0 & \cdots & 0 \\ 0 & a_{22} & \cdots & 0 \\ \vdots & \vdots & & \vdots \\ 0 & 0 & \cdots & a_{nn} \end{vmatrix}=a_{11}a_{22}\cdots a_{nn}.$$

第二节 行列式的计算

一般当行列式的阶数较高时直接利用行列式的定义计算行列式比较烦琐，本节给出行列式的一些性质和展开法则，应用行列式的性质和展开法则来计算行列式，可以在很大程度上简化行列式的计算过程.

一、行列式的性质

在下面给出的行列式性质中，为了简明阐述均略去了证明，仅以二阶行列式验证这些性质的正确性.

定义 1 将一个行列式 D 的行列互换而得到的新行列式称为原行列式的**转置行列式**，记为 D^{T}，即

$$D=\begin{vmatrix} a_{11} & a_{12} & \cdots & a_{1n} \\ a_{21} & a_{22} & \cdots & a_{2n} \\ \vdots & \vdots & & \vdots \\ a_{n1} & a_{n2} & \cdots & a_{nn} \end{vmatrix},\ D^{\mathrm{T}}=\begin{vmatrix} a_{11} & a_{21} & \cdots & a_{n1} \\ a_{12} & a_{22} & \cdots & a_{n2} \\ \vdots & \vdots & & \vdots \\ a_{1n} & a_{2n} & \cdots & a_{nn} \end{vmatrix}.$$

性质 1 行列式与它的转置行列式相等，即 $D=D^{\mathrm{T}}$.

显然，有 $\begin{vmatrix} a_{11} & a_{12} \\ a_{21} & a_{22} \end{vmatrix}=\begin{vmatrix} a_{11} & a_{21} \\ a_{12} & a_{22} \end{vmatrix}=a_{11}a_{22}-a_{12}a_{21}$.

由此性质可知，行列式中的行与列具有相同的地位，行列式的行所具有的性质，它的列也同样具有.

性质 2 互换行列式的两行(列)，行列式变号.

注：互换 i，j 两行记为 $r_i \leftrightarrow r_j$；互换 i，j 两列记为 $c_i \leftrightarrow c_j$，如

$$\begin{vmatrix} a_{11} & a_{12} \\ a_{21} & a_{22} \end{vmatrix} \xlongequal{r_1 \leftrightarrow r_2} -\begin{vmatrix} a_{21} & a_{22} \\ a_{11} & a_{12} \end{vmatrix}=-(a_{12}a_{21}-a_{11}a_{22})=a_{11}a_{22}-a_{12}a_{21}.$$

推论 1 如果行列式中有两行(列)的对应元素相同，则此行列式值为 0.

证 记

$$D=\begin{vmatrix} \vdots & \vdots & & \vdots \\ a_{i1} & a_{i2} & \cdots & a_{in} \\ \vdots & \vdots & & \vdots \\ a_{i1} & a_{i2} & \cdots & a_{in} \\ \vdots & \vdots & & \vdots \end{vmatrix},$$

交换元素相同的两行，行列式不变，再由性质 2 可知行列式变号，即有 $D=-D$，故$D=0$.

性质 3　行列式的某一行(列)中的所有元素都乘以同一个数 k，等于用数 k 乘以此行列式.

注：第 i 行乘以 k 记为 $r_i\times k$；第 i 列乘以 k 记为 $c_i\times k$.

推论 2　行列式的某一行(列)中所有元素的公因子可以提到行列式符号的外面.

注：第 i 行提出公因子 k 记为 $r_i\div k$；第 i 列提出公因子 k 记为 $c_i\div k$. 如

$$\begin{vmatrix} a_{11} & a_{12} \\ ka_{21} & ka_{22} \end{vmatrix} \xlongequal{r_2\div k} k\begin{vmatrix} a_{11} & a_{12} \\ a_{21} & a_{22} \end{vmatrix}=k(a_{11}a_{22}-a_{12}a_{21}).$$

性质 4　如果行列式中有两行(列)元素对应成比例，则此行列式等于 0.

例如

$$\begin{vmatrix} a_{11} & \lambda a_{11} \\ a_{21} & \lambda a_{21} \end{vmatrix} \xlongequal{c_2\div\lambda} \lambda\begin{vmatrix} a_{11} & a_{11} \\ a_{21} & a_{21} \end{vmatrix}=\lambda(a_{11}a_{21}-a_{11}a_{21})=0(\lambda\neq 0).$$

例 1　设 $\begin{vmatrix} a_{11} & a_{12} & a_{13} \\ a_{21} & a_{22} & a_{23} \\ a_{31} & a_{32} & a_{33} \end{vmatrix}=1$，求 $\begin{vmatrix} 6a_{11} & -2a_{12} & -10a_{13} \\ -3a_{21} & a_{22} & 5a_{23} \\ -3a_{31} & a_{32} & 5a_{33} \end{vmatrix}$.

解

$$\begin{vmatrix} 6a_{11} & -2a_{12} & -10a_{13} \\ -3a_{21} & a_{22} & 5a_{23} \\ -3a_{31} & a_{32} & 5a_{33} \end{vmatrix} \xlongequal{r_1\div(-2)} (-2)\begin{vmatrix} -3a_{11} & a_{12} & 5a_{13} \\ -3a_{21} & a_{22} & 5a_{23} \\ -3a_{31} & a_{32} & 5a_{33} \end{vmatrix}$$

$$\xlongequal[c_3\div 5]{c_1\div(-3)} (-2)\times(-3)\times 5\begin{vmatrix} a_{11} & a_{12} & a_{13} \\ a_{21} & a_{22} & a_{23} \\ a_{31} & a_{32} & a_{33} \end{vmatrix}$$

$$=(-2)\times(-3)\times 5\times 1=30.$$

性质 5　如果行列式的某一行(列)元素都是两数之和，则此行列式可拆为如下两行列式之和：

$$\begin{vmatrix} a_{11} & a_{12} & \cdots & a_{1n} \\ \vdots & \vdots & & \vdots \\ b_{i1}+c_{i1} & b_{i2}+c_{i2} & \cdots & b_{in}+c_{in} \\ \vdots & \vdots & & \vdots \\ a_{n1} & a_{n2} & \cdots & a_{nn} \end{vmatrix}$$

$$=\begin{vmatrix} a_{11} & a_{12} & \cdots & a_{1n} \\ \vdots & \vdots & & \vdots \\ b_{i1} & b_{i2} & \cdots & b_{in} \\ \vdots & \vdots & & \vdots \\ a_{n1} & a_{n2} & \cdots & a_{nn} \end{vmatrix}+\begin{vmatrix} a_{11} & a_{12} & \cdots & a_{1n} \\ \vdots & \vdots & & \vdots \\ c_{i1} & c_{i2} & \cdots & c_{in} \\ \vdots & \vdots & & \vdots \\ a_{n1} & a_{n2} & \cdots & a_{nn} \end{vmatrix}.$$

如

$$\begin{aligned} \begin{vmatrix} a_{11} & a_{12} \\ a_{21}+a'_{21} & a_{22}+a'_{22} \end{vmatrix} &= \begin{vmatrix} a_{11} & a_{12} \\ a_{21} & a_{22} \end{vmatrix}+\begin{vmatrix} a_{11} & a_{12} \\ a'_{21} & a'_{22} \end{vmatrix} \\ &=(a_{11}a_{22}-a_{12}a_{21})+(a_{11}a'_{22}-a_{12}a'_{21}) \\ &=a_{11}(a_{22}+a'_{22})-a_{12}(a_{21}+a'_{21}). \end{aligned}$$

性质 6　把行列式的某一行(列)的各元素乘以同一数后加到另一行(列)对应位置的元素上，行列式的值不变.

注：数 k 乘以第 j 行加到第 i 行上记为 r_i+kr_j；数 k 乘以第 j 列加到第 i 列上记为 c_i+kc_j. 例如

$$\begin{aligned} \begin{vmatrix} a_{11} & a_{12} \\ a_{21} & a_{22} \end{vmatrix} &\xlongequal{r_1+r_2\times k} \begin{vmatrix} a_{11}+ka_{21} & a_{12}+ka_{22} \\ a_{21} & a_{22} \end{vmatrix} \\ &= \begin{vmatrix} a_{11} & a_{12} \\ a_{21} & a_{22} \end{vmatrix}+\begin{vmatrix} ka_{21} & ka_{22} \\ a_{21} & a_{22} \end{vmatrix} \\ &= \begin{vmatrix} a_{11} & a_{12} \\ a_{21} & a_{22} \end{vmatrix}+k\begin{vmatrix} a_{21} & a_{22} \\ a_{21} & a_{22} \end{vmatrix} \\ &= \begin{vmatrix} a_{11} & a_{12} \\ a_{21} & a_{22} \end{vmatrix}. \end{aligned}$$

二、行列式性质的应用

计算行列式常用的一种方法就是利用行列式的性质(特别是性质 2，3，6

涉及的三种运算：$r_i \leftrightarrow r_j(c_i \leftrightarrow c_j)$，$r_i \times k(c_i \times k)$，$r_i + kr_j(c_i + kc_j)$）把行列式化为上三角或下三角行列式，从而得到行列式的值. 下面以将行列式化为上三角行列式为例给出计算的基本步骤：

(1) 如果行列式的第一列第一个元素为 0，先将第一行与其他行互换，使得第一列第一个元素不为 0(如果第一列元素全为 0，则该行列式为 0)；

(2) 把第一行元素分别乘以适当的数加到其他各行，使得第一列除第一个元素外其余元素均为 0；

(3) 再次利用同样的方法计算除去第一行和第一列后剩下的低一阶行列式；

(4) 如此继续下去，直到使得该行列式成为上三角行列式为止.

例 2 计算行列式 $D = \begin{vmatrix} 3 & -1 & -1 & 0 \\ 1 & 0 & 1 & 2 \\ 1 & 2 & 3 & 4 \\ 1 & 2 & 0 & -5 \end{vmatrix}$.

解

$$D \xlongequal{r_1 \leftrightarrow r_2} -\begin{vmatrix} 1 & 0 & 1 & 2 \\ 3 & -1 & -1 & 0 \\ 1 & 2 & 3 & 4 \\ 1 & 2 & 0 & -5 \end{vmatrix}$$

$$\xlongequal[r_4 - r_1]{\substack{r_2 - 3r_1 \\ r_3 - r_1}} -\begin{vmatrix} 1 & 0 & 1 & 2 \\ 0 & -1 & -4 & -6 \\ 0 & 2 & 2 & 2 \\ 0 & 2 & -1 & -7 \end{vmatrix} \xlongequal{r_3 \div 2} -2\begin{vmatrix} 1 & 0 & 1 & 2 \\ 0 & -1 & -4 & -6 \\ 0 & 1 & 1 & 1 \\ 0 & 2 & -1 & -7 \end{vmatrix}$$

$$\xlongequal[r_4 + 2r_2]{r_3 + r_2} -2\begin{vmatrix} 1 & 0 & 1 & 2 \\ 0 & -1 & -4 & -6 \\ 0 & 0 & -3 & -5 \\ 0 & 0 & -9 & -19 \end{vmatrix} \xlongequal{r_4 - 3r_3} -2\begin{vmatrix} 1 & 0 & 1 & 2 \\ 0 & -1 & -4 & -6 \\ 0 & 0 & -3 & -5 \\ 0 & 0 & 0 & -4 \end{vmatrix}$$

$$= (-2) \times (-1) \times (-3) \times (-4) = 24.$$

例 3 计算行列式 $D = \begin{vmatrix} 3 & 1 & 1 & 1 \\ 1 & 3 & 1 & 1 \\ 1 & 1 & 3 & 1 \\ 1 & 1 & 1 & 3 \end{vmatrix}$.

解　观察到行列式中各行(列)4 个数之和均为 6，把第 2，3，4 行同时加到第 1 行，提出公因子 6，然后各行均减去第 1 行可化为上三角行列式，如下：

$$D \xlongequal{r_1+r_2+r_3+r_4} \begin{vmatrix} 6 & 6 & 6 & 6 \\ 1 & 3 & 1 & 1 \\ 1 & 1 & 3 & 1 \\ 1 & 1 & 1 & 3 \end{vmatrix} \xlongequal{r_1 \div 6} 6 \begin{vmatrix} 1 & 1 & 1 & 1 \\ 1 & 3 & 1 & 1 \\ 1 & 1 & 3 & 1 \\ 1 & 1 & 1 & 3 \end{vmatrix}$$

$$\xlongequal[r_4-r_1]{\substack{r_2-r_1 \\ r_3-r_1}} 6 \begin{vmatrix} 1 & 1 & 1 & 1 \\ 0 & 2 & 0 & 0 \\ 0 & 0 & 2 & 0 \\ 0 & 0 & 0 & 2 \end{vmatrix} = 6 \times 2^3 = 48.$$

注：根据以上计算，可得到同型的 n 阶行列式值为

$$D_n = \begin{vmatrix} x & a & \cdots & a \\ a & x & \cdots & a \\ \vdots & \vdots & & \vdots \\ a & a & \cdots & x \end{vmatrix} = [x + (n-1)a](x-a)^{n-1}.$$

例 4　计算行列式 $D = \begin{vmatrix} a & b & c & d \\ a & a+b & a+b+c & a+b+c+d \\ a & 2a+b & 3a+2b+c & 4a+3b+2c+d \\ a & 3a+b & 6a+3b+c & 10a+6b+3c+d \end{vmatrix}$.

解　为了简化计算过程，从第 4 行开始后一行依次减去前一行，

$$D \xlongequal[r_2-r_1]{\substack{r_4-r_3 \\ r_3-r_2}} \begin{vmatrix} a & b & c & d \\ 0 & a & a+b & a+b+c \\ 0 & a & 2a+b & 3a+2b+c \\ 0 & a & 3a+b & 6a+3b+c \end{vmatrix} \xlongequal[r_3-r_2]{r_4-r_3} \begin{vmatrix} a & b & c & d \\ 0 & a & a+b & a+b+c \\ 0 & 0 & a & 2a+b \\ 0 & 0 & a & 3a+b \end{vmatrix}$$

$$\xlongequal{r_4-r_3} \begin{vmatrix} a & b & c & d \\ 0 & a & a+b & a+b+c \\ 0 & 0 & a & 2a+b \\ 0 & 0 & 0 & a \end{vmatrix} = a^4.$$

例 5　计算 n 阶行列式 $D=\begin{vmatrix} a_1 & 1 & \cdots & 1 \\ 1 & a_2 & & \\ \vdots & & \ddots & \\ 1 & & & a_n \end{vmatrix}$，其中 D 中没有写出的元素的值为 0，且有 $a_i \neq 0(i=1,2,\cdots,n)$.

解　从第 2 列开始每一列元素依次乘以 $-\frac{1}{a_i}(i=2,3,\cdots,n)$ 后均加到第 1 列上，即

$$D \xlongequal{c_1-\frac{1}{a_2}c_2-\frac{1}{a_3}c_3-\cdots-\frac{1}{a_n}c_n} \begin{vmatrix} a_1-\sum\limits_{i=2}^{n}\frac{1}{a_i} & 1 & \cdots & 1 \\ & a_2 & & \\ & & \ddots & \\ & & & a_n \end{vmatrix}$$

$$=a_2a_3\cdots a_n\left(a_1-\sum_{i=2}^{n}\frac{1}{a_i}\right).$$

例 6　计算 n 阶行列式

$$D_n=\begin{vmatrix} a_1+\lambda & a_2 & \cdots & a_{n-1} & a_n \\ a_1 & a_2+\lambda & \cdots & a_{n-1} & a_n \\ \vdots & \vdots & & \vdots & \vdots \\ a_1 & a_2 & \cdots & a_{n-1}+\lambda & a_n \\ a_1 & a_2 & \cdots & a_{n-1} & a_n+\lambda \end{vmatrix}.$$

解　从第 2 行开始每一行均减去第 1 行，有

$$D_n \xlongequal[r_n-r_1]{\substack{r_2-r_1\\ r_3-r_1\\ \vdots}} \begin{vmatrix} a_1+\lambda & a_2 & \cdots & a_{n-1} & a_n \\ -\lambda & \lambda & \cdots & 0 & 0 \\ \vdots & \vdots & & \vdots & \vdots \\ -\lambda & 0 & \cdots & \lambda & 0 \\ -\lambda & 0 & \cdots & 0 & \lambda \end{vmatrix},$$

然后再将第 2 列到第 n 列均加到第 1 列上，有

$$\xlongequal{c_1+c_2+\cdots+c_n}\begin{vmatrix} \sum_{i=1}^{n}a_i+\lambda & a_2 & \cdots & a_{n-1} & a_n \\ 0 & \lambda & \cdots & 0 & 0 \\ \vdots & \vdots & & \vdots & \vdots \\ 0 & 0 & \cdots & \lambda & 0 \\ 0 & 0 & \cdots & 0 & \lambda \end{vmatrix}$$

$$=\lambda^{n-1}\left(\sum_{i=1}^{n}a_i+\lambda\right).$$

例 7　计算 n 阶行列式

$$D=\begin{vmatrix} 0 & \cdots & 0 & a_{1n} \\ 0 & \cdots & a_{2(n-1)} & a_{2n} \\ \vdots & & \vdots & \vdots \\ a_{n1} & \cdots & a_{n(n-1)} & a_{nn} \end{vmatrix}.$$

解　注意到行列式 D 不是(上)下三角行列式，将 D 的第 n 行依次与第 $n-1$ 行，…，第 1 行互换(共互换了 $n-1$ 次)，可得到行列式 D_1. 因此根据行列式性质 2 有 $D=(-1)^{n-1}D_1$，即

$$D=(-1)^{n-1}\begin{vmatrix} a_{n1} & a_{n2} & \cdots & a_{n(n-1)} & a_{nn} \\ 0 & 0 & \cdots & 0 & a_{1n} \\ \vdots & \vdots & & \vdots & \vdots \\ 0 & a_{(n-1)2} & \cdots & a_{(n-1)(n-1)} & a_{(n-1)n} \end{vmatrix},$$

再将 D_1 的第 n 行依次与第 $n-1$ 行，…，第 2 行互换(共互换了 $n-2$ 次)，可得到一个新的行列式 D_2，根据行列式性质 2 有 $D_1=(-1)^{n-2}D_2$，即 $D=(-1)^{n-1}(-1)^{n-2}D_2$. 如此继续下去可得

$$D=(-1)^{n-1}(-1)^{n-2}\cdots(-1)^1D_{n-1}$$

其中

$$D_{n-1}=\begin{vmatrix} a_{n1} & a_{n2} & \cdots & a_{nn} \\ 0 & a_{(n-1)2} & \cdots & a_{(n-1)n} \\ \vdots & \vdots & & \vdots \\ 0 & 0 & \cdots & a_{1n} \end{vmatrix},$$

因此

$$D=(-1)^{n-1}(-1)^{n-2}\cdots(-1)^1a_{1n}a_{2(n-1)}\cdots a_{n1}$$

$$=(-1)^{\frac{n(n-1)}{2}}a_{1n}a_{2(n-1)}\cdots a_{n1}.$$

类似可得如下行列式为

$$\begin{vmatrix} a_{11} & \cdots & a_{1(n-1)} & a_{1n} \\ a_{21} & \cdots & a_{2(n-1)} & 0 \\ \vdots & & \vdots & \vdots \\ a_{n1} & \cdots & 0 & 0 \end{vmatrix}=(-1)^{\frac{n(n-1)}{2}}a_{1n}a_{2(n-1)}\cdots a_{n1},$$

$$\begin{vmatrix} 0 & \cdots & 0 & a_{1n} \\ 0 & \cdots & a_{2(n-1)} & 0 \\ \vdots & & \vdots & \vdots \\ a_{n1} & \cdots & 0 & 0 \end{vmatrix}=(-1)^{\frac{n(n-1)}{2}}a_{1n}a_{2(n-1)}\cdots a_{n1}.$$

三、行列式展开法则

一般来说低阶行列式的计算要比高阶行列式的计算简便，为从更一般的角度来考虑用低阶行列式表示高阶行列式的问题，先引进余子式和代数余子式的概念.

定义 2 将 n 阶行列式中的元素 a_{ij} 所在的第 i 行和第 j 列划去后，剩下的 $(n-1)^2$ 个元素按原来顺序构成的 $n-1$ 阶行列式，称为元素 a_{ij} 的余子式，记为 M_{ij}. 称 $A_{ij}=(-1)^{i+j}M_{ij}$ 为元素 a_{ij} 的**代数余子式.**

例如，行列式 $D=\begin{vmatrix} 1 & 2 & 0 \\ 0 & 3 & 2 \\ 1 & 4 & 1 \end{vmatrix}$ 中的元素 a_{23} 的余子式和代数余子式分别为：$M_{23}=\begin{vmatrix} 1 & 2 \\ 1 & 4 \end{vmatrix}=2$，$A_{23}=(-1)^{2+3}M_{23}=-2$.

观察三阶行列式的定义

$$\begin{vmatrix} a_{11} & a_{12} & a_{13} \\ a_{21} & a_{22} & a_{23} \\ a_{31} & a_{32} & a_{33} \end{vmatrix}=a_{11}a_{22}a_{33}+a_{12}a_{23}a_{31}+a_{13}a_{21}a_{32}-a_{13}a_{22}a_{31}-a_{12}a_{21}a_{33}-a_{11}a_{23}a_{32}$$

$$=a_{11}(a_{22}a_{33}-a_{23}a_{32})+a_{12}(a_{23}a_{31}-a_{21}a_{33})+a_{13}(a_{21}a_{32}-a_{22}a_{31})$$

$$=a_{11}\begin{vmatrix} a_{22} & a_{23} \\ a_{32} & a_{33} \end{vmatrix}-a_{12}\begin{vmatrix} a_{21} & a_{23} \\ a_{31} & a_{33} \end{vmatrix}+a_{13}\begin{vmatrix} a_{21} & a_{22} \\ a_{31} & a_{32} \end{vmatrix}.$$

从上述分析可看出，三阶行列式可按第一行展开．此外，对三阶行列式的各项进行适当的组合后，该三阶行列式也可以按其他行或列展开．

引理 1　如果 n 阶行列式 $D=\det(a_{ij})$ 中的第 i 行所有元素除 a_{ij} 外均为 0，则有该行列式等于元素 a_{ij} 与其代数余子式的乘积，即 $D=a_{ij}A_{ij}$．

证　略．

定理 1　n 阶行列式 $D=\det(a_{ij})$ 等于它的任意一行(列)的各元素与其对应的代数余子式乘积之和，即

$$D=a_{i1}A_{i1}+a_{i2}A_{i2}+\cdots+a_{in}A_{in},i=1,2,\cdots,n,$$

或

$$D=a_{1j}A_{1j}+a_{2j}A_{2j}+\cdots+a_{nj}A_{nj},j=1,2,\cdots,n.$$

证　将行列式 D 的第 i 行元素进行如下处理：

$$D=\begin{vmatrix} a_{11} & a_{12} & \cdots & a_{1n} \\ \vdots & \vdots & & \vdots \\ a_{i1}+0+\cdots+0 & 0+a_{i2}+\cdots+0 & \cdots & 0+0+\cdots+a_{in} \\ \vdots & \vdots & & \vdots \\ a_{n1} & a_{n2} & \cdots & a_{nn} \end{vmatrix},$$

根据行列式的性质 5，则有

$$D=\begin{vmatrix} a_{11} & a_{12} & \cdots & a_{1n} \\ \vdots & \vdots & & \vdots \\ a_{i1} & 0 & \cdots & 0 \\ \vdots & \vdots & & \vdots \\ a_{n1} & a_{n2} & \cdots & a_{nn} \end{vmatrix}+\begin{vmatrix} a_{11} & a_{12} & \cdots & a_{1n} \\ \vdots & \vdots & & \vdots \\ 0 & a_{i2} & \cdots & 0 \\ \vdots & \vdots & & \vdots \\ a_{n1} & a_{n2} & \cdots & a_{nn} \end{vmatrix}+\cdots+\begin{vmatrix} a_{11} & a_{12} & \cdots & a_{1n} \\ \vdots & \vdots & & \vdots \\ 0 & 0 & \cdots & a_{in} \\ \vdots & \vdots & & \vdots \\ a_{n1} & a_{n2} & \cdots & a_{nn} \end{vmatrix}.$$

根据引理 1 可得

$$D=a_{i1}A_{i1}+a_{i2}A_{i2}+\cdots+a_{in}A_{in},i=1,2,\cdots,n.$$

同理可得行列式 D 按列展开的公式

$$D=a_{1j}A_{1j}+a_{2j}A_{2j}+\cdots+a_{nj}A_{nj},j=1,2,\cdots,n.$$

称此定理为**行列式展开法则**.

推论 3　n 阶行列式 $D=\det(a_{ij})$ 的某一行(列)元素与另一行(列)对应元素的代数余子式乘积之和等于 0，即

$$a_{i1}A_{j1}+a_{i2}A_{j2}+\cdots+a_{in}A_{jn}=0,\ i\neq j,$$

或

$$a_{1i}A_{1j}+a_{2i}A_{2j}+\cdots+a_{ni}A_{nj}=0,\ i\neq j.$$

综上所述，可得到代数余子式的一个重要性质：

$$\sum_{k=1}^{n}a_{ik}A_{jk}=\begin{cases}D, & i=j\\ 0, & i\neq j\end{cases} \text{ 或 } \sum_{k=1}^{n}a_{ki}A_{kj}=\begin{cases}D, & i=j\\ 0, & i\neq j\end{cases}.$$

四、行列式展开法则的应用

利用行列式展开法则计算行列式的方法称为**降阶法**，利用降阶法计算行列式的一般步骤为：

(1) 利用行列式的性质将行列式的某一行(列)元素化为仅含有一个非零元素的情形；

(2) 利用展开法则将该行列式按上述情形的行(列)进行展开，转化为低一阶的行列式；

(3) 再次对步骤(2)得到的低一阶行列式重复上述计算，直到化为二阶行列式为止.

例 8　计算行列式

$$D=\begin{vmatrix}3 & 1 & -1 & 2\\ -5 & 1 & 3 & -4\\ 2 & 0 & 1 & -1\\ 1 & -5 & 3 & -3\end{vmatrix}.$$

解　首先利用行列式的性质将第 3 行中除元素 1 外的所有元素均化为 0，有

$$D\xlongequal[c_4+c_3]{c_1-2c_3}\begin{vmatrix}5 & 1 & -1 & 1\\ -11 & 1 & 3 & -1\\ 0 & 0 & 1 & 0\\ -5 & -5 & 3 & 0\end{vmatrix},$$

再按第 3 行展开，有

$$D=(-1)^{3+3}\begin{vmatrix}5 & 1 & 1\\ -11 & 1 & -1\\ -5 & -5 & 0\end{vmatrix},$$

进一步有

$$D\xlongequal{r_2+r_1}\begin{vmatrix}5 & 1 & 1\\ -6 & 2 & 0\\ -5 & -5 & 0\end{vmatrix}=(-1)^{1+3}\begin{vmatrix}-6 & 2\\ -5 & -5\end{vmatrix}=30-(-10)=40.$$

例 9 计算 n 阶行列式

$$D=\begin{vmatrix} 0 & 0 & \cdots & 0 & 1 \\ 0 & 0 & \cdots & 2 & 0 \\ \vdots & \vdots & & \vdots & \vdots \\ 0 & n-1 & \cdots & 0 & 0 \\ n & 0 & \cdots & 0 & 0 \end{vmatrix}.$$

解 按第一行展开，有

$$D=(-1)^{1+n}\begin{vmatrix} 0 & 0 & \cdots & 0 & 2 \\ 0 & 0 & \cdots & 3 & 0 \\ \vdots & \vdots & & \vdots & \vdots \\ 0 & n-1 & \cdots & 0 & 0 \\ n & 0 & \cdots & 0 & 0 \end{vmatrix},$$

再按上述 $n-1$ 阶行列式的第一行展开，有

$$D=(-1)^{1+n}\cdot(-1)^{1+(n-1)}\cdot 2\begin{vmatrix} 0 & 0 & \cdots & 0 & 3 \\ 0 & 0 & \cdots & 4 & 0 \\ \vdots & \vdots & & \vdots & \vdots \\ 0 & n-1 & \cdots & 0 & 0 \\ n & 0 & \cdots & 0 & 0 \end{vmatrix},$$

如此继续下去，有

$$\begin{aligned} D &=(-1)^{1+n}\cdot(-1)^{1+(n-1)}\cdot\cdots\cdot(-1)^{1+2}\cdot n! \\ &=(-1)^{\frac{(n+4)(n-1)}{2}}n!\text{或}(-1)^{\frac{n(n-1)}{2}}n!. \end{aligned}$$

注：以上利用展开法则计算得到的结果与利用性质得到的结果一致(见例 7 的相关结论).

例 10 计算 n 阶行列式

$$D_n=\begin{vmatrix} 1 & 2 & 3 & \cdots & n \\ 2 & 3 & 4 & \cdots & 1 \\ 3 & 4 & 5 & \cdots & 2 \\ \vdots & \vdots & \vdots & & \vdots \\ n & 1 & 2 & \cdots & n-1 \end{vmatrix}.$$

解 将该行列式的第 2 列到第 n 列均加到第 1 列上，并提取公因子，则有

$$D_n=\frac{n(n+1)}{2}\begin{vmatrix}1&2&3&\cdots&n\\1&3&4&\cdots&1\\1&4&5&\cdots&2\\\vdots&\vdots&\vdots&&\vdots\\1&1&2&\cdots&n-1\end{vmatrix},$$

再从最后一行开始，后一行依次减去前一行，即

$$D_n\xlongequal[(i=n,n-1,\cdots,2)]{r_i-r_{i-1}}\frac{n(n+1)}{2}\begin{vmatrix}1&2&3&\cdots&n\\0&1&1&\cdots&1-n\\0&1&1&\cdots&1\\\vdots&\vdots&\vdots&&\vdots\\0&1-n&1&\cdots&1\end{vmatrix},$$

将其再按第 1 列展开，可得

$$D_n=\frac{n(n+1)}{2}\overline{D}_{n-1},$$

其中$\overline{D}_{n-1}$ 为 $n-1$ 阶行列式，即

$$\overline{D}_{n-1}=\begin{vmatrix}1&1&\cdots&1&1-n\\1&1&\cdots&1-n&1\\1&1&\cdots&1&1\\\vdots&\vdots&&\vdots&\vdots\\1-n&1&\cdots&1&1\end{vmatrix},$$

进一步有

$$\overline{D}_{n-1}\xlongequal[(i=2,3,\cdots,n-1)]{r_i-r_1}\begin{vmatrix}1&1&\cdots&1&1-n\\0&0&\cdots&-n&n\\0&0&\cdots&0&n\\\vdots&\vdots&&\vdots&\vdots\\-n&0&\cdots&0&n\end{vmatrix}$$

$$\xlongequal{c_{n-1}+c_1+c_2+\cdots+c_{n-2}}\begin{vmatrix}1&1&\cdots&1&-1\\0&0&\cdots&-n&0\\0&0&\cdots&0&0\\\vdots&\vdots&&\vdots&\vdots\\-n&0&\cdots&0&0\end{vmatrix},$$

根据例 7 的相关结论，有

$$\overline{D}_{n-1}=(-1)^{\frac{(n-1)(n-2)}{2}}\times(-1)\times(-n)^{n-2}=(-1)^{\frac{n(n-1)}{2}}n^{n-2},$$

因此可得 $D_n=(-1)^{\frac{n(n-1)}{2}}\frac{n+1}{2}n^{n-1}$.

例 11　证明 n 阶范德蒙(Vandermonde)行列式

$$D_n=\begin{vmatrix}1&1&\cdots&1\\x_1&x_2&\cdots&x_n\\x_1^2&x_2^2&\cdots&x_n^2\\\vdots&\vdots&&\vdots\\x_1^{n-1}&x_2^{n-1}&\cdots&x_n^{n-1}\end{vmatrix}=\prod_{n\geqslant i>j\geqslant 1}(x_i-x_j),$$

其中 Π 表示全体同类因子的乘积，即对所有满足 $n\geqslant i>j\geqslant 1$ 的因子(x_i-x_j)连乘.

解　利用数学归纳法. 当 $n=2$ 时,

$$D_2=\begin{vmatrix}1&1\\x_1&x_2\end{vmatrix}=x_2-x_1=\prod_{2\geqslant i>j\geqslant 1}(x_i-x_j),$$

所证等式成立.

假设所证等式对于 $n-1$ 阶范德蒙行列式成立，证明等式对于 n 阶范德蒙行列式也成立. 为此将 D_n 降阶处理：从最后一行开始，每一行均减去前一行的 x_1 倍，可得

$$D_n=\begin{vmatrix}1&1&1&\cdots&1\\0&x_2-x_1&x_3-x_1&\cdots&x_n-x_1\\0&x_2(x_2-x_1)&x_3(x_3-x_1)&\cdots&x_n(x_n-x_1)\\\vdots&\vdots&\vdots&&\vdots\\0&x_2^{n-2}(x_2-x_1)&x_3^{n-2}(x_3-x_1)&\cdots&x_n^{n-2}(x_n-x_1)\end{vmatrix},$$

将上述行列式按照第 1 列展开，并提出展开后的行列式每一列的公因子(x_i-x_1) $(i=2,3,\cdots,n)$，有

$$D_n=(x_2-x_1)(x_3-x_1)\cdots(x_n-x_1)\begin{vmatrix}1&1&\cdots&1\\x_2&x_3&\cdots&x_n\\\vdots&\vdots&&\vdots\\x_2^{n-2}&x_3^{n-2}&\cdots&x_n^{n-2}\end{vmatrix}.$$

上式右端的行列式是 $n-1$ 阶范德蒙行列式，基于数学归纳假设，它等于$(x_i-x_j)(n\geqslant i>j\geqslant 2)$所有因子的乘积，即

$$D_n=(x_2-x_1)(x_3-x_1)\cdots(x_n-x_1)\prod_{n\geqslant i>j\geqslant 2}(x_i-x_j)=\prod_{n\geqslant i>j\geqslant 1}(x_i-x_j).$$

例 12 设

$$D=\begin{vmatrix}1&-1&1\\3&0&4\\1&3&4\end{vmatrix},$$

计算：(1)$A_{21}+3A_{22}+4A_{23}$；(2)$A_{21}+A_{22}+A_{23}$；(3)$M_{11}+M_{21}+M_{31}$.

解 (1) 中的代数余子式是第 2 行各元素的代数余子式，而(1) 中代数余子式的系数依次为第 3 行对应的元素，从而有

$$A_{21}+3A_{22}+4A_{23}=0.$$

(2) 行列式 D 的第 2 行元素的代数余子式与第 2 行元素无关，将第 2 行元素均换为 1，根据行列式展开法则有

$$A_{21}+A_{22}+A_{23}=\begin{vmatrix}1&-1&1\\1&1&1\\1&3&4\end{vmatrix}\xlongequal[r_3-r_1]{r_2-r_1}\begin{vmatrix}1&-1&1\\0&2&0\\0&4&3\end{vmatrix}=\begin{vmatrix}2&0\\4&3\end{vmatrix}=6.$$

(3) 根据代数余子式与余子式的关系，则有

$$M_{11}+M_{21}+M_{31}=A_{11}-A_{21}+A_{31},$$

将第 1 列元素依次换为 1，-1，1，则有

$$\begin{aligned}M_{11}+M_{21}+M_{31}&=A_{11}-A_{21}+A_{31}\\&=\begin{vmatrix}1&-1&1\\-1&0&4\\1&3&4\end{vmatrix}\xlongequal{r_3+3r_1}\begin{vmatrix}1&-1&1\\-1&0&4\\4&0&7\end{vmatrix}\\&=(-1)(-1)^3\begin{vmatrix}-1&4\\4&7\end{vmatrix}=-23.\end{aligned}$$

第三节　行列式的应用*

行列式作为基本的数学工具在很多领域具有广泛的应用，本节主要介绍行列式在求解线性方程组等一些理论方面的应用.

一、行列式在线性方程组求解中的应用——克莱姆法则

由 m 个方程、n 个未知量构成的线性方程组为

$$\begin{cases} a_{11}x_1+a_{12}x_2+\cdots+a_{1n}x_n=b_1 \\ a_{21}x_1+a_{22}x_2+\cdots+a_{2n}x_n=b_2 \\ \qquad\qquad\vdots \\ a_{m1}x_1+a_{m2}x_2+\cdots+a_{mn}x_n=b_m \end{cases},$$

其中 x_1，x_2，…，x_n 为**未知量**，a_{ij} 是第 i 个方程中未知量 x_j 的**系数**（$i=1$，2，…，m；$j=1$，2，…，n），b_i（$i=1$，2，…，m）称为**常数项**. 若常数项 b_1，b_2，…，b_m 不全为零，则称此方程组为 ***n* 元非齐次线性方程组**，否则称此方程组为 ***n* 元齐次线性方程组**.

下面给出恰有 n 个方程的 n 元线性方程组当其系数构成的行列式不为 0 时的求解方法，即克莱姆法则.

定理 1 设 n 元非齐次线性方程组

$$\begin{cases} a_{11}x_1+a_{12}x_2+\cdots+a_{1n}x_n=b_1 \\ a_{21}x_1+a_{22}x_2+\cdots+a_{2n}x_n=b_2 \\ \qquad\qquad\vdots \\ a_{n1}x_1+a_{n2}x_2+\cdots+a_{nn}x_n=b_n \end{cases},$$

的系数行列式 D 不等于 0，即

$$D=\begin{vmatrix} a_{11} & a_{12} & \cdots & a_{1n} \\ a_{21} & a_{22} & \cdots & a_{2n} \\ \vdots & \vdots & & \vdots \\ a_{n1} & a_{n2} & \cdots & a_{nn} \end{vmatrix}\neq 0,$$

则该方程组有唯一解，其解为 $x_j=D_j/D(j=1, 2, \cdots, n)$，其中 D_j 是将 D 中第 j 列换成常数列后得到的行列式，将此定理称为**克莱姆法则**.

证 设（x_1，x_2，…，x_n）为该方程组的解，将该方程组中的 n 个方程两边依次乘以 A_{11}，A_{21}，…，A_{n1}，然后再将其左右两边分别相加可得

$$(a_{11}A_{11}+a_{21}A_{21}+\cdots+a_{n1}A_{n1})x_1+(a_{12}A_{11}+a_{22}A_{21}+\cdots+a_{n2}A_{n1})x_2+\cdots+$$
$$(a_{1n}A_{11}+a_{2n}A_{21}+\cdots+a_{nn}A_{n1})x_n=b_1A_{11}+b_2A_{21}+\cdots+b_nA_{n1},$$

根据行列式展开法则的推论，即有 $Dx_1=D_1$，从而有 $x_1=D_1/D$.

同理，可得 $x_j=D_j/D(j=2, 3, \cdots, n)$. 因此该方程组有解时，其解只能为 $x_j=$

$D_j/D(j=1,2,\cdots,n)$，即 $x_j=D_j/D(j=1,2,\cdots,n)$ 是方程组的唯一解.

例 1 用克莱姆法则求解线性方程组

$$\begin{cases}2x_1+x_2-5x_3+x_4=8\\ x_1-3x_2-6x_4=9\\ 2x_2-x_3+2x_4=-5\\ x_1+4x_2-7x_3+6x_4=0\end{cases}.$$

解 该方程组的系数行列式为

$$D=\begin{vmatrix}2&1&-5&1\\1&-3&0&-6\\0&2&-1&2\\1&4&-7&6\end{vmatrix}\xlongequal[r_4-r_2]{r_1-2r_2}\begin{vmatrix}0&7&-5&13\\1&-3&0&-6\\0&2&-1&2\\0&7&-7&12\end{vmatrix}$$

$$=-\begin{vmatrix}7&-5&13\\2&-1&2\\7&-7&12\end{vmatrix}\xlongequal[c_3+2c_2]{c_1+2c_2}-\begin{vmatrix}-3&-5&3\\0&-1&0\\-7&-7&-2\end{vmatrix}$$

$$=\begin{vmatrix}-3&3\\-7&-2\end{vmatrix}=27\neq 0.$$

进一步有

$$D_1=\begin{vmatrix}8&1&-5&1\\9&-3&0&-6\\-5&2&-1&2\\0&4&-7&6\end{vmatrix}=81,\quad D_2=\begin{vmatrix}2&8&-5&1\\1&9&0&-6\\0&-5&-1&2\\1&0&-7&6\end{vmatrix}=-108,$$

$$D_3=\begin{vmatrix}2&1&8&1\\1&-3&9&-6\\0&2&-5&2\\1&4&0&6\end{vmatrix}=-27,\quad D_4=\begin{vmatrix}2&1&-5&8\\1&-3&0&9\\0&2&-1&-5\\1&4&-7&0\end{vmatrix}=27.$$

根据克莱姆法则，方程组的解为

$$x_1=\frac{81}{27}=3,\quad x_2=\frac{-108}{27}=-4,\quad x_3=\frac{-27}{27}=-1,\quad x_4=\frac{27}{27}=1.$$

二、行列式在其他方面的应用

在空间解析几何与向量代数学中，两个三维向量的向量积可以由一个三阶行列式进行表示. 如果两个三维向量分别为 $\boldsymbol{\alpha}=a_x\boldsymbol{i}+a_y\boldsymbol{j}+a_z\boldsymbol{k}$，$\boldsymbol{\beta}=b_x\boldsymbol{i}+b_y\boldsymbol{j}+b_z\boldsymbol{k}$，根据向量积的定义及其运算规律可知

$$\begin{aligned}\boldsymbol{\alpha}\times\boldsymbol{\beta}&=(a_x\boldsymbol{i}+a_y\boldsymbol{j}+a_z\boldsymbol{k})\times(b_x\boldsymbol{i}+b_y\boldsymbol{j}+b_z\boldsymbol{k})\\&=(a_yb_z-a_zb_y)\boldsymbol{i}+(a_zb_x-a_xb_z)\boldsymbol{j}+(a_xb_y-a_yb_x)\boldsymbol{k}.\end{aligned}$$

基于行列式的展开法则，可得到两个三维向量的向量积可由如下行列式进行表示：

$$\boldsymbol{\alpha}\times\boldsymbol{\beta}=\begin{vmatrix}\boldsymbol{i}&\boldsymbol{j}&\boldsymbol{k}\\a_x&a_y&a_z\\b_x&b_y&b_z\end{vmatrix}.$$

注：上述三阶行列式按第一行展开即可得到 $\boldsymbol{\alpha}$ 与 $\boldsymbol{\beta}$ 的向量积.

根据向量积的定义与几何意义，以 $A(x_1,y_1,z_1)$，$B(x_2,y_2,z_2)$，$C(x_3,y_3,z_3)$ 为顶点的三角形 $\triangle ABC$ 的面积为

$$S_{\triangle ABC}=\frac{1}{2}|\overrightarrow{AB}||\overrightarrow{AC}|\sin\angle A=\frac{1}{2}|\overrightarrow{AB}\times\overrightarrow{AC}|,$$

其中符号 $|\cdot|$ 表示三维向量的模，向量 $\overrightarrow{AB}=(x_2-x_1,y_2-y_1,z_2-z_1)$，向量 $\overrightarrow{AC}=(x_3-x_1,y_3-y_1,z_3-z_1)$，$\overrightarrow{AB}\times\overrightarrow{AC}$ 为

$$\overrightarrow{AB}\times\overrightarrow{AC}=\begin{vmatrix}\boldsymbol{i}&\boldsymbol{j}&\boldsymbol{k}\\x_2-x_1&y_2-y_1&z_2-z_1\\x_3-x_1&y_3-y_1&z_3-z_1\end{vmatrix}.$$

特殊地，当 A，B，C 三个顶点在同一平面上时，即 $z_1=z_2=z_3$ 时，

$$\begin{aligned}\overrightarrow{AB}\times\overrightarrow{AC}&=\begin{vmatrix}\boldsymbol{i}&\boldsymbol{j}&\boldsymbol{k}\\x_2-x_1&y_2-y_1&0\\x_3-x_1&y_3-y_1&0\end{vmatrix}=0\boldsymbol{i}+0\boldsymbol{j}+\begin{vmatrix}x_2-x_1&y_2-y_1\\x_3-x_1&y_3-y_1\end{vmatrix}\boldsymbol{k}\\&=\begin{vmatrix}x_2-x_1&y_2-y_1\\x_3-x_1&y_3-y_1\end{vmatrix}\boldsymbol{k}.\end{aligned}$$

根据行列式的性质和展开法则，上面的二阶行列式可写为

$$\begin{vmatrix}x_2-x_1&y_2-y_1\\x_3-x_1&y_3-y_1\end{vmatrix}=\begin{vmatrix}x_1&y_1&1\\x_2-x_1&y_2-y_1&0\\x_3-x_1&y_3-y_1&0\end{vmatrix}\xlongequal[r_3+r_1]{r_2+r_1}\begin{vmatrix}x_1&y_1&1\\x_2&y_2&1\\x_3&y_3&1\end{vmatrix},$$

即

$$\overrightarrow{AB}\times\overrightarrow{AC}=\begin{vmatrix}x_1&y_1&1\\x_2&y_2&1\\x_3&y_3&1\end{vmatrix}\boldsymbol{k}.$$

令行列式$D=\begin{vmatrix} x_1 & y_1 & 1 \\ x_2 & y_2 & 1 \\ x_3 & y_3 & 1 \end{vmatrix}$，则以平面上三点$A(x_1, y_1)$，$B(x_2, y_2)$，$C(x_3, y_3)$为顶点的三角形$\triangle ABC$的面积为$\frac{1}{2}$乘以行列式$D$的绝对值，即$S_{\triangle ABC}=\frac{1}{2}|D|\,|\boldsymbol{k}|=\frac{1}{2}|D|$.

例 2 已知三角形$\triangle ABC$的顶点分别为$A(1, 2, 3)$，$B(3, 4, 5)$，$C(2, 4, 7)$，求其面积$S_{\triangle ABC}$.

解 向量$\overrightarrow{AB}=(2, 2, 2)$，$\overrightarrow{AC}=(1, 2, 4)$，则有

$$\overrightarrow{AB}\times\overrightarrow{AC}=\begin{vmatrix} \boldsymbol{i} & \boldsymbol{j} & \boldsymbol{k} \\ 2 & 2 & 2 \\ 1 & 2 & 4 \end{vmatrix} \xlongequal{\text{第1行展开}} \boldsymbol{i}\begin{vmatrix} 2 & 2 \\ 2 & 4 \end{vmatrix}-\boldsymbol{j}\begin{vmatrix} 2 & 2 \\ 1 & 4 \end{vmatrix}+\boldsymbol{k}\begin{vmatrix} 2 & 2 \\ 1 & 2 \end{vmatrix}$$

$$=4\boldsymbol{i}-6\boldsymbol{j}+2\boldsymbol{k},$$

因此，$S_{\triangle ABC}=\frac{1}{2}|4\boldsymbol{i}-6\boldsymbol{j}+2\boldsymbol{k}|=\frac{1}{2}\sqrt{4^2+(-6)^2+2^2}=\sqrt{14}$.

例 3 已知平面上的三个点分别为$A(0, 0)$，$B(-3, 2)$，$C(1, 6)$，计算以A，B，C为顶点的三角形的面积$S_{\triangle ABC}$.

解 令行列式

$$D=\begin{vmatrix} 0 & 0 & 1 \\ -3 & 2 & 1 \\ 1 & 6 & 1 \end{vmatrix},$$

将行列式按第一行展开可得$D=-20$，故有$S_{\triangle ABC}=\frac{1}{2}|-20|=10$.

典型问题与方法解析

一、化行列式为上(下)三角行列式

利用行列式的性质，将行列式化为上(下)三角行列式是计算行列式的基本方法之一，尤其是对数字行列式的计算.

例 1 计算

$$D_4=\begin{vmatrix}2&1&0&0\\1&2&1&0\\0&1&2&1\\0&0&1&2\end{vmatrix}.$$

解

$$D_4\xlongequal{r_2-\frac{1}{2}r_1}\begin{vmatrix}2&1&0&0\\0&\frac{3}{2}&1&0\\0&1&2&1\\0&0&1&2\end{vmatrix}\xlongequal{r_3-\frac{2}{3}r_2}\begin{vmatrix}2&1&0&0\\0&\frac{3}{2}&1&0\\0&0&\frac{4}{3}&1\\0&0&1&2\end{vmatrix}\xlongequal{r_4-\frac{3}{4}r_3}\begin{vmatrix}2&1&0&0\\0&\frac{3}{2}&1&0\\0&0&\frac{4}{3}&1\\0&0&0&\frac{5}{4}\end{vmatrix}=5.$$

例 2 计算

$$D_n=\begin{vmatrix}a&b&b&\cdots&b\\b&a&b&\cdots&b\\b&b&a&\cdots&b\\\vdots&\vdots&\vdots&&\vdots\\b&b&b&\cdots&a\end{vmatrix}.$$

解

$$D_n\xlongequal[j=2,3,\cdots,n]{c_1+c_j}\begin{vmatrix}a+(n-1)b&b&b&\cdots&b\\a+(n-1)b&a&b&\cdots&b\\a+(n-1)b&b&a&\cdots&b\\\vdots&\vdots&\vdots&&\vdots\\a+(n-1)b&b&b&\cdots&a\end{vmatrix},$$

提出第一列的公因子 $a+(n-1)b$，则有

$$D_n=[a+(n-1)b]\begin{vmatrix}1&b&b&\cdots&b\\1&a&b&\cdots&b\\1&b&a&\cdots&b\\\vdots&\vdots&\vdots&&\vdots\\1&b&b&\cdots&a\end{vmatrix}$$

$$\xlongequal[i=2,3,\cdots,n]{r_i-r_1}[a+(n-1)b]\begin{vmatrix} 1 & b & b & \cdots & b \\ 0 & a-b & 0 & \cdots & 0 \\ 0 & 0 & a-b & \cdots & 0 \\ \vdots & \vdots & \vdots & & \vdots \\ 0 & 0 & 0 & \cdots & a-b \end{vmatrix}$$

$$=[a+(n-1)b](a-b)^{n-1}.$$

二、降阶法

降阶法主要是利用行列式展开法则并结合行列式的性质，将某一行(列)的元素尽可能多地化为零元素，然后再按此行(列)展开.

例 3 计算

$$D_n=\begin{vmatrix} 1 & 2 & 2 & \cdots & 2 \\ 2 & 2 & 2 & \cdots & 2 \\ 2 & 2 & 3 & \cdots & 2 \\ \vdots & \vdots & \vdots & & \vdots \\ 2 & 2 & 2 & \cdots & n \end{vmatrix}.$$

解

$$D_n\xlongequal[i=1,3,4,\cdots,n]{r_i-r_2}\begin{vmatrix} -1 & 0 & 0 & \cdots & 0 \\ 2 & 2 & 2 & \cdots & 2 \\ 0 & 0 & 1 & \cdots & 0 \\ \vdots & \vdots & \vdots & & \vdots \\ 0 & 0 & 0 & \cdots & n-2 \end{vmatrix}$$

$$\xlongequal{\text{按第一行展开}}(-1)\begin{vmatrix} 2 & 2 & 2 & \cdots & 2 \\ 0 & 1 & 0 & \cdots & 0 \\ 0 & 0 & 2 & \cdots & 0 \\ \vdots & \vdots & \vdots & & \vdots \\ 0 & 0 & 0 & \cdots & n-2 \end{vmatrix}=-2(n-2)!.$$

三、递推法

该方法一般是找出 n 阶行列式与低阶行列式的关系从而算出 n 阶行列式的值.

例 4　计算

$$D_n=\begin{vmatrix} \alpha+\beta & \alpha\beta & 0 & \cdots & 0 & 0 \\ 1 & \alpha+\beta & \alpha\beta & \cdots & 0 & 0 \\ 0 & 1 & \alpha+\beta & \cdots & 0 & 0 \\ \vdots & \vdots & \vdots & & \vdots & \vdots \\ 0 & 0 & 0 & \cdots & \alpha+\beta & \alpha\beta \\ 0 & 0 & 0 & \cdots & 1 & \alpha+\beta \end{vmatrix}.$$

解　将 D_n 按第一行展开得

$$D_n=(\alpha+\beta)D_{n-1}-\alpha\beta D_{n-2},$$

将这个递推公式改写成

$$\begin{cases} D_n-\alpha D_{n-1}=\beta(D_{n-1}-\alpha D_{n-2}) \\ D_n-\beta D_{n-1}=\alpha(D_{n-1}-\beta D_{n-2}) \end{cases},$$

连续使用以上递推公式得

$$\begin{cases} D_n-\alpha D_{n-1}=\beta^{n-2}(D_2-\alpha D_1) \\ D_n-\beta D_{n-1}=\alpha^{n-2}(D_2-\beta D_1) \end{cases},$$

其中，$D_1=\alpha+\beta$，$D_2=\alpha^2+\alpha\beta+\beta^2$，所以

$$\begin{cases} D_n-\alpha D_{n-1}=\beta^n \\ D_n-\beta D_{n-1}=\alpha^n \end{cases}.$$

当 $\alpha\neq\beta$ 时，由上式得

$$D_n=\frac{1}{\beta-\alpha}(\beta^{n+1}-\alpha^{n+1});$$

当 $\alpha=\beta$ 时，$D_n=\alpha D_{n-1}+\alpha^n$，连续使用此递推公式得

$$D_n=\alpha^{n-1}D_1+(n-1)\alpha^n=(n+1)\alpha^n.$$

四、数学归纳法

此方法是证明行列式等式的主要方法之一.

例 5　证明

$$D_n=\begin{vmatrix} \cos\alpha & 1 & 0 & \cdots & 0 & 0 \\ 1 & 2\cos\alpha & 1 & \cdots & 0 & 0 \\ 0 & 1 & 2\cos\alpha & \cdots & 0 & 0 \\ \vdots & \vdots & \vdots & & \vdots & \vdots \\ 0 & 0 & 0 & \cdots & 1 & 2\cos\alpha \end{vmatrix}=\cos n\alpha.$$

证 对行列式的阶数 n 用数学归纳法，当 $n=2$ 时有

$$D_2=\begin{vmatrix}\cos\alpha & 1\\ 1 & 2\cos\alpha\end{vmatrix}=2\cos^2\alpha-1=\cos2\alpha.$$

假设对阶数小于 n 的行列式结论成立，对 n 阶行列式 D_n 按最后一行展开得

$$D_n=2\cos\alpha D_{n-1}-D_{n-2}.$$

因为

$$\begin{aligned}D_{n-2}&=\cos[(n-2)\alpha]=\cos[(n-1)\alpha-\alpha]\\&=\cos[(n-1)\alpha]\cos\alpha+\sin[(n-1)\alpha]\sin\alpha,\end{aligned}$$

所以有

$$\begin{aligned}D_n&=2\cos[(n-1)\alpha]\cos\alpha-\cos\alpha\cos[(n-1)\alpha]-\sin\alpha\sin[(n-1)\alpha]\\&=\cos[(n-1)\alpha]\cos\alpha-\sin[(n-1)\alpha]\sin\alpha\\&=\cos[(n-1)\alpha+\alpha]\\&=\cos n\alpha,\end{aligned}$$

故等式成立.

五、加边法

加边法是将已知的 n 阶行列式转化为一个与它等值的 $n+1$ 阶行列式，虽然行列式的阶数增高了，但却易于用行列式的性质对它进行化简求值.

例 6 计算

$$D_4=\begin{vmatrix}1+a_1 & 1 & 1 & 1\\ 1 & 1+a_2 & 1 & 1\\ 1 & 1 & 1+a_3 & 1\\ 1 & 1 & 1 & 1+a_4\end{vmatrix}\quad(a_i\neq0,\ i=1,2,3,4).$$

解

$$D_4=\begin{vmatrix}1 & 1 & 1 & 1 & 1\\ 0 & 1+a_1 & 1 & 1 & 1\\ 0 & 1 & 1+a_2 & 1 & 1\\ 0 & 1 & 1 & 1+a_3 & 1\\ 0 & 1 & 1 & 1 & 1+a_4\end{vmatrix}$$

$$\xlongequal[i=2,3,4,5]{r_i-r_1}\begin{vmatrix}1&1&1&1&1\\-1&a_1&0&0&0\\-1&0&a_2&0&0\\-1&0&0&a_3&0\\-1&0&0&0&a_4\end{vmatrix}$$

$$\xlongequal[i=2,3,4,5]{r_1-\frac{1}{a_{i-1}}r_i}\begin{vmatrix}1+\sum_{i=1}^{4}\frac{1}{a_i}&&&&\\-1&a_1&&&\\-1&&a_2&&\\-1&&&a_3&\\-1&&&&a_4\end{vmatrix}$$

$$=a_1a_2a_3a_4\left(1+\sum_{i=1}^{4}\frac{1}{a_i}\right).$$

六、求行列式某行（列）代数余子式的代数和

例 7　设五阶行列式

$$D_5=\begin{vmatrix}4&4&4&1&1\\3&2&1&4&5\\3&3&3&2&2\\2&3&5&4&2\\4&5&6&1&3\end{vmatrix},$$

求 $A_{21}+A_{22}+A_{23}$ 和 $A_{24}+A_{25}$ 的值.

解　由行列式的展开定理得

$$\begin{cases}a_{11}A_{21}+a_{12}A_{22}+a_{13}A_{23}+a_{14}A_{24}+a_{15}A_{25}=0\\a_{31}A_{21}+a_{32}A_{22}+a_{33}A_{23}+a_{34}A_{24}+a_{35}A_{25}=0\end{cases},$$

即

$$\begin{cases}4(A_{21}+A_{22}+A_{23})+(A_{24}+A_{25})=0\\3(A_{21}+A_{22}+A_{23})+2(A_{24}+A_{25})=0\end{cases},$$

因此可解得 $A_{21}+A_{22}+A_{23}=0$，$A_{24}+A_{25}=0$.

本章要点小结

※ **重要概念**：排列与逆序、n 阶行列式、行列式的转置、余子式、代数余子式.

※ **主要结论**：上(下)三角行列式、对角行列式、范德蒙行列式、行列式的性质、行列式的展开法则.

※ **关键计算**：利用行列式的性质计算行列式、利用行列式的展开法则计算行列式.

习 题 一

习题 A

1. 求下列排列的逆序数：

(1) 134782695；　(2) $13\cdots(2n-1)24\cdots(2n)$.

2. 在五阶行列式 $\det(a_{ij})(i,\ j=1,\ 2,\ 3,\ 4,\ 5)$ 中，下列各项应取什么符号？

(1) $a_{13}a_{21}a_{34}a_{42}a_{55}$；　(2) $a_{13}a_{25}a_{34}a_{42}a_{51}$.

3. 利用对角线法则计算下列行列式：

(1) $\begin{vmatrix} a & b \\ a^2 & b^2 \end{vmatrix}$；　(2) $\begin{vmatrix} \cos\alpha & -\sin\alpha \\ \sin\alpha & \cos\alpha \end{vmatrix}$；

(3) $\begin{vmatrix} 1 & 1 & 1 \\ a & b & c \\ a^2 & b^2 & c^2 \end{vmatrix}$；　(4) $\begin{vmatrix} x & y & x+y \\ y & x+y & x \\ x+y & x & y \end{vmatrix}$.

4. 利用行列式性质将下列行列式化为上三角行列式，并计算其值：

(1) $\begin{vmatrix} 0 & -1 & -1 & 2 \\ 1 & -1 & 0 & 2 \\ -1 & 2 & -1 & 0 \\ 2 & 1 & 1 & 0 \end{vmatrix}$；　(2) $\begin{vmatrix} 3 & 2 & 1 & 1 \\ 2 & 3 & 5 & 9 \\ -1 & 2 & 5 & -2 \\ 1 & 0 & -1 & 3 \end{vmatrix}$；

(3) $\begin{vmatrix} 1+a & 1 & 1 & 1 \\ 1 & 1-a & 1 & 1 \\ 1 & 1 & 1+b & 1 \\ 1 & 1 & 1 & 1-b \end{vmatrix}$；　　(4) $\begin{vmatrix} x & a & a & a \\ a & x & a & a \\ a & a & x & a \\ a & a & a & x \end{vmatrix}$.

5. 利用行列式的性质证明：

$$\begin{vmatrix} a^2 & (a+1)^2 & (a+2)^2 & (a+3)^2 \\ b^2 & (b+1)^2 & (b+2)^2 & (b+3)^2 \\ c^2 & (c+1)^2 & (c+2)^2 & (c+3)^2 \\ d^2 & (d+1)^2 & (d+2)^2 & (d+3)^2 \end{vmatrix}=0.$$

6. 已知 $\begin{vmatrix} a_1 & b_1 & c_1 \\ a_2 & b_2 & c_2 \\ a_3 & b_3 & c_3 \end{vmatrix}=m$，$\begin{vmatrix} a_1 & b_1 & c_1 \\ a_2 & b_2 & c_2 \\ a'_3 & b'_3 & c'_3 \end{vmatrix}=n$，计算：

$$\begin{vmatrix} 2a_1 & 2b_1 & 2c_1 \\ a_2 & b_2 & c_2 \\ -a_3-a'_3 & -b_3-b'_3 & -c_3-c'_3 \end{vmatrix}.$$

7. 利用行列式的展开法则计算下列行列式：

(1) $\begin{vmatrix} 5 & 3 & -1 & 0 \\ 1 & 7 & 2 & 2 \\ 0 & -2 & 3 & 0 \\ 0 & 2 & 5 & 0 \end{vmatrix}$；　　(2) $\begin{vmatrix} 0 & a & b & a \\ a & 0 & a & b \\ b & a & 0 & a \\ a & b & a & 0 \end{vmatrix}$；

(3) $D_n=\begin{vmatrix} x & y & 0 & \cdots & 0 & 0 \\ 0 & x & y & \cdots & 0 & 0 \\ \vdots & \vdots & \vdots & & \vdots & \vdots \\ 0 & 0 & 0 & \cdots & x & y \\ y & 0 & 0 & \cdots & 0 & x \end{vmatrix}$；

(4) $D_{n+1}=\begin{vmatrix} -a_1 & a_1 & 0 & \cdots & 0 & 0 \\ 0 & -a_2 & a_2 & \cdots & 0 & 0 \\ \vdots & \vdots & \vdots & & \vdots & \vdots \\ 0 & 0 & 0 & \cdots & -a_n & a_n \\ 1 & 1 & 1 & \cdots & 1 & 1 \end{vmatrix}$.

8. 已知四阶行列式 D 中第 1 行的元素分别为 1，2，0，-4，第 3 行元素的余子式依次为 6，x，19，2，求 x 的值.

9. 计算四阶行列式 D 的第 1 列元素的代数余子式之和 $A_{11}+A_{21}+A_{31}+A_{41}$，其中 A_{i1} 为元素 $a_{i1}(i=1,2,3,4)$ 的代数余子式，行列式 D 为

$$D=\begin{vmatrix} a & 1 & 2 & 3 \\ b & -1 & 0 & 1 \\ c & 0 & 2 & 3 \\ d & 1 & -1 & -2 \end{vmatrix}.$$

10. 已知四阶行列式 D，计算 $A_{41}+2A_{42}+3A_{44}$，其中 A_{4j} 为元素 $a_{4j}(j=1,2,4)$ 的代数余子式，行列式 D 为

$$D=\begin{vmatrix} 3 & 6 & 9 & 12 \\ 2 & 4 & 6 & 8 \\ 1 & 2 & 0 & 3 \\ 5 & 6 & 4 & 3 \end{vmatrix}.$$

11. 已知 n 阶行列式 D_n，计算 $A_{n1}+A_{n2}+\cdots+A_{nn}$，其中 A_{nj} 为元素 $a_{nj}(j=1,2,\cdots,n)$ 的代数余子式，行列式 D_n 为

$$D_n=\begin{vmatrix} x & a & \cdots & a \\ a & x & \cdots & a \\ \vdots & \vdots & & \vdots \\ a & a & \cdots & x \end{vmatrix}.$$

12. 设 $p(x)=\begin{vmatrix} 1 & x & x^2 & x^3 \\ 1 & a & a^2 & a^3 \\ 1 & b & b^2 & b^3 \\ 1 & c & c^2 & c^3 \end{vmatrix}$，其中 a，b，c 各不相同. 试证 $p(x)$ 是 x 的三次多项式，并求出方程 $p(x)=0$ 的所有根.

13. 计算下列 n 阶行列式：

(1) $\begin{vmatrix} 2 & 1 & 1 & \cdots & 1 \\ 1 & 2 & 1 & \cdots & 1 \\ 1 & 1 & 2 & \cdots & 1 \\ \vdots & \vdots & \vdots & & \vdots \\ 1 & 1 & 1 & \cdots & 2 \end{vmatrix}$；

（2）$\begin{vmatrix} 1+a_1 & 1 & \cdots & 1 \\ 1 & 1+a_2 & \cdots & 1 \\ \vdots & \vdots & & \vdots \\ 1 & 1 & \cdots & 1+a_n \end{vmatrix}$，其中 $a_1a_2\cdots a_n \neq 0$.

14. 计算行列式 $D_{2n} = \begin{vmatrix} a_n & & & & & b_n \\ & \ddots & & & \iddots & \\ & & a_1 & b_1 & & \\ & & c_1 & d_1 & & \\ & \iddots & & & \ddots & \\ c_n & & & & & d_n \end{vmatrix}$，其中未写出的元素均为 0.

15. 利用克莱姆法则求解下列线性方程组：

（1）$\begin{cases} 2x_1-3x_2+x_3=10 \\ x_1+4x_2-2x_3=-8 \\ 3x_1+2x_2-x_3=1 \end{cases}$；　（2）$\begin{cases} 5x_1+4x_3+2x_4=3 \\ x_1-x_2+2x_3+x_4=1 \\ 4x_1+x_2+2x_3=1 \\ x_1+x_2+x_3+x_4=0 \end{cases}$.

习题 B

1. 单项选择题.

（1）四阶行列式 $D=\begin{vmatrix} a & 0 & 0 & b \\ 0 & a & b & 0 \\ 0 & b & a & 0 \\ b & 0 & 0 & a \end{vmatrix}$ 的值等于（　　）.

A. a^4-b^4　　B. a^4+b^4　　C. $(a^2-b^2)^2$　　D. $(a^2+b^2)^2$

（2）若三阶行列式 $\begin{vmatrix} a_{11} & a_{12} & a_{13} \\ a_{21} & a_{22} & a_{23} \\ a_{31} & a_{32} & a_{33} \end{vmatrix}=m$，则 $\begin{vmatrix} 6a_{11} & 3a_{12} & 3a_{13} \\ 2a_{21} & a_{22} & a_{23} \\ 4a_{31} & 2a_{32} & 2a_{33} \end{vmatrix}=$（　　）.

A. $12m$　　B. $9m$　　C. $8m$　　D. $6m$

（3）下列行列式值为 0 的是（　　）.

A. $\begin{vmatrix} 3 & 2 & 1 \\ -3 & 2 & 1 \\ 0 & 0 & 1 \end{vmatrix}$　B. $\begin{vmatrix} 0 & 0 & 3 \\ 0 & -1 & 0 \\ 1 & 3 & 0 \end{vmatrix}$　C. $\begin{vmatrix} 3 & -1 & 6 \\ 2 & 2 & 4 \\ 1 & 6 & 2 \end{vmatrix}$　D. $\begin{vmatrix} 0 & -1 & 0 \\ 3 & 0 & 0 \\ 0 & 0 & 1 \end{vmatrix}$

(4) 行列式$\begin{vmatrix} 1 & 2 \\ 3 & 4 \end{vmatrix}$中元素 $a_{21}=3$ 的代数余子式为(　　).

A. 1　　B. -2　　C. 2　　D. 4

(5) 设 $D=\begin{vmatrix} 3 & 0 & 4 & 0 \\ 1 & 1 & 1 & 1 \\ 0 & -1 & 0 & 0 \\ 5 & 3 & -2 & 2 \end{vmatrix}$，则 D 中第 4 行元素的余子式之和为(　　).

A. -1　　B. 0　　C. -3　　D. -2

2. 填空题.

(1) 已知 n 阶行列式 D 的每一列元素之和均为零，则 $D=$______.

(2) 已知三阶行列式中第 2 列元素依次为 1，2，3，其对应的余子式依次为 3，2，1，则该行列式的值为______.

(3) n 阶行列式 $D=\begin{vmatrix} 0 & 1 & 0 & \cdots & 0 \\ 0 & 0 & 2 & \cdots & 0 \\ \vdots & \vdots & \vdots & & \vdots \\ 0 & 0 & 0 & \cdots & n-1 \\ n & 0 & 0 & \cdots & 0 \end{vmatrix}=$______$(n \geqslant 2)$.

(4) 若$\begin{vmatrix} 1 & 1 & 1 & 1 \\ 1 & x & 2 & 2 \\ 2 & 2 & x & 3 \\ 3 & 3 & 3 & x \end{vmatrix}=0$，则 $x=$______.

(5) 设行列式 $D=\begin{vmatrix} 1 & 2 & 3 & 4 \\ 3 & 3 & 4 & 4 \\ 1 & 5 & 6 & 7 \\ 1 & 1 & 2 & 2 \end{vmatrix}=-6$，$A_{4j}$ 为 $a_{4j}(j=1, 2, 3, 4)$ 的代数余子式，则 $A_{41}+A_{42}=$______，$A_{43}+A_{44}=$______.

3. 计算行列式 $D_4=\begin{vmatrix} a & 0 & b & 0 \\ 0 & c & 0 & d \\ b & 0 & a & 0 \\ 0 & d & 0 & c \end{vmatrix}$，其中 a，b，c，d 为互不相同的实数.

4. 设行列式 $D=\begin{vmatrix}1&0&t&0\\2&0&0&-1\\t&1&0&0\\0&0&1&2\end{vmatrix}=0$，求 t.

5. 计算 n 阶行列式 $D_n=\begin{vmatrix}1&1&1&\cdots&1\\1&2&2&\cdots&2\\\vdots&\vdots&\vdots&&\vdots\\1&2&3&\cdots&n-1\\1&2&3&\cdots&n\end{vmatrix}$.

6. 已知 n 阶行列式 $D_n=\begin{vmatrix}1&3&5&\cdots&2n-1\\1&2&0&\cdots&0\\1&0&3&\cdots&0\\\vdots&\vdots&\vdots&&\vdots\\1&0&0&\cdots&n\end{vmatrix}$，计算 D_n 中第一行元素的代数余子式之和.

7. 利用范德蒙行列式计算 $D_n=\begin{vmatrix}1&1&\cdots&1\\2&2^2&\cdots&2^n\\\vdots&\vdots&&\vdots\\n&n^2&\cdots&n^n\end{vmatrix}$.

8. 证明 $\begin{vmatrix}x&-1&0&\cdots&0&0\\0&x&-1&\cdots&0&0\\\vdots&\vdots&\vdots&&\vdots&\vdots\\0&0&0&\cdots&x&-1\\a_n&a_{n-1}&a_{n-2}&\cdots&a_2&x+a_1\end{vmatrix}=x^n+a_1x^{n-1}+\cdots+a_{n-1}x+a_n$.

资料选读

行列式发展简史

行列式符号早期是在 1683 年和 1693 年分别由日本数学家关孝和德国数学家莱布尼茨提出的，并且他们将其应用在线性方程组的求解问题中. 行列式最早只是一种速记的表达方式，表示将一些数字按特定的规则计算得到的数. 在很长一段时间内，行列式只是作为求解线性方程组的一种工具. 1750 年，瑞士数学家克莱姆对行列式的定义和展开法则进行了比较完整、明确的阐述，并给出了求解线性方程组的克莱姆法则.

法国数学家范德蒙，也把行列式应用于解线性方程组，他是第一个对行列式理论做出连贯逻辑性阐述(即把行列式理论与线性方程组求解相分离)的人. 他还给出了一个法则，用余子式来展开行列式. 从对行列式本身进行研究这一点来说，他是这门理论的奠基人. 1772 年，法国数学家拉普拉斯在论文《对积分和世界体系的探讨》中证明了范德蒙提出的一些规则，并推广了他的展开行列式的方法.

法国数学家柯西是 19 世纪的数学全才之一，他的成就遍及分析的严格化、复变函数、代数、几何、微分方程、误差理论、力学和天文学等领域. 他的代表作《分析教程》(1821)、《无穷小计算讲义》(1823)等都具有划时代的意义和价值. 柯西在 1812 年发表了一篇长达 84 页关于行列式的论文，首次把行列式的元素排成方阵，采用双足标记法. 这篇论文的发表标志着行列式及其性质的近代研究正式开始. 这篇论文的亮点还在于乘法定理，由此可以得到行列式的展开定理. 在柯西之前拉普拉斯与比内叙述过这一定理，但他们的叙述是针对一些特殊情况的解释，冗长而烦琐，远远不及柯西对它的阐述. 柯西只用了一页的篇幅就非常容易地给展开定理一个通俗易懂、简洁明了、几近完美的陈述.

德国数学家雅可比是继柯西之后，在行列式理论方面最多产的数学家，他引进了函数行列式(雅可比行列式)，指出函数行列式在多重积分变量替换中的作用，给出了函数行列式的导数公式. 雅可比的著名论文《论行列式的形成和性质》标志着行列式系统理论的建成.

目前，行列式在数学分析、几何学、线性方程组理论、二次型理论等多方面都有着重要的应用.

第二章 矩阵

矩阵是线性代数的重要研究对象，它是现代科学技术不可缺少的数学工具，许多实际问题可以用矩阵表达并结合相关理论得到解决. 本章主要介绍矩阵的概念、基本运算、逆矩阵、分块矩阵、初等变换与秩以及矩阵在其他方面的应用.

第一节 矩阵的概念与运算

一、矩阵的概念

定义 1 由 $m\times n$ 个数 $a_{ij}(i=1,2,\cdots,m;\ j=1,2,\cdots,n)$ 排成的 m 行 n 列的矩形数表

$$\boldsymbol{A}=\begin{pmatrix} a_{11} & a_{12} & \cdots & a_{1n} \\ a_{21} & a_{22} & \cdots & a_{2n} \\ \vdots & \vdots & & \vdots \\ a_{m1} & a_{m2} & \cdots & a_{mn} \end{pmatrix}$$

称为 $m\times n$ **矩阵**，记为 $\boldsymbol{A}=\boldsymbol{A}_{m\times n}=(a_{ij})_{m\times n}$，其中 a_{ij} 称为矩阵 $\boldsymbol{A}$ 的第 i 行第 j 列元素.

通常用大写字母 $\boldsymbol{A},\boldsymbol{B},\boldsymbol{C},\cdots$ 或黑体希腊字母 $\boldsymbol{\alpha},\boldsymbol{\beta},\boldsymbol{\gamma},\cdots$ 表示矩阵.

元素是实数的矩阵称为**实矩阵**，元素是复数的矩阵称为**复矩阵**. 如不特别声明，本书中讨论的矩阵均为实矩阵.

二、几类特殊的矩阵

$1\times n$ 的矩阵

$$(a_1,a_2,\cdots,a_n)$$

称为**行矩阵**或**行向量**.

$m\times 1$ 的矩阵

$$\begin{pmatrix} a_1 \\ a_2 \\ \vdots \\ a_m \end{pmatrix}$$

称为**列矩阵**或**列向量**. 行向量和列向量统称为**向量**.

元素全为 0 的矩阵，称为**零矩阵**，记作 $\boldsymbol{O}$. 如果要指明其行数和列数，则记为 $\boldsymbol{O}_{m\times n}$.

$n\times n$ 的矩阵称为 n 阶**方阵**或 n 阶矩阵. n 阶方阵

$$\boldsymbol{A}=\begin{pmatrix} a_{11} & a_{12} & \cdots & a_{1n} \\ a_{21} & a_{22} & \cdots & a_{2n} \\ \vdots & \vdots & & \vdots \\ a_{n1} & a_{n2} & \cdots & a_{nn} \end{pmatrix}$$

的左上角至右下角元素的连线称为**主对角线**，左下角至右上角元素的连线称为**副对角线**. 1 阶方阵是一个数，括号可略去.

一个 n 阶方阵主对角线上方的元素全为 0，即

$$\begin{pmatrix} a_{11} & 0 & \cdots & 0 \\ a_{21} & a_{22} & \cdots & 0 \\ \vdots & \vdots & & \vdots \\ a_{n1} & a_{n2} & \cdots & a_{nn} \end{pmatrix},$$

称该 n 阶方阵为**下三角矩阵**.

类似地，有**上三角矩阵**

$$\begin{pmatrix} a_{11} & a_{12} & \cdots & a_{1n} \\ 0 & a_{22} & \cdots & a_{2n} \\ \vdots & \vdots & & \vdots \\ 0 & 0 & \cdots & a_{nn} \end{pmatrix}.$$

定义 2 称方阵

$$\boldsymbol{\Lambda}=\begin{pmatrix} \lambda_1 & 0 & \cdots & 0 \\ 0 & \lambda_2 & \cdots & 0 \\ \vdots & \vdots & & \vdots \\ 0 & 0 & \cdots & \lambda_n \end{pmatrix}$$

为 n 阶**对角阵**，记为 $\boldsymbol{A}=\mathrm{diag}(\lambda_1, \lambda_2, \cdots, \lambda_n)$. 特别地，当 $\lambda_1=\lambda_2=\cdots=\lambda_n=1$ 时，称为 n 阶**单位矩阵**，简称为 n 阶单位阵，记为 $\boldsymbol{E}_n$ 或简记为 $\boldsymbol{E}$，即

$$\boldsymbol{E}=\begin{pmatrix}1 & 0 & \cdots & 0\\ 0 & 1 & \cdots & 0\\ \vdots & \vdots & & \vdots\\ 0 & 0 & \cdots & 1\end{pmatrix}.$$

行数相同、列数也相同的两个矩阵，称为**同型矩阵**. 如果两个同型矩阵 $\boldsymbol{A}=(a_{ij})_{m\times n}$，$\boldsymbol{B}=(b_{ij})_{m\times n}$ 的对应元素分别相等，即

$$a_{ij}=b_{ij}\quad(i=1, 2, \cdots, m; j=1, 2, \cdots, n),$$

则称这两个矩阵相等，记为 $\boldsymbol{A}=\boldsymbol{B}$.

三、矩阵的线性运算

定义 3　设 $\boldsymbol{A}=(a_{ij})_{m\times n}$，$\boldsymbol{B}=(b_{ij})_{m\times n}$ 为两个同型矩阵，将它们的对应元素分别相加，得到一个新的矩阵

$$\begin{pmatrix}a_{11}+b_{11} & a_{12}+b_{12} & \cdots & a_{1n}+b_{1n}\\ a_{21}+b_{21} & a_{22}+b_{22} & \cdots & a_{2n}+b_{2n}\\ \vdots & \vdots & & \vdots\\ a_{m1}+b_{m1} & a_{m2}+b_{m2} & \cdots & a_{mn}+b_{mn}\end{pmatrix}$$

称为矩阵 $\boldsymbol{A}$ 与矩阵 $\boldsymbol{B}$ 的**和**，记为 $\boldsymbol{A}+\boldsymbol{B}$.

例如 $\boldsymbol{A}=\begin{pmatrix}2 & -1 & 1\\ 0 & 3 & 2\end{pmatrix}$，$\boldsymbol{B}=\begin{pmatrix}1 & 2 & 3\\ 4 & 0 & 3\end{pmatrix}$，则 $\boldsymbol{A}+\boldsymbol{B}=\begin{pmatrix}3 & 1 & 4\\ 4 & 3 & 5\end{pmatrix}$.

定义 4　设 $\boldsymbol{A}=(a_{ij})_{m\times n}$，$\lambda$ 是一个数，则矩阵

$$\begin{pmatrix}\lambda a_{11} & \lambda a_{12} & \cdots & \lambda a_{1n}\\ \lambda a_{21} & \lambda a_{22} & \cdots & \lambda a_{2n}\\ \vdots & \vdots & & \vdots\\ \lambda a_{m1} & \lambda a_{m2} & \cdots & \lambda a_{mn}\end{pmatrix}$$

称为数 λ 与矩阵 $\boldsymbol{A}$ 的**数乘矩阵**，记为 $\lambda\boldsymbol{A}$ 或 $\boldsymbol{A}\lambda$.

若 $\boldsymbol{A}=(a_{ij})_{m\times n}$，则称 $(-a_{ij})_{m\times n}$ 为 $\boldsymbol{A}$ 的**负矩阵**，记为 $-\boldsymbol{A}$，显然，$-\boldsymbol{A}=(-1)\boldsymbol{A}$. 由此可定义矩阵的减法：$\boldsymbol{A}-\boldsymbol{B}=\boldsymbol{A}+(-\boldsymbol{B})$.

矩阵的加法和数与矩阵的乘法称为矩阵的**线性运算**，不难验证矩阵的线性运算满足下列运算规律：

(1) $\boldsymbol{A}+\boldsymbol{B}=\boldsymbol{B}+\boldsymbol{A}$;

(2) $(\boldsymbol{A}+\boldsymbol{B})+\boldsymbol{C}=\boldsymbol{A}+(\boldsymbol{B}+\boldsymbol{C})$;

(3) $\boldsymbol{A}+\boldsymbol{O}=\boldsymbol{O}+\boldsymbol{A}=\boldsymbol{A}$;

(4) $k(\boldsymbol{A}+\boldsymbol{B})=k\boldsymbol{A}+k\boldsymbol{B}$;

(5) $(k+l)\boldsymbol{A}=k\boldsymbol{A}+l\boldsymbol{A}$;

(6) $k(l\boldsymbol{A})=(kl)\boldsymbol{A}$.

以上 $\boldsymbol{A}$, $\boldsymbol{B}$, $\boldsymbol{C}$ 都是 $m\times n$ 矩阵, k, l 是数.

四、矩阵的乘法

定义 5 设矩阵 $\boldsymbol{A}=(a_{ij})_{m\times s}$, $\boldsymbol{B}=(b_{ij})_{s\times n}$, 则称矩阵 $\boldsymbol{C}=(c_{ij})_{m\times n}$ 为矩阵 $\boldsymbol{A}$ 与 $\boldsymbol{B}$ 的乘积, 其中

$$c_{ij}=a_{i1}b_{1j}+a_{i2}b_{2j}+\cdots+a_{is}b_{sj}=\sum_{k=1}^{s}a_{ik}b_{kj}$$
$$(i=1, 2, \cdots, m;\ j=1, 2, \cdots, n),$$

记为 $\boldsymbol{C}=\boldsymbol{AB}$.

由上述定义可知, 矩阵 $\boldsymbol{A}$ 与 $\boldsymbol{B}$ 的乘积 $\boldsymbol{AB}$ 的第 i 行第 j 列元素 c_{ij} 等于 $\boldsymbol{A}$ 的第 i 行各元素与 $\boldsymbol{B}$ 的第 j 列对应元素的乘积之和.

$$\begin{pmatrix} c_{11} & \cdots & c_{1j} & \cdots & c_{1n} \\ \vdots & & \vdots & & \vdots \\ c_{i1} & \cdots & c_{ij} & \cdots & c_{in} \\ \vdots & & \vdots & & \vdots \\ c_{m1} & \cdots & c_{mj} & \cdots & c_{mn} \end{pmatrix}=\begin{pmatrix} a_{11} & a_{12} & \cdots & a_{1s} \\ \vdots & \vdots & & \vdots \\ a_{i1} & a_{i2} & \cdots & a_{is} \\ \vdots & \vdots & & \vdots \\ a_{m1} & a_{m2} & \cdots & a_{ms} \end{pmatrix}\begin{pmatrix} b_{11} & \cdots & b_{1j} & \cdots & b_{1n} \\ b_{21} & \cdots & b_{2j} & \cdots & b_{2n} \\ \vdots & & \vdots & & \vdots \\ b_{s1} & \cdots & b_{sj} & \cdots & b_{sn} \end{pmatrix}.$$

注: 两个矩阵相乘, 只有当第一个矩阵(左矩阵)的列数等于第二个矩阵(右矩阵)的行数时, 两个矩阵才能相乘.

例 1 设矩阵

$$\boldsymbol{A}=\begin{pmatrix} 1 & 0 & 1 \\ 2 & 1 & 0 \end{pmatrix}, \boldsymbol{B}=\begin{pmatrix} 1 & 0 & 1 & 1 \\ 1 & 1 & 2 & -1 \\ -1 & 0 & -1 & 0 \end{pmatrix},$$

求 $\boldsymbol{AB}$.

解

$$AB=\begin{pmatrix}1&0&1\\2&1&0\end{pmatrix}\begin{pmatrix}1&0&1&1\\1&1&2&-1\\-1&0&-1&0\end{pmatrix}=\begin{pmatrix}0&0&0&1\\3&1&4&1\end{pmatrix}.$$

例 2　设矩阵

$$A=\begin{pmatrix}0&0\\0&1\end{pmatrix},\ B=\begin{pmatrix}0&1\\0&0\end{pmatrix},$$

求 AB 和 BA.

解

$$AB=\begin{pmatrix}0&0\\0&1\end{pmatrix}\begin{pmatrix}0&1\\0&0\end{pmatrix}=\begin{pmatrix}0&0\\0&0\end{pmatrix},$$

$$BA=\begin{pmatrix}0&1\\0&0\end{pmatrix}\begin{pmatrix}0&0\\0&1\end{pmatrix}=\begin{pmatrix}0&1\\0&0\end{pmatrix}.$$

由例 2 可知，一般地，$AB\neq BA$，即矩阵的乘法不满足交换律；从上例还可以看出：两个非零矩阵相乘，结果可能是零矩阵，故不能从 $AB=O$ 必然推出 $A=O$ 或 $B=O$. 但矩阵的乘法仍满足下列运算规律：

(1) $(AB)C=A(BC)$；

(2) $A(B+C)=AB+AC$，$(B+C)A=BA+CA$；

(3) $\lambda(AB)=(\lambda A)B=A(\lambda B)$.

有了矩阵的乘法，就可以定义 n 阶方阵的**幂**. 设 A 是 n 阶方阵，k 为正整数，定义

$$A^1=A,\ A^2=A^1A^1,\ \cdots,\ A^{k+1}=A^kA^1.$$

方阵的幂满足下列运算规律：

(1) $A^{k+l}=A^kA^l$；

(2) $(A^k)^l=A^{kl}$.

注：由于矩阵的乘法不满足交换律，所以在一般情况下(若 A，B 是 n 阶方阵)，$(AB)^k\neq A^kB^k(k\geqslant 2)$，但如下规律成立.

(3) 设 A，B 是 n 阶方阵，且 $AB=BA$，则 $(AB)^k=A^kB^k$.

例 3　求证

$$\begin{pmatrix}1&1\\0&1\end{pmatrix}^n=\begin{pmatrix}1&n\\0&1\end{pmatrix}.$$

证　用数学归纳法. 当 $n=1$ 时，等式显然成立. 设 $n=k$ 时等式成立，即设

$$\begin{pmatrix}1 & 1\\0 & 1\end{pmatrix}^k=\begin{pmatrix}1 & k\\0 & 1\end{pmatrix}.$$

设 $n=k+1$ 时，有

$$\begin{pmatrix}1 & 1\\0 & 1\end{pmatrix}^{k+1}=\begin{pmatrix}1 & 1\\0 & 1\end{pmatrix}^k\begin{pmatrix}1 & 1\\0 & 1\end{pmatrix}=\begin{pmatrix}1 & k\\0 & 1\end{pmatrix}\begin{pmatrix}1 & 1\\0 & 1\end{pmatrix}=\begin{pmatrix}1 & k+1\\0 & 1\end{pmatrix},$$

于是等式得证.

五、矩阵的转置

定义 6 设 $\boldsymbol{A}=(a_{ij})$是一个 $m\times n$ 矩阵，把 $\boldsymbol{A}$ 的行列互换而得到的 $n\times m$ 矩阵，称为 $\boldsymbol{A}$ 的**转置矩阵**，记为 $\boldsymbol{A}^{\mathrm{T}}$(或 $\boldsymbol{A}'$)，即

$$\boldsymbol{A}^{\mathrm{T}}=\begin{pmatrix}a_{11} & a_{21} & \cdots & a_{m1}\\a_{12} & a_{22} & \cdots & a_{m2}\\\vdots & \vdots & & \vdots\\a_{1n} & a_{2n} & \cdots & a_{mn}\end{pmatrix}.$$

转置矩阵满足下列运算规律(假设运算都是可行的，λ 是数)：

(1) $(\boldsymbol{A}^{\mathrm{T}})^{\mathrm{T}}=\boldsymbol{A}$；

(2) $(\boldsymbol{A}+\boldsymbol{B})^{\mathrm{T}}=\boldsymbol{A}^{\mathrm{T}}+\boldsymbol{B}^{\mathrm{T}}$；

(3) $(\lambda\boldsymbol{A})^{\mathrm{T}}=\lambda\boldsymbol{A}^{\mathrm{T}}$；

(4) $(\boldsymbol{AB})^{\mathrm{T}}=\boldsymbol{B}^{\mathrm{T}}\boldsymbol{A}^{\mathrm{T}}$.

例 4 设矩阵

$$\boldsymbol{A}=\begin{pmatrix}2 & 0 & -1\\1 & 2 & 3\end{pmatrix},\ \boldsymbol{B}=\begin{pmatrix}1 & 4 & -1\\0 & 2 & 3\\2 & 0 & 1\end{pmatrix},$$

求 $(\boldsymbol{AB})^{\mathrm{T}}$.

解 法 1

$$\boldsymbol{AB}=\begin{pmatrix}2 & 0 & -1\\1 & 2 & 3\end{pmatrix}\begin{pmatrix}1 & 4 & -1\\0 & 2 & 3\\2 & 0 & 1\end{pmatrix}=\begin{pmatrix}0 & 8 & -3\\7 & 8 & 8\end{pmatrix},$$

故

$$(\boldsymbol{AB})^{\mathrm{T}}=\begin{pmatrix}0 & 7\\8 & 8\\-3 & 8\end{pmatrix}.$$

法 2

$$(\boldsymbol{AB})^{\mathrm{T}}=\boldsymbol{B}^{\mathrm{T}}\boldsymbol{A}^{\mathrm{T}}=\begin{pmatrix}1&0&2\\4&2&0\\-1&3&1\end{pmatrix}\begin{pmatrix}2&1\\0&2\\-1&3\end{pmatrix}=\begin{pmatrix}0&7\\8&8\\-3&8\end{pmatrix}.$$

如果 n 阶方阵 $\boldsymbol{A}$ 满足 $\boldsymbol{A}^{\mathrm{T}}=\boldsymbol{A}$，称 $\boldsymbol{A}$ 为**对称矩阵**，对称矩阵的特点是：它的元素以主对角线为对称轴对应元素相等.

例 5　设 $\boldsymbol{A}$，$\boldsymbol{B}$ 是 n 阶对称矩阵，证明：$\boldsymbol{AB}$ 是对称矩阵的充要条件是 $\boldsymbol{AB}=\boldsymbol{BA}$.

证　必要性：设 $\boldsymbol{AB}$ 是对称矩阵，即 $(\boldsymbol{AB})^{\mathrm{T}}=\boldsymbol{AB}$. 又 $(\boldsymbol{AB})^{\mathrm{T}}=\boldsymbol{B}^{\mathrm{T}}\boldsymbol{A}^{\mathrm{T}}=\boldsymbol{BA}$，所以 $\boldsymbol{AB}=\boldsymbol{BA}$.

充分性：设 $\boldsymbol{AB}=\boldsymbol{BA}$. 因 $(\boldsymbol{AB})^{\mathrm{T}}=\boldsymbol{B}^{\mathrm{T}}\boldsymbol{A}^{\mathrm{T}}=\boldsymbol{BA}=\boldsymbol{AB}$，所以 $\boldsymbol{AB}$ 是对称矩阵.

六、方阵的行列式

定义 7　由 n 阶方阵 $\boldsymbol{A}$ 的元素所构成的行列式(各元素的位置不变)，称为方阵 $\boldsymbol{A}$ 的**行列式**，记作 $\det\boldsymbol{A}$ 或 $|\boldsymbol{A}|$.

方阵 $\boldsymbol{A}$ 的行列式 $|\boldsymbol{A}|$ 满足如下运算规律（设 $\boldsymbol{A}$，$\boldsymbol{B}$ 为 n 阶方阵，λ 是数）：

（1）$|\boldsymbol{A}^{\mathrm{T}}|=|\boldsymbol{A}|$（行列式性质 1）；

（2）$|\lambda\boldsymbol{A}|=\lambda^n|\boldsymbol{A}|$（行列式性质 3）；

（3）$|\boldsymbol{AB}|=|\boldsymbol{A}||\boldsymbol{B}|$（证明略）.

例 6　行列式 $|\boldsymbol{A}|$ 的各个元素的代数余子式 A_{ij} 所构成的如下矩阵

$$\boldsymbol{A}^*=\begin{pmatrix}A_{11}&A_{21}&\cdots&A_{n1}\\A_{12}&A_{22}&\cdots&A_{n2}\\\vdots&\vdots&&\vdots\\A_{1n}&A_{2n}&\cdots&A_{nn}\end{pmatrix}$$

称为矩阵 $\boldsymbol{A}$ 的**伴随矩阵**，简称伴随阵. 试证 $\boldsymbol{AA}^*=\boldsymbol{A}^*\boldsymbol{A}=|\boldsymbol{A}|\boldsymbol{E}$.

证　设 $\boldsymbol{A}=(a_{ij})$，记 $\boldsymbol{AA}^*=(b_{ij})$，则

$$b_{ij}=a_{i1}A_{j1}+a_{i2}A_{j2}+\cdots+a_{in}A_{jn}=\begin{cases}|\boldsymbol{A}|,\ i=j\\0,\ i\neq j\end{cases},$$

故

$$\boldsymbol{AA}^*=\begin{pmatrix}|\boldsymbol{A}|&&&\\&|\boldsymbol{A}|&&\\&&\ddots&\\&&&|\boldsymbol{A}|\end{pmatrix}=|\boldsymbol{A}|\boldsymbol{E}.$$

类似有

$$\boldsymbol{A}^{*}\boldsymbol{A}=|\boldsymbol{A}|\boldsymbol{E}.$$

第二节　逆矩阵

在上一节中，给出了矩阵的加法、减法和乘法运算，下面讨论矩阵乘法的逆运算——矩阵的逆矩阵.

一、逆矩阵的定义与性质

定义 1　设 $\boldsymbol{A}$ 是一个 n 阶方阵，如果存在 n 阶方阵 $\boldsymbol{B}$，使得

$$\boldsymbol{AB}=\boldsymbol{BA}=\boldsymbol{E},$$

则称 $\boldsymbol{B}$ 是 $\boldsymbol{A}$ 的一个**逆矩阵**，并称 $\boldsymbol{A}$ 为**可逆矩阵**.

由定义可知，如果方阵 $\boldsymbol{A}$ 可逆，则其逆矩阵是唯一的，事实上，设 $\boldsymbol{B}$，$\boldsymbol{C}$ 都是 $\boldsymbol{A}$ 的逆矩阵，即

$$\boldsymbol{AB}=\boldsymbol{BA}=\boldsymbol{E},\ \boldsymbol{AC}=\boldsymbol{CA}=\boldsymbol{E},$$

则

$$\boldsymbol{B}=\boldsymbol{BE}=\boldsymbol{B}(\boldsymbol{AC})=(\boldsymbol{BA})\boldsymbol{C}=\boldsymbol{EC}=\boldsymbol{C},$$

所以 $\boldsymbol{A}$ 的逆矩阵是唯一的.

因逆矩阵是唯一的，故将 $\boldsymbol{A}$ 的逆矩阵记为 $\boldsymbol{A}^{-1}$.

可逆矩阵的性质：

(1) $(\boldsymbol{A}^{-1})^{-1}=\boldsymbol{A}$；

(2) 若 $\boldsymbol{A}$ 可逆，那么 $\boldsymbol{A}^{\mathrm{T}}$ 也可逆，且 $(\boldsymbol{A}^{\mathrm{T}})^{-1}=(\boldsymbol{A}^{-1})^{\mathrm{T}}$；

(3) 若 $\boldsymbol{A}$ 可逆，$\lambda\neq 0$，则 $\lambda\boldsymbol{A}$ 也可逆，且 $(\lambda\boldsymbol{A})^{-1}=\dfrac{1}{\lambda}\boldsymbol{A}^{-1}$；

(4) 若 $\boldsymbol{A}$，$\boldsymbol{B}$ 为 n 阶可逆矩阵，则 $\boldsymbol{AB}$ 也可逆，且 $(\boldsymbol{AB})^{-1}=\boldsymbol{B}^{-1}\boldsymbol{A}^{-1}$.

下面证明性质(4)，其余性质的证明请读者完成.

证　因 $\boldsymbol{A}^{-1}$，$\boldsymbol{B}^{-1}$ 存在，又

$$(\boldsymbol{AB})(\boldsymbol{B}^{-1}\boldsymbol{A}^{-1})=\boldsymbol{A}(\boldsymbol{BB}^{-1})\boldsymbol{A}^{-1}=\boldsymbol{AEA}^{-1}=\boldsymbol{AA}^{-1}=\boldsymbol{E},$$

$$(\boldsymbol{B}^{-1}\boldsymbol{A}^{-1})(\boldsymbol{AB})=\boldsymbol{B}^{-1}(\boldsymbol{A}^{-1}\boldsymbol{A})\boldsymbol{B}=\boldsymbol{B}^{-1}\boldsymbol{EB}=\boldsymbol{B}^{-1}\boldsymbol{B}=\boldsymbol{E},$$

可知 $\boldsymbol{B}^{-1}\boldsymbol{A}^{-1}$ 是 $\boldsymbol{AB}$ 的逆矩阵.

更进一步，如果 $\boldsymbol{A}_1, \boldsymbol{A}_2, \cdots, \boldsymbol{A}_s$ 都是同阶可逆矩阵，那么 $\boldsymbol{A}_1\boldsymbol{A}_2\cdots\boldsymbol{A}_s$ 也是可逆矩阵，且

$$(\boldsymbol{A}_1\boldsymbol{A}_2\cdots\boldsymbol{A}_s)^{-1}=\boldsymbol{A}_s^{-1}\cdots\boldsymbol{A}_2^{-1}\boldsymbol{A}_1^{-1}.$$

例 1　证明零矩阵不可逆.

证　这是因为对任何矩阵 $\boldsymbol{B}$，$\boldsymbol{OB}=\boldsymbol{BO}=\boldsymbol{O}\neq\boldsymbol{E}$（$\boldsymbol{O}$，$\boldsymbol{B}$ 为同阶方阵）.

例 2　若方阵 $\boldsymbol{A}$ 满足等式 $\boldsymbol{A}^2-\boldsymbol{A}+\boldsymbol{E}=\boldsymbol{O}$，问 $\boldsymbol{A}$ 是否可逆？若 $\boldsymbol{A}$ 可逆，求出 $\boldsymbol{A}^{-1}$.

解　由 $\boldsymbol{A}^2-\boldsymbol{A}+\boldsymbol{E}=\boldsymbol{O}$ 可得

$$\boldsymbol{A}-\boldsymbol{A}^2=\boldsymbol{E},$$

再变形得

$$\boldsymbol{A}(\boldsymbol{E}-\boldsymbol{A})=(\boldsymbol{E}-\boldsymbol{A})\boldsymbol{A}=\boldsymbol{E}.$$

由逆矩阵的定义可知 $\boldsymbol{A}$ 可逆，且

$$\boldsymbol{A}^{-1}=\boldsymbol{E}-\boldsymbol{A}.$$

二、逆矩阵的求法

定理 1　n 阶矩阵 $\boldsymbol{A}$ 可逆的充要条件为 $|\boldsymbol{A}|\neq 0$，如果 $\boldsymbol{A}$ 可逆，则

$$\boldsymbol{A}^{-1}=\frac{1}{|\boldsymbol{A}|}\boldsymbol{A}^*.$$

证　必要性：若 $\boldsymbol{A}$ 可逆，则 $\boldsymbol{AA}^{-1}=\boldsymbol{A}^{-1}\boldsymbol{A}=\boldsymbol{E}$，两边取行列式得，$|\boldsymbol{A}||\boldsymbol{A}^{-1}|=1$，故 $|\boldsymbol{A}|\neq 0$.

充分性：若 $|\boldsymbol{A}|\neq 0$，则

$$\boldsymbol{A}\frac{1}{|\boldsymbol{A}|}\boldsymbol{A}^*=\frac{1}{|\boldsymbol{A}|}\boldsymbol{A}^*\boldsymbol{A}=\boldsymbol{E}.$$

由逆矩阵的唯一性可知，$\boldsymbol{A}$ 可逆，且

$$\boldsymbol{A}^{-1}=\frac{1}{|\boldsymbol{A}|}\boldsymbol{A}^*.$$

当 $|\boldsymbol{A}|=0$ 时，$\boldsymbol{A}$ 称为**奇异矩阵**，否则称为**非奇异矩阵**. 由定理 1 可知：非奇异矩阵就是可逆矩阵.

注：利用定理 1 计算逆矩阵的方法称为**伴随矩阵法**.

例 3　设矩阵 $\boldsymbol{A}=\begin{pmatrix}1&0&1\\2&1&0\\-3&2&-5\end{pmatrix}$，求矩阵 $\boldsymbol{A}$ 的逆矩阵 $\boldsymbol{A}^{-1}$.

解　$|\boldsymbol{A}|=2\neq 0$，故矩阵 $\boldsymbol{A}$ 可逆. 再计算

$$A_{11}=-5,\ A_{12}=10,\ A_{13}=7,\ A_{21}=2,\ A_{22}=-2,$$

$$A_{23}=-2,\ A_{31}=-1,\ A_{32}=2,\ A_{33}=1.$$

所以 $A^* = \begin{pmatrix} -5 & 2 & -1 \\ 10 & -2 & 2 \\ 7 & -2 & 1 \end{pmatrix}$. 根据伴随矩阵法，则有

$$A^{-1} = \frac{1}{|A|}A^* = \frac{1}{2}\begin{pmatrix} -5 & 2 & -1 \\ 10 & -2 & 2 \\ 7 & -2 & 1 \end{pmatrix} = \begin{pmatrix} -5/2 & 1 & -1/2 \\ 5 & -1 & 1 \\ 7/2 & -1 & 1/2 \end{pmatrix}.$$

推论 对于 n 阶矩阵 A，若存在 n 阶矩阵 B，使

$$AB = E（或 BA = E），$$

则矩阵 A 可逆，且 $A^{-1} = B$.

证 $|A||B| = |E| = 1$，故 $|A| \neq 0$，因而 A^{-1} 存在，于是

$$B = EB = (A^{-1}A)B = A^{-1}(AB) = A^{-1}E = A^{-1}.$$

三、逆矩阵的应用

可逆矩阵在线性代数中占有重要的地位，它的应用是多方面的，下面举几个例子.

例 4 设

$$A = \begin{pmatrix} 1 & 2 & 3 \\ 2 & 2 & 1 \\ 3 & 4 & 3 \end{pmatrix},\ B = \begin{pmatrix} 2 & 1 \\ 5 & 3 \end{pmatrix},\ C = \begin{pmatrix} 1 & 3 \\ 2 & 0 \\ 3 & 1 \end{pmatrix},$$

求矩阵 X 使其满足 $AXB = C$.

解 由 $|A| = \begin{vmatrix} 1 & 2 & 3 \\ 2 & 2 & 1 \\ 3 & 4 & 3 \end{vmatrix} = 2 \neq 0$，$|B| = \begin{vmatrix} 2 & 1 \\ 5 & 3 \end{vmatrix} = 1 \neq 0$，故 A^{-1}，B^{-1} 存在，且用 A^{-1} 左乘上式，B^{-1} 右乘上式，有

$$A^{-1}AXBB^{-1} = A^{-1}CB^{-1}.$$

于是

$$X = A^{-1}CB^{-1} = \begin{pmatrix} 1 & 3 & -2 \\ -3/2 & -3 & 5/2 \\ 1 & 1 & -1 \end{pmatrix}\begin{pmatrix} 1 & 3 \\ 2 & 0 \\ 3 & 1 \end{pmatrix}\begin{pmatrix} 3 & -1 \\ -5 & 2 \end{pmatrix}$$

$$=\begin{pmatrix}1 & 1\\0 & -2\\0 & 2\end{pmatrix}\begin{pmatrix}3 & -1\\-5 & 2\end{pmatrix}=\begin{pmatrix}-2 & 1\\10 & -4\\-10 & 4\end{pmatrix}.$$

例 5　设 $\boldsymbol{P}=\begin{pmatrix}1 & 2\\1 & 4\end{pmatrix}$，$\boldsymbol{\Lambda}=\begin{pmatrix}1 & 0\\0 & 2\end{pmatrix}$，$\boldsymbol{AP}=\boldsymbol{P\Lambda}$，求 $\boldsymbol{A}^n$.

解　因为 $|\boldsymbol{P}|=2\neq 0$，$\boldsymbol{P}^{-1}=\dfrac{1}{2}\begin{pmatrix}4 & -2\\-1 & 1\end{pmatrix}$，

$$\boldsymbol{A}=\boldsymbol{P\Lambda P}^{-1},\ \boldsymbol{A}^2=\boldsymbol{P\Lambda P}^{-1}\boldsymbol{P\Lambda P}^{-1}=\boldsymbol{P\Lambda}^2\boldsymbol{P}^{-1},\ \cdots,\ \boldsymbol{A}^n=\boldsymbol{P\Lambda}^n\boldsymbol{P}^{-1},$$

而

$$\boldsymbol{\Lambda}^2=\begin{pmatrix}1 & 0\\0 & 2\end{pmatrix}\begin{pmatrix}1 & 0\\0 & 2\end{pmatrix}=\begin{pmatrix}1 & 0\\0 & 2^2\end{pmatrix},\ \cdots,\ \boldsymbol{\Lambda}^n=\begin{pmatrix}1 & 0\\0 & 2^n\end{pmatrix},$$

故

$$\boldsymbol{A}^n=\boldsymbol{P\Lambda}^n\boldsymbol{P}^{-1}=\begin{pmatrix}1 & 2\\1 & 4\end{pmatrix}\begin{pmatrix}1 & 0\\0 & 2^n\end{pmatrix}\frac{1}{2}\begin{pmatrix}4 & -2\\-1 & 1\end{pmatrix}$$

$$=\frac{1}{2}\begin{pmatrix}1 & 2^{n+1}\\1 & 2^{n+2}\end{pmatrix}\begin{pmatrix}4 & -2\\-1 & 1\end{pmatrix}=\begin{pmatrix}2-2^n & 2^n-1\\2-2^{n+1} & 2^{n+1}-1\end{pmatrix}.$$

设 $\varphi(x)=a_0+a_1x+\cdots+a_mx^m$ 为 x 的 m 次多项式，$\boldsymbol{A}$ 为 n 阶方阵，记

$$\varphi(\boldsymbol{A})=a_0\boldsymbol{E}+a_1\boldsymbol{A}+\cdots+a_m\boldsymbol{A}^m,$$

则 $\varphi(\boldsymbol{A})$ 称为 $\boldsymbol{A}$ 的 m 次多项式.

常用例 5 中计算 $\boldsymbol{A}^n$ 的方法计算多项式 $\varphi(\boldsymbol{A})$，即

(1) 如果 $\boldsymbol{A}=\boldsymbol{P\Lambda P}^{-1}$，则 $\boldsymbol{A}^k=\boldsymbol{P\Lambda}^k\boldsymbol{P}^{-1}$，从而

$$\begin{aligned}\varphi(\boldsymbol{A})&=a_0\boldsymbol{E}+a_1\boldsymbol{A}+\cdots+a_m\boldsymbol{A}^m\\&=\boldsymbol{P}a_0\boldsymbol{EP}^{-1}+\boldsymbol{P}a_1\boldsymbol{\Lambda P}^{-1}+\cdots+\boldsymbol{P}a_m\boldsymbol{\Lambda}^m\boldsymbol{P}^{-1}=\boldsymbol{P}\varphi(\boldsymbol{\Lambda})\boldsymbol{P}^{-1}.\end{aligned}$$

(2) 如果 $\boldsymbol{\Lambda}=\mathrm{diag}(\lambda_1,\lambda_2,\cdots,\lambda_n)$ 为对角阵，则 $\boldsymbol{\Lambda}^k=\mathrm{diag}(\lambda_1^k,\lambda_2^k,\cdots,\lambda_n^k)$，从而

$$\varphi(\boldsymbol{\Lambda})=a_0\boldsymbol{E}+a_1\boldsymbol{\Lambda}+\cdots+a_m\boldsymbol{\Lambda}^m=\begin{pmatrix}\varphi(\lambda_1) & & & \\ & \varphi(\lambda_2) & & \\ & & \ddots & \\ & & & \varphi(\lambda_n)\end{pmatrix}.$$

例 6　设 $\boldsymbol{P}=\begin{pmatrix}-1 & 1 & 1\\1 & 0 & 2\\1 & 1 & -1\end{pmatrix}$，$\boldsymbol{\Lambda}=\begin{pmatrix}1 & & \\ & 2 & \\ & & -3\end{pmatrix}$，$\boldsymbol{AP}=\boldsymbol{P\Lambda}$，求 $\varphi(\boldsymbol{A})=\boldsymbol{A}^3+2\boldsymbol{A}^2-3\boldsymbol{A}$.

解 $|\boldsymbol{P}|=\begin{vmatrix}-1 & 1 & 1\\ 1 & 0 & 2\\ 1 & 1 & -1\end{vmatrix}\xlongequal{r_1+r_3}\begin{vmatrix}0 & 2 & 0\\ 1 & 0 & 2\\ 1 & 1 & -1\end{vmatrix}=6$，故 $\boldsymbol{P}$ 可逆. 从而

$$\boldsymbol{A}=\boldsymbol{P}\boldsymbol{\Lambda}\boldsymbol{P}^{-1},\varphi(\boldsymbol{A})=\boldsymbol{P}\varphi(\boldsymbol{\Lambda})\boldsymbol{P}^{-1}.$$

而 $\varphi(1)=0$，$\varphi(2)=10$，$\varphi(-3)=0$，故 $\varphi(\boldsymbol{\Lambda})=\mathrm{diag}(0,10,0)$.

$$\varphi(\boldsymbol{A})=\boldsymbol{P}\varphi(\boldsymbol{\Lambda})\boldsymbol{P}^{-1}=\begin{pmatrix}-1 & 1 & 1\\ 1 & 0 & 2\\ 1 & 1 & -1\end{pmatrix}\begin{pmatrix}0 & & \\ & 10 & \\ & & 0\end{pmatrix}\begin{pmatrix}-1 & 1 & 1\\ 1 & 0 & 2\\ 1 & 1 & -1\end{pmatrix}^{-1}$$

$$=5\begin{pmatrix}1 & 0 & 1\\ 0 & 0 & 0\\ 1 & 0 & 1\end{pmatrix}.$$

第三节　分块矩阵

一、分块矩阵的概念

对于阶数较高的矩阵，将其划分为若干个小矩阵，使高阶矩阵的运算转化为低阶矩阵的运算，这是处理高阶矩阵常用的方法，它可以大大简化运算步骤.

将矩阵 $\boldsymbol{A}$ 用若干条横直线和竖直线分成许多个小矩阵，每一个小矩阵称为 $\boldsymbol{A}$ 的**子块**，以子块为元素的矩阵称为**分块矩阵**.

例如

$$\boldsymbol{A}=\left(\begin{array}{ccc:c}1 & 0 & 0 & 2\\ 0 & 1 & 0 & -1\\ 0 & 0 & 1 & 2\\ \hdashline 0 & 0 & 0 & 1\end{array}\right)=\begin{pmatrix}\boldsymbol{E}_3 & \boldsymbol{A}_1\\ \boldsymbol{O} & \boldsymbol{E}_1\end{pmatrix},$$

其中

$$\boldsymbol{E}_3=\begin{pmatrix}1 & 0 & 0\\ 0 & 1 & 0\\ 0 & 0 & 1\end{pmatrix},\boldsymbol{A}_1=\begin{pmatrix}2\\ -1\\ 2\end{pmatrix},\boldsymbol{O}=(0\quad 0\quad 0),\boldsymbol{E}_1=(1)$$

为子块.

一个矩阵的分块是任意的，如上述矩阵 $\boldsymbol{A}$ 也可划分成

$$\boldsymbol{A}=\left(\begin{array}{cc|cc}1&0&0&2\\\hline 0&1&0&-1\\0&0&1&2\\\hline 0&0&0&1\end{array}\right)\quad 或\quad \boldsymbol{A}=\left(\begin{array}{c|cc|c}1&0&0&2\\0&1&0&-1\\\hline 0&0&1&2\\0&0&0&1\end{array}\right).$$

二、分块矩阵的运算

在对分块矩阵进行运算时，是将子块当作元素来处理，按矩阵的运算规则来进行，即要求分块后的矩阵运算和对应子块的运算都是可行的，现在说明如下：

(1) **加法运算**：设矩阵 $\boldsymbol{A}$ 与 $\boldsymbol{B}$ 的行数相同、列数相同，采用相同的分块法，有

$$\boldsymbol{A}=\begin{pmatrix}\boldsymbol{A}_{11}&\cdots&\boldsymbol{A}_{1r}\\\vdots&&\vdots\\\boldsymbol{A}_{s1}&\cdots&\boldsymbol{A}_{sr}\end{pmatrix},\boldsymbol{B}=\begin{pmatrix}\boldsymbol{B}_{11}&\cdots&\boldsymbol{B}_{1r}\\\vdots&&\vdots\\\boldsymbol{B}_{s1}&\cdots&\boldsymbol{B}_{sr}\end{pmatrix},$$

其中 $\boldsymbol{A}_{ij}$ 与 $\boldsymbol{B}_{ij}$ 的行数相同、列数相同，那么

$$\boldsymbol{A}+\boldsymbol{B}=\begin{pmatrix}\boldsymbol{A}_{11}+\boldsymbol{B}_{11}&\cdots&\boldsymbol{A}_{1r}+\boldsymbol{B}_{1r}\\\vdots&&\vdots\\\boldsymbol{A}_{s1}+\boldsymbol{B}_{s1}&\cdots&\boldsymbol{A}_{sr}+\boldsymbol{B}_{sr}\end{pmatrix}.$$

(2) **数乘运算**：设 $\boldsymbol{A}=\begin{pmatrix}\boldsymbol{A}_{11}&\cdots&\boldsymbol{A}_{1r}\\\vdots&&\vdots\\\boldsymbol{A}_{s1}&\cdots&\boldsymbol{A}_{sr}\end{pmatrix}$，$\lambda$ 为一数，则

$$\lambda\boldsymbol{A}=\begin{pmatrix}\lambda\boldsymbol{A}_{11}&\cdots&\lambda\boldsymbol{A}_{1r}\\\vdots&&\vdots\\\lambda\boldsymbol{A}_{s1}&\cdots&\lambda\boldsymbol{A}_{sr}\end{pmatrix}.$$

(3) **乘法运算**：设 $\boldsymbol{A}$ 为 $m\times l$ 矩阵，$\boldsymbol{B}$ 为 $l\times n$ 矩阵，分块成

$$\boldsymbol{A}=\begin{pmatrix}\boldsymbol{A}_{11}&\cdots&\boldsymbol{A}_{1t}\\\vdots&&\vdots\\\boldsymbol{A}_{s1}&\cdots&\boldsymbol{A}_{st}\end{pmatrix},\boldsymbol{B}=\begin{pmatrix}\boldsymbol{B}_{11}&\cdots&\boldsymbol{B}_{1r}\\\vdots&&\vdots\\\boldsymbol{B}_{t1}&\cdots&\boldsymbol{B}_{tr}\end{pmatrix},$$

其中 $\boldsymbol{A}_{i1}$，$\boldsymbol{A}_{i2}$，…，$\boldsymbol{A}_{it}$ 的列数分别等于 $\boldsymbol{B}_{1j}$，$\boldsymbol{B}_{2j}$，…，$\boldsymbol{B}_{tj}$ 的行数，则

$$AB=\begin{pmatrix} C_{11} & \cdots & C_{1r} \\ \vdots & & \vdots \\ C_{s1} & \cdots & C_{sr} \end{pmatrix},$$

其中 $C_{ij}=\sum_{k=1}^{t}A_{ik}B_{kj}(i=1,\cdots,s;j=1,\cdots,r)$.

在用分块法计算 AB 时，对 A 的列的分法要与 B 的行的分法一致，这样才能保证矩阵 A 与 B 的乘积是可行的.

（4）**分块矩阵的转置**:求 A 的转置时，不仅仅是把每个子块看作元素后对矩阵作转置，而且每个子块也要作转置. 如

设 $A=\begin{pmatrix} A_{11} & A_{12} & A_{13} \\ A_{21} & A_{22} & A_{23} \end{pmatrix}$，则 $A^{\mathrm{T}}=\begin{pmatrix} A_{11}^{\mathrm{T}} & A_{21}^{\mathrm{T}} \\ A_{12}^{\mathrm{T}} & A_{22}^{\mathrm{T}} \\ A_{13}^{\mathrm{T}} & A_{23}^{\mathrm{T}} \end{pmatrix}$.

例 1 设矩阵

$$A=\begin{pmatrix} 1 & 0 & 0 & 0 \\ 0 & 1 & 0 & 0 \\ -1 & 2 & 1 & 0 \\ 1 & 1 & 0 & 1 \end{pmatrix},\ B=\begin{pmatrix} 1 & 0 & 1 & 0 \\ 0 & 0 & 0 & 1 \\ 0 & 0 & 1 & 2 \\ 0 & 0 & 0 & -1 \end{pmatrix},$$

利用分块矩阵求 $A+B$，AB.

解 将 A 与 B 分块成

$$A=\left(\begin{array}{cc:cc} 1 & 0 & 0 & 0 \\ 0 & 1 & 0 & 0 \\ \hdashline -1 & 2 & 1 & 0 \\ 1 & 1 & 0 & 1 \end{array}\right)=\begin{pmatrix} E & O \\ A_1 & E \end{pmatrix},$$

$$B=\left(\begin{array}{cc:cc} 1 & 0 & 1 & 0 \\ 0 & 0 & 0 & 1 \\ \hdashline 0 & 0 & 1 & 2 \\ 0 & 0 & 0 & -1 \end{array}\right)=\begin{pmatrix} B_1 & E \\ O & B_2 \end{pmatrix},$$

则

$$A+B=\begin{pmatrix} E+B_1 & E \\ A_1 & E+B_2 \end{pmatrix}.$$

而

$$E+B_1=\begin{pmatrix}2&0\\0&1\end{pmatrix},\ E+B_2=\begin{pmatrix}2&2\\0&0\end{pmatrix},$$

故

$$A+B=\left(\begin{array}{cc:cc}2&0&1&0\\0&1&0&1\\\hdashline -1&2&2&2\\1&1&0&0\end{array}\right).$$

$$AB=\begin{pmatrix}E&O\\A_1&E\end{pmatrix}\begin{pmatrix}B_1&E\\O&B_2\end{pmatrix}=\begin{pmatrix}B_1&E\\A_1B_1&A_1+B_2\end{pmatrix}.$$

而

$$A_1B_1=\begin{pmatrix}-1&2\\1&1\end{pmatrix}\begin{pmatrix}1&0\\0&0\end{pmatrix}=\begin{pmatrix}-1&0\\1&0\end{pmatrix},$$

$$A_1+B_2=\begin{pmatrix}-1&2\\1&1\end{pmatrix}+\begin{pmatrix}1&2\\0&-1\end{pmatrix}=\begin{pmatrix}0&4\\1&0\end{pmatrix},$$

故

$$AB=\left(\begin{array}{cc:cc}1&0&1&0\\0&0&0&1\\\hdashline -1&0&0&4\\1&0&1&0\end{array}\right).$$

(5) 设 $\boldsymbol{A}$ 为 n 阶方阵，若 $\boldsymbol{A}$ 的分块矩阵只有在主对角线上有非零子块，其余子块都为零矩阵，且非零子块都是方阵，则称 $\boldsymbol{A}$ 为**分块对角矩阵**.

设 $\boldsymbol{A}$ 为分块对角矩阵

$$A=\begin{pmatrix}A_1&&&\\&A_2&&\\&&\ddots&\\&&&A_m\end{pmatrix},$$

如果 $A_i(i=1,2,\cdots,m)$ 都可逆，则 $\boldsymbol{A}$ 也可逆，且按逆矩阵的定义有

$$A^{-1}=\begin{pmatrix}A_1^{-1}&&&\\&A_2^{-1}&&\\&&\ddots&\\&&&A_m^{-1}\end{pmatrix}.$$

例 2 设

$$A=\begin{pmatrix}2&4&0&0&0\\0&-2&0&0&0\\0&0&3&0&0\\0&0&0&1&0\\0&0&0&3&4\end{pmatrix},$$

求 A^{-1}.

解 A 的分块矩阵为

$$A=\begin{pmatrix}A_1&&\\&A_2&\\&&A_3\end{pmatrix},$$

其中 $A_1=\begin{pmatrix}2&4\\0&-2\end{pmatrix}$，$A_2=(3)$，$A_3=\begin{pmatrix}1&0\\3&4\end{pmatrix}$. 而 $A_1^{-1}=\begin{pmatrix}\frac{1}{2}&1\\0&-\frac{1}{2}\end{pmatrix}$，$A_2^{-1}=\left(\frac{1}{3}\right)$，$A_3^{-1}=\begin{pmatrix}1&0\\-\frac{3}{4}&\frac{1}{4}\end{pmatrix}$. 故

$$A^{-1}=\begin{pmatrix}\frac{1}{2}&1&0&0&0\\0&-\frac{1}{2}&0&0&0\\0&0&\frac{1}{3}&0&0\\0&0&0&1&0\\0&0&0&-\frac{3}{4}&\frac{1}{4}\end{pmatrix}.$$

第四节　矩阵的初等变换

矩阵的初等变换是矩阵的一种最基本的运算，它有着广泛的应用，矩阵的初等变换不只是可用语言表述，而且可用矩阵的乘法运算来表示．本节主要介绍矩阵的初等变换的概念及初等变换在求逆矩阵中的应用．

一、矩阵的初等变换

定义 1　**矩阵的行（列）初等变换**是指下列三种变换：

（1）互换矩阵中 i，j 两行（列）的位置，记为 $r_i \leftrightarrow r_j(c_i \leftrightarrow c_j)$；

（2）用非零常数 k 乘矩阵的第 i 行（列），记为 $kr_i(kc_i)$；

（3）把矩阵第 i 行（列）的 k 倍加到第 j 行（列）上去，记为 $r_j + kr_i(c_j + kc_i)$．

矩阵的初等行变换和初等列变换，统称为矩阵的**初等变换**．

注：初等变换的逆变换仍是初等变换，且变换类型相同．

例如，变换 $r_i \leftrightarrow r_j$ 的逆变换即为本身；变换 kr_i 的逆变换为 $\frac{1}{k}r_i$；变换 $r_j + kr_i$ 的逆变换为 $r_j + (-k)r_i$．

定义 2　若矩阵 $\boldsymbol{A}$ 经过有限次初等变换变成矩阵 $\boldsymbol{B}$，则称矩阵 $\boldsymbol{A}$ 与 $\boldsymbol{B}$ **等价**，记为 $\boldsymbol{A} \sim \boldsymbol{B}$．

矩阵的等价关系具有下列基本性质：

（1）自反性：$\boldsymbol{A} \sim \boldsymbol{A}$；

（2）对称性：若 $\boldsymbol{A} \sim \boldsymbol{B}$，则 $\boldsymbol{B} \sim \boldsymbol{A}$；

（3）传递性：若 $\boldsymbol{A} \sim \boldsymbol{B}$，$\boldsymbol{B} \sim \boldsymbol{C}$，则 $\boldsymbol{A} \sim \boldsymbol{C}$．

例如，矩阵 $\boldsymbol{A} = \begin{pmatrix} 3 & 2 & 9 & 6 \\ -1 & -3 & 4 & -17 \\ 1 & 4 & -7 & 3 \\ -1 & -4 & 7 & -3 \end{pmatrix}$，对其作如下初等行变换：

$$\boldsymbol{A}=\begin{pmatrix}3&2&9&6\\-1&-3&4&-17\\1&4&-7&3\\-1&-4&7&-3\end{pmatrix}\xrightarrow{r_1\leftrightarrow r_3}\begin{pmatrix}1&4&-7&3\\-1&-3&4&-17\\3&2&9&6\\-1&-4&7&-3\end{pmatrix}$$

$$\xrightarrow[r_4+r_1]{\substack{r_2+r_1\\ r_3-3r_1}}\begin{pmatrix}1&4&-7&3\\0&1&-3&-14\\0&-10&30&-3\\0&0&0&0\end{pmatrix}\xrightarrow{r_3+10r_2}\begin{pmatrix}1&4&-7&3\\0&1&-3&-14\\0&0&0&-143\\0&0&0&0\end{pmatrix}=\boldsymbol{B}.$$

这里矩阵 $\boldsymbol{B}$ 以其形状特征称为行阶梯形矩阵.

一般地，称满足下列条件的矩阵为**行阶梯形矩阵**：

(1) 零行位于矩阵的下方；

(2) 各非零行第一个不为 0 的元素(称首非零元)的列标随行标的增大而严格增大.

对上述矩阵 $\boldsymbol{B}=\begin{pmatrix}1&4&-7&3\\0&1&-3&-14\\0&0&0&-143\\0&0&0&0\end{pmatrix}$ 再作初等行变换，可得

$$\boldsymbol{B}\xrightarrow{r_3\times\left(-\frac{1}{143}\right)}\begin{pmatrix}1&4&-7&3\\0&1&-3&-14\\0&0&0&1\\0&0&0&0\end{pmatrix}\xrightarrow[r_1-3r_3]{r_2+14r_3}\begin{pmatrix}1&4&-7&0\\0&1&-3&0\\0&0&0&1\\0&0&0&0\end{pmatrix}$$

$$\xrightarrow{r_1-4r_2}\begin{pmatrix}1&0&5&0\\0&1&-3&0\\0&0&0&1\\0&0&0&0\end{pmatrix}=\boldsymbol{C},$$

称这种特殊形状的阶梯形矩阵 $\boldsymbol{C}$ 为行最简形矩阵.

一般地，称满足下列条件的阶梯形矩阵为**行最简形矩阵**：

(1) 各非零行的首非零元都是 1；

(2) 每个首非零元所在列的其余元素都是 0.

如果对上述矩阵 $C=\begin{pmatrix}1&0&5&0\\0&1&-3&0\\0&0&0&1\\0&0&0&0\end{pmatrix}$ 再作初等列变换，可得

$$C\xrightarrow{c_3-5c_1+3c_2}\begin{pmatrix}1&0&0&0\\0&1&0&0\\0&0&0&1\\0&0&0&0\end{pmatrix}\xrightarrow{c_3\leftrightarrow c_4}\begin{pmatrix}1&0&0&0\\0&1&0&0\\0&0&1&0\\0&0&0&0\end{pmatrix}=F.$$

这里的矩阵 F 称为原矩阵 A 的**标准形**. 一般地，矩阵 A 的标准形 F 具有如下特点：F 的左上角是一个单位矩阵，其余元素全为 0.

注：任意一个矩阵 $A_{m\times n}$ 总可以经过初等变换化为标准形

$$F=\begin{pmatrix}E_r&O\\O&O\end{pmatrix}_{m\times n},$$

此标准形由 m，n，r 三个数唯一确定，其中 r 就是行阶梯形矩阵中非零行的行数.

二、初等矩阵

定义 3　由单位阵 E 经过一次初等变换得到的矩阵称为**初等矩阵**.

对应于三种初等行、列变换，有三种类型的初等矩阵.

(1) 互换单位阵 E 的第 i 行(列)与第 j 行(列)的位置得初等矩阵

$$E(i,j)=\begin{pmatrix}1&&&&&&&\\&\ddots&&&&&&\\&&1&&&&&\\&&&0&\cdots&1&&\\&&&\vdots&\ddots&\vdots&&\\&&&1&\cdots&0&&\\&&&&&&1&\\&&&&&&&\ddots&\\&&&&&&&&1\end{pmatrix}\begin{matrix}\\\\\\\leftarrow\text{第 } i \text{ 行}\\\\\leftarrow\text{第 } j \text{ 行}\\\\\\\\\end{matrix}.$$

(2) 以非零常数 k 乘单位阵的第 i 行(列)，得初等矩阵

$$\boldsymbol{E}_i(k)=\begin{pmatrix}1 & & & & \\ & \ddots & & & \\ & & k & & \\ & & & \ddots & \\ & & & & 1\end{pmatrix}\begin{matrix} \\ \\ \leftarrow 第\ i\ 行. \\ \\ \\ \end{matrix}$$

(3) 将单位阵中第 i 行的 k 倍加到第 j 行上，也相当于第 j 列的 k 倍加到第 i 列上去得初等矩阵

$$\boldsymbol{E}_{ji}(k)=\begin{pmatrix}1 & & & & & \\ & \ddots & & & & \\ & & 1 & & & \\ & & \vdots & \ddots & & \\ & & k & \cdots & 1 & \\ & & & & & \ddots \\ & & & & & & 1\end{pmatrix}\begin{matrix} \\ \\ \leftarrow 第\ i\ 行 \\ \\ \leftarrow 第\ j\ 行 \\ \\ \\ \end{matrix}.$$

例 1 设矩阵 $\boldsymbol{A}=(a_{ij})_{3\times n}$，$\boldsymbol{B}=(b_{ij})_{3\times 2}$，$\boldsymbol{C}=(c_{ij})_{3\times 3}$，计算 $\boldsymbol{E}_2(k)\boldsymbol{A}$，$\boldsymbol{E}_{13}(k)\boldsymbol{B}$，$\boldsymbol{CE}(2,3)$.

解

$$\boldsymbol{E}_2(k)\boldsymbol{A}=\begin{pmatrix}1 & 0 & 0\\ 0 & k & 0\\ 0 & 0 & 1\end{pmatrix}\begin{pmatrix}a_{11} & a_{12} & \cdots & a_{1n}\\ a_{21} & a_{22} & \cdots & a_{2n}\\ a_{31} & a_{32} & \cdots & a_{3n}\end{pmatrix}=\begin{pmatrix}a_{11} & a_{12} & \cdots & a_{1n}\\ ka_{21} & ka_{22} & \cdots & ka_{2n}\\ a_{31} & a_{32} & \cdots & a_{3n}\end{pmatrix},$$

$$\boldsymbol{E}_{13}(k)\boldsymbol{B}=\begin{pmatrix}1 & 0 & k\\ 0 & 1 & 0\\ 0 & 0 & 1\end{pmatrix}\begin{pmatrix}b_{11} & b_{12}\\ b_{21} & b_{22}\\ b_{31} & b_{32}\end{pmatrix}=\begin{pmatrix}b_{11}+kb_{31} & b_{12}+kb_{32}\\ b_{21} & b_{22}\\ b_{31} & b_{32}\end{pmatrix},$$

$$\boldsymbol{CE}(2,3)=\begin{pmatrix}c_{11} & c_{12} & c_{13}\\ c_{21} & c_{22} & c_{23}\\ c_{31} & c_{32} & c_{33}\end{pmatrix}\begin{pmatrix}1 & 0 & 0\\ 0 & 0 & 1\\ 0 & 1 & 0\end{pmatrix}=\begin{pmatrix}c_{11} & c_{13} & c_{12}\\ c_{21} & c_{23} & c_{22}\\ c_{31} & c_{33} & c_{32}\end{pmatrix}.$$

由例 1，一般地我们不难得到以下定理.

定理 1 设 $\boldsymbol{A}$ 是一个 $m\times n$ 矩阵，对 $\boldsymbol{A}$ 施行一次初等行变换的结果，等于在 $\boldsymbol{A}$ 的左边乘以相应的 m 阶初等矩阵；对 $\boldsymbol{A}$ 施行一次初等列变换的结果，等于在 $\boldsymbol{A}$ 的右边乘以相应的 n 阶初等矩阵.

初等变换对应初等矩阵，由以上结论，我们很容易验证：

$$E_i(k)E_i\left(\frac{1}{k}\right)=E_i\left(\frac{1}{k}\right)E_i(k)=E,$$

$$E_{ij}(k)E_{ij}(-k)=E_{ij}(-k)E_{ij}(k)=E,$$

$$E(i,j)E(j,i)=E.$$

所以，初等矩阵都是可逆矩阵，其逆矩阵也为初等矩阵，且

$$E_i^{-1}(k)=E_i\left(\frac{1}{k}\right),\ E_{ij}^{-1}(k)=E_{ij}(-k),\ E(i,j)^{-1}=E(j,i).$$

三、初等变换的应用

下面介绍用初等变换求逆矩阵的方法.

定理 2 任意一个 $m\times n$ 矩阵 $\boldsymbol{A}$，必可经有限次初等变换化为如下形式的矩阵 $\boldsymbol{B}$（即 $\boldsymbol{B}$ 为矩阵 $\boldsymbol{A}$ 的标准形）

$$\boldsymbol{B}=\begin{pmatrix}1&0&\cdots&0&\cdots&0\\0&1&\cdots&0&\cdots&0\\\vdots&\vdots&&\vdots&&\vdots\\0&0&\cdots&1&\cdots&0\\0&0&\cdots&0&\cdots&0\\\vdots&\vdots&&\vdots&&\vdots\\0&0&\cdots&0&\cdots&0\end{pmatrix},$$

亦即存在 m 阶初等矩阵 $\boldsymbol{P}_1,\boldsymbol{P}_2,\cdots,\boldsymbol{P}_s$ 与 n 阶初等矩阵 $\boldsymbol{Q}_1,\boldsymbol{Q}_2,\cdots,\boldsymbol{Q}_l$ 使得

$$\boldsymbol{P}_s\cdots\boldsymbol{P}_2\boldsymbol{P}_1\boldsymbol{A}\boldsymbol{Q}_1\boldsymbol{Q}_2\cdots\boldsymbol{Q}_l=\boldsymbol{B}.$$

证 设 $\boldsymbol{A}=(a_{ij})_{m\times n}$.

若 $\boldsymbol{A}=\boldsymbol{O}$，则 $\boldsymbol{A}$ 是 $\boldsymbol{B}$ 的形式.

以下不妨设 $\boldsymbol{A}\neq\boldsymbol{O}$，经过初等变换，$\boldsymbol{A}$ 一定可以变成一个左上角元素不为零的矩阵. 当 $a_{11}\neq 0$ 时，将第一行的 $-a_{11}^{-1}a_{i1}$ 倍加到第 i 行上去 $(i=2,3,\cdots,m)$，将第一列的 $-a_{11}^{-1}a_{1j}$ 倍加到第 j 列上去 $(j=2,3,\cdots,n)$，并把第一行乘以 a_{11}^{-1}，$\boldsymbol{A}$ 就变成如下形式：

$$\begin{pmatrix}1&0&\cdots&0\\0&a'_{22}&\cdots&a'_{2n}\\\vdots&\vdots&&\vdots\\0&a'_{m2}&\cdots&a'_{mn}\end{pmatrix}\xlongequal{\text{记作}}\begin{pmatrix}1&\boldsymbol{O}\\\boldsymbol{O}&\boldsymbol{A}_1\end{pmatrix},$$

对 $\boldsymbol{A}_1$，重复以上的讨论，直至把 $\boldsymbol{A}$ 化为 $\boldsymbol{B}$ 的形式，便可得定理的结论.

定理 3 n 阶方阵 $\boldsymbol{A}$ 可逆的充要条件是 $\boldsymbol{A}$ 可表示为有限个初等矩阵的乘积.

证 充分性是显然的，下证必要性.

因 $\boldsymbol{A}$ 可逆，故 $\boldsymbol{A}$ 的标准形必定是单位阵 $\boldsymbol{E}$，即有 n 个非零行. 由定理 2，存在 n 阶初等矩阵 $\boldsymbol{P}_1$，$\boldsymbol{P}_2$，…，$\boldsymbol{P}_s$ 与初等矩阵 $\boldsymbol{Q}_1$，$\boldsymbol{Q}_2$，…，$\boldsymbol{Q}_l$ 使得

$$\boldsymbol{P}_s \cdots \boldsymbol{P}_2 \boldsymbol{P}_1 \boldsymbol{A} \boldsymbol{Q}_1 \boldsymbol{Q}_2 \cdots \boldsymbol{Q}_l = \boldsymbol{E},$$

即

$$\boldsymbol{A} = \boldsymbol{P}_1^{-1} \boldsymbol{P}_2^{-1} \cdots \boldsymbol{P}_s^{-1} \boldsymbol{Q}_l^{-1} \cdots \boldsymbol{Q}_2^{-1} \boldsymbol{Q}_1^{-1}.$$

由于 $\boldsymbol{P}_i^{-1}$，$\boldsymbol{Q}_j^{-1}(i=1, 2, \cdots, s; j=1, 2, \cdots, l)$ 是初等矩阵，故定理得证.

由定理 2，还可以得到一种求逆矩阵的方法. 当 $\boldsymbol{A}$ 可逆时，由前面可以得到

$$\boldsymbol{Q}_1 \boldsymbol{Q}_2 \cdots \boldsymbol{Q}_l \boldsymbol{P}_s \cdots \boldsymbol{P}_2 \boldsymbol{P}_1 \boldsymbol{A} = \boldsymbol{E},$$

$$\boldsymbol{Q}_1 \boldsymbol{Q}_2 \cdots \boldsymbol{Q}_l \boldsymbol{P}_s \cdots \boldsymbol{P}_2 \boldsymbol{P}_1 \boldsymbol{E} = \boldsymbol{A}^{-1},$$

上式表明，如果对可逆矩阵 $\boldsymbol{A}$ 和同阶单位阵 $\boldsymbol{E}$ 作同样的初等行变换，那么当 $\boldsymbol{A}$ 变为单位阵 $\boldsymbol{E}$ 时，$\boldsymbol{E}$ 就变为 $\boldsymbol{A}^{-1}$，即

$$(\boldsymbol{A} \,\vdots\, \boldsymbol{E}) \xrightarrow{\text{初等行变换}} (\boldsymbol{E} \,\vdots\, \boldsymbol{A}^{-1}).$$

例 2 求矩阵

$$\boldsymbol{A} = \begin{pmatrix} 1 & 2 & 3 \\ 2 & 1 & 2 \\ 1 & 3 & 4 \end{pmatrix}$$

的逆矩阵 $\boldsymbol{A}^{-1}$.

解

$$(\boldsymbol{A} \,\vdots\, \boldsymbol{E}) = \left(\begin{array}{ccc:ccc} 1 & 2 & 3 & 1 & 0 & 0 \\ 2 & 1 & 2 & 0 & 1 & 0 \\ 1 & 3 & 4 & 0 & 0 & 1 \end{array}\right) \xrightarrow[r_3 - r_1]{r_2 - 2r_1} \left(\begin{array}{ccc:ccc} 1 & 2 & 3 & 1 & 0 & 0 \\ 0 & -3 & -4 & -2 & 1 & 0 \\ 0 & 1 & 1 & -1 & 0 & 1 \end{array}\right)$$

$$\xrightarrow{r_2 \leftrightarrow r_3} \left(\begin{array}{ccc:ccc} 1 & 2 & 3 & 1 & 0 & 0 \\ 0 & 1 & 1 & -1 & 0 & 1 \\ 0 & -3 & -4 & -2 & 1 & 0 \end{array}\right) \xrightarrow{r_3 + 3r_2} \left(\begin{array}{ccc:ccc} 1 & 2 & 3 & 1 & 0 & 0 \\ 0 & 1 & 1 & -1 & 0 & 1 \\ 0 & 0 & -1 & -5 & 1 & 3 \end{array}\right)$$

$$\xrightarrow{r_1 - 2r_2} \left(\begin{array}{ccc:ccc} 1 & 0 & 1 & 3 & 0 & -2 \\ 0 & 1 & 1 & -1 & 0 & 1 \\ 0 & 0 & -1 & -5 & 1 & 3 \end{array}\right) \xrightarrow[\substack{r_2 + r_3 \\ r_3 \times (-1)}]{r_1 + r_3} \left(\begin{array}{ccc:ccc} 1 & 0 & 0 & -2 & 1 & 1 \\ 0 & 1 & 0 & -6 & 1 & 4 \\ 0 & 0 & 1 & 5 & -1 & -3 \end{array}\right),$$

所以

$$A^{-1}=\begin{pmatrix}-2&1&1\\-6&1&4\\5&-1&-3\end{pmatrix}.$$

例 3　求矩阵

$$A=\begin{pmatrix}1&0&0&0\\a&1&0&0\\a^2&a&1&0\\a^3&a^2&a&1\end{pmatrix}$$

的逆矩阵 A^{-1}.

解

$$(A\vdots E)\xrightarrow[r_3-ar_2 \atop r_2-ar_1]{r_4-ar_3}\left(\begin{array}{cccc:cccc}1&0&0&0&1&0&0&0\\0&1&0&0&-a&1&0&0\\0&0&1&0&0&-a&1&0\\0&0&0&1&0&0&-a&1\end{array}\right),$$

所以

$$A^{-1}=\begin{pmatrix}1&0&0&0\\-a&1&0&0\\0&-a&1&0\\0&0&-a&1\end{pmatrix}.$$

例 4　求解方程

$$\begin{pmatrix}1&2&3\\2&1&2\\1&3&4\end{pmatrix}X=\begin{pmatrix}1&0\\0&2\\1&3\end{pmatrix}.$$

解　设矩阵

$$A=\begin{pmatrix}1&2&3\\2&1&2\\1&3&4\end{pmatrix},$$

由例 2 知 A 可逆. 因此方程两端左乘 A^{-1} 可得

$$X=A^{-1}\begin{pmatrix}1&0\\0&2\\1&3\end{pmatrix}=\begin{pmatrix}-2&1&1\\-6&1&4\\5&-1&-3\end{pmatrix}\begin{pmatrix}1&0\\0&2\\1&3\end{pmatrix}=\begin{pmatrix}-1&5\\-2&14\\2&-11\end{pmatrix}.$$

第五节　矩阵的秩

一、矩阵的秩

对于一个 n 阶矩阵 $\boldsymbol{A}$ 来说，可用其行列式 $|\boldsymbol{A}|$ 是否为零，判断其是否可逆. 同样，对于任一个 $m\times n$ 阶矩阵 $\boldsymbol{A}$，也可利用行列式的理论讨论其内在特性，这就是矩阵的秩的概念.

定义 1　设 $\boldsymbol{A}$ 为 $m\times n$ 矩阵，在 $\boldsymbol{A}$ 中任取 k 行 k 列 ($k\leqslant m$，$k\leqslant n$)，由这 k 行 k 列交叉处的 k^2 个元素按原顺序排成的 k 阶行列式称为矩阵 $\boldsymbol{A}$ 的一个 k 阶**子式**.

注：$m\times n$ 矩阵 $\boldsymbol{A}$ 的 k 阶子式共有 $C_m^k C_n^k$ 个.

显然，$\boldsymbol{A}$ 的每一个元素 a_{ij} 是 $\boldsymbol{A}$ 的一个一阶子式，而当 $\boldsymbol{A}$ 为 n 阶方阵时，它的 n 阶子式只有一个，即 $\boldsymbol{A}$ 的行列式 $|\boldsymbol{A}|$.

例如，在

$$\boldsymbol{A}=\begin{pmatrix}1 & 2 & 3 & 4\\ 0 & 1 & 2 & 0\\ 2 & 6 & 4 & 5\end{pmatrix}$$

中选取第 2，3 行及第 1，4 列，它们的交叉点处元素所成行列式为

$$\begin{vmatrix}0 & 0\\ 2 & 5\end{vmatrix}=0,$$

这个行列式就是 $\boldsymbol{A}$ 的一个二阶子式. 再选取 1，2，3 行及 2，3，4 列得到一个三阶子式

$$\begin{vmatrix}2 & 3 & 4\\ 1 & 2 & 0\\ 6 & 4 & 5\end{vmatrix}=-27\neq 0.$$

由于行和列的取法很多，所以一个矩阵 $\boldsymbol{A}$ 的子式有很多个. 在这些子式中，有的值为零，有的值不为零. 这些不为零的子式的最高阶数反映了矩阵的内在特征，在矩阵的理论和应用中都有重要意义.

定义 2　设 $\boldsymbol{A}$ 为 $m\times n$ 矩阵，若矩阵 $\boldsymbol{A}$ 中至少有一个 r 阶子式 D 不为零，而所有为 $r+1$ 阶子式(如果存在)全为零，则 D 称为矩阵 $\boldsymbol{A}$ 的**最高阶非零子式**，数 r 称为 $\boldsymbol{A}$ 的**秩**，记为 $r(\boldsymbol{A})$.

规定零矩阵的秩为 0，由定义，显然 $r(\boldsymbol{A})=r(\boldsymbol{A}^{\mathrm{T}})$.

例如，矩阵

$$\boldsymbol{A}=\begin{pmatrix}1 & 2 & 3\\ 2 & 4 & 6\\ 0 & 8 & 7\end{pmatrix}$$

中

$$|\boldsymbol{A}|=\begin{vmatrix}1 & 2 & 3\\ 2 & 4 & 6\\ 0 & 8 & 7\end{vmatrix}=0,\quad \begin{vmatrix}2 & 4\\ 0 & 8\end{vmatrix}=16\neq 0,$$

所以 $r(\boldsymbol{A})=2$.

按定义，非奇异矩阵的秩就等于它的阶数，故非奇异矩阵又称为**满秩矩阵**，而奇异矩阵称为**降秩矩阵**.

矩阵的秩是一个重要概念，今后将看到很多问题都与矩阵的秩有关. 但利用定义 2 求矩阵的秩，计算量一般都很大. 然而，某些特殊类型矩阵的秩的计算是十分简单的，例如在矩阵

$$\boldsymbol{B}=\begin{pmatrix}1 & 0 & 2 & 1 & 3\\ 0 & 3 & 1 & 0 & 2\\ 0 & 0 & 0 & 5 & 4\\ 0 & 0 & 0 & 0 & 0\end{pmatrix}$$

中，三阶子式

$$\begin{vmatrix}1 & 0 & 1\\ 0 & 3 & 0\\ 0 & 0 & 5\end{vmatrix}=15\neq 0,$$

而所有的四阶子式均为 0，故 $r(\boldsymbol{B})=3$，即行阶梯形矩阵的秩等于非零行的行数.

由矩阵的初等变换可知，任何一个矩阵 $\boldsymbol{A}$ 总可以经初等变换化为行阶梯形矩阵，那么矩阵 $\boldsymbol{A}$ 经过初等变换后，其秩会不会改变呢？

定理 1　任何矩阵经初等变换后，其秩不变.

证明略去.

根据定理 1，利用初等变换将矩阵化为阶梯形，从而求出矩阵的秩.

例 1 求矩阵

$$A=\begin{pmatrix}1&-1&-1&0&-2\\-1&2&2&2&6\\0&1&1&2&4\\0&1&1&-1&1\end{pmatrix}$$

的秩.

解

$$A\xrightarrow{r_2+r_1}\begin{pmatrix}1&-1&-1&0&-2\\0&1&1&2&4\\0&1&1&2&4\\0&1&1&-1&1\end{pmatrix}$$

$$\xrightarrow[r_4-r_2]{r_3-r_2}\begin{pmatrix}1&-1&-1&0&-2\\0&1&1&2&4\\0&0&0&0&0\\0&0&0&-3&-3\end{pmatrix}\xrightarrow{r_3\leftrightarrow r_4}\begin{pmatrix}1&-1&-1&0&-2\\0&1&1&2&4\\0&0&0&-3&-3\\0&0&0&0&0\end{pmatrix},$$

故 $r(A)=3$.

例 2 设 A 是 $m\times n$ 矩阵，P 是 m 阶可逆方阵，Q 是 n 阶可逆方阵，则

$$r(PA)=r(AQ)=r(PAQ)=r(A).$$

证 因为矩阵 A 的左边乘以可逆方阵 P，相当于对 A 进行一系列初等行变换，由定理 2，得 $r(PA)=r(A)$. 类似可证 $r(AQ)=r(A)$，$r(PAQ)=r(A)$.

二、矩阵秩的性质

下面来讨论矩阵秩的性质. 前面我们已经提出了矩阵秩的一些最基本的性质，归纳起来有

(1) $0\leqslant r(A_{m\times n})\leqslant \min(m, n)$.

(2) $r(A^{T})=r(A)$.

(3) 若 $A\sim B$，则 $r(A)=r(B)$.

(4) 若 P，Q 可逆，则 $r(PAQ)=r(A)$.

下面再介绍几个常用的矩阵秩的性质：

(5) $\max(r(A), r(B))\leqslant r(A, B)\leqslant r(A)+r(B)$.

证 因为 A 的最高阶非零子式总是 (A, B) 的非零子式，所以 $r(A)\leqslant r(A, B)$. 同理有

$r(\boldsymbol{B})\leqslant r(\boldsymbol{A},\boldsymbol{B})$，即

$$\max(r(\boldsymbol{A}),r(\boldsymbol{B}))\leqslant r(\boldsymbol{A},\boldsymbol{B}).$$

设 $r(\boldsymbol{A}^{\mathrm{T}})=r(\boldsymbol{A})=r$，$r(\boldsymbol{B}^{\mathrm{T}})=r(\boldsymbol{B})=s$. 把 $\boldsymbol{A}^{\mathrm{T}}$ 和 $\boldsymbol{B}^{\mathrm{T}}$ 分别作初等行变换化为行阶梯形矩阵

$$\boldsymbol{A}^{\mathrm{T}}\overset{r}{\sim}\begin{pmatrix}\widetilde{\boldsymbol{A}}\\ \boldsymbol{O}\end{pmatrix},\quad \boldsymbol{B}^{\mathrm{T}}\overset{r}{\sim}\begin{pmatrix}\widetilde{\boldsymbol{B}}\\ \boldsymbol{O}\end{pmatrix},$$

其中 $\widetilde{\boldsymbol{A}}$ 和 $\widetilde{\boldsymbol{B}}$ 分别为 r 行和 s 行矩阵，且每行均为非零行，从而

$$(\boldsymbol{A},\boldsymbol{B})^{\mathrm{T}}=\begin{pmatrix}\boldsymbol{A}^{\mathrm{T}}\\ \boldsymbol{B}^{\mathrm{T}}\end{pmatrix}\overset{r}{\sim}\begin{pmatrix}\widetilde{\boldsymbol{A}}\\ \boldsymbol{O}\\ \widetilde{\boldsymbol{B}}\\ \boldsymbol{O}\end{pmatrix},$$

所以 $r(\boldsymbol{A},\boldsymbol{B})=r(\boldsymbol{A},\boldsymbol{B})^{\mathrm{T}}\leqslant r+s=r(\boldsymbol{A})+r(\boldsymbol{B})$.

(6) $r(\boldsymbol{A}+\boldsymbol{B})\leqslant r(\boldsymbol{A})+r(\boldsymbol{B})$.

证 不妨设 $\boldsymbol{A}$，$\boldsymbol{B}$ 为 $m\times n$ 矩阵. 对矩阵 $\begin{pmatrix}\boldsymbol{A}+\boldsymbol{B}\\ \boldsymbol{B}\end{pmatrix}$ 作初等行变换 $r_i-r_{i+m}(i=1,2,\cdots,m)$，即得

$$\begin{pmatrix}\boldsymbol{A}+\boldsymbol{B}\\ \boldsymbol{B}\end{pmatrix}\overset{r}{\sim}\begin{pmatrix}\boldsymbol{A}\\ \boldsymbol{B}\end{pmatrix},$$

于是

$$r(\boldsymbol{A}+\boldsymbol{B})\leqslant r\begin{pmatrix}\boldsymbol{A}+\boldsymbol{B}\\ \boldsymbol{B}\end{pmatrix}=r\begin{pmatrix}\boldsymbol{A}\\ \boldsymbol{B}\end{pmatrix}=r(\boldsymbol{A}^{\mathrm{T}},\boldsymbol{B}^{\mathrm{T}})^{\mathrm{T}}=r(\boldsymbol{A}^{\mathrm{T}},\boldsymbol{B}^{\mathrm{T}})\leqslant r(\boldsymbol{A}^{\mathrm{T}})+r(\boldsymbol{B}^{\mathrm{T}})=r(\boldsymbol{A})+r(\boldsymbol{B}).$$

例 3 设 $\boldsymbol{A}$ 为 n 阶矩阵，证明 $r(\boldsymbol{A}+\boldsymbol{E})+r(\boldsymbol{A}-\boldsymbol{E})\geqslant n$.

证 因为 $(\boldsymbol{A}+\boldsymbol{E})+(\boldsymbol{E}-\boldsymbol{A})=2\boldsymbol{E}$，由性质(6)，有

$$r(\boldsymbol{A}+\boldsymbol{E})+r(\boldsymbol{E}-\boldsymbol{A})\geqslant r(2\boldsymbol{E})=n,$$

而 $r(\boldsymbol{A}-\boldsymbol{E})=r(\boldsymbol{E}-\boldsymbol{A})$，所以

$$r(\boldsymbol{A}+\boldsymbol{E})+r(\boldsymbol{A}-\boldsymbol{E})\geqslant n.$$

第六节　矩阵的应用*

矩阵作为一种基本的数学工具，在运筹学、控制论、优化理论、系统工程、经济管理等学科中都有广泛的应用，本节主要介绍几个矩阵应用方面的例子.

一、矩阵表示的应用

例 1　田忌和齐王双方约定出上、中、下三个等级的马各一匹进行比赛，共赛三场，胜一场得 1 分，负者 −1 分. 已知在同一等级马的比赛中，齐王可稳操胜券，但田忌的上、中等级的马分别可胜齐王中、下等级的马. 齐王和田忌在排列赛马出场顺序时，各取下列六种策略之一：{上、中、下}，{中、上、下}，{下、中、上}，{上、下、中}，{中、下、上}，{下、上、中}，试用矩阵表示齐王所得分数情况.

解　将六种策略编号如下：

{上、中、下}：1；{中、上、下}：2；{下、中、上}：3；

{上、下、中}：4；{中、下、上}：5；{下、上、中}：6.

令 p_{ij} 表示当齐王采用策略 i（$i=1, 2, 3, 4, 5, 6$）且田忌采用策略 j（$j=1, 2, 3, 4, 5, 6$）时齐王所得分数，则由元素 p_{ij} 所构成的矩阵 $\boldsymbol{P}$ 即为齐王所得分数情况，即

$$\text{齐王策略}\downarrow\quad\begin{pmatrix} 3 & 1 & 1 & 1 & 1 & -1 \\ 1 & 3 & 1 & -1 & 1 & 1 \\ 1 & -1 & 3 & 1 & 1 & 1 \\ 1 & 1 & -1 & 3 & 1 & 1 \\ -1 & 1 & 1 & 1 & 3 & 1 \\ 1 & 1 & 1 & 1 & -1 & 3 \end{pmatrix}=\boldsymbol{P},$$

$$\xrightarrow{}$$
田忌策略

如 $p_{32}=-1$ 表示齐王采用策略 3，田忌采用策略 2，也即齐王以下、中、上等级的马对田忌中、上、下等级的马，此时齐王得分为 −1 分，即意味着齐王净输一场.

二、矩阵运算的应用

例 2　设某一地区的某种物资在一个季度内有 s 个产地 $A_1, A_2, \cdots, A_s$ 和 n 个销售地

B_1, B_2, …, B_n，若产地 A_i（$i=1, 2, \cdots, s$）的单位数量产品在销售地的售价均为 k_i，试用矩阵表示一个季度内销售地 B_j($j=1, 2, \cdots, n$)的销售总额.

解　设从产地到销售地的物资调运方案用如下矩阵 $\boldsymbol{A}$ 表示：

$$\boldsymbol{A}=\begin{pmatrix} a_{11} & a_{12} & \cdots & a_{1n} \\ a_{21} & a_{22} & \cdots & a_{2n} \\ \vdots & \vdots & & \vdots \\ a_{s1} & a_{s2} & \cdots & a_{sn} \end{pmatrix},$$

其中 a_{ij} 表示在一个季度内由产地 A_i 运到销售地 B_j 的数量. 若将各产地单位产品的售价用矩阵 $\boldsymbol{K}=(k_1, k_2, \cdots, k_s)$ 表示，则一个季度内各地销售总额为

$$\boldsymbol{KA}=(k_1, k_2, \cdots, k_s)\begin{pmatrix} a_{11} & a_{12} & \cdots & a_{1n} \\ a_{21} & a_{22} & \cdots & a_{2n} \\ \vdots & \vdots & & \vdots \\ a_{s1} & a_{s2} & \cdots & a_{sn} \end{pmatrix}$$

$$=\left(\sum_{i=1}^{s}k_i a_{i1}, \quad \sum_{i=1}^{s}k_i a_{i2}, \quad \cdots, \quad \sum_{i=1}^{s}k_i a_{in}\right),$$

显然，利用矩阵的乘法很容易表示出一个季度内销售各地的销售总额，即 B_j 地区一个季度内的销售总额为

$$\sum_{i=1}^{s}k_i a_{ij}, \; j=1, \cdots, n.$$

例 3　若有 5 个球队进行单循环比赛，已知他们的比赛结果为：1 队胜 2、3 队，2 队胜 3、4、5 队，4 队胜 1、3、5 队，5 队胜 1、3 队. 按获胜的次数排名时，若两队胜的次数相同，则按直接胜和间接胜的次数之和排名(所谓间接胜指若 1 队胜 2 队，2 队胜 3 队，则 1 队胜 3 队)，试问这 5 个球队的排名.

解　按排名原则不难排出 2 队为冠军，4 队为亚军，1 队第三名，5 队第四名，3 队第五名.（如果参加比赛的队比较多，应如何简便地解决这个问题?）为了更加直观地表示出结果，用矩阵 $\boldsymbol{M}$ 表示各队直接胜的情况. 令矩阵 $\boldsymbol{M}=(m_{ij})_{5\times5}$，若第 i 队胜第 j 队，则 $m_{ij}=1$，否则 $m_{ij}=0$ ($i, j=1, 2, 3, 4, 5$)，则有

$$\boldsymbol{M}=\begin{pmatrix} 0 & 1 & 1 & 0 & 0 \\ 0 & 0 & 1 & 1 & 1 \\ 0 & 0 & 0 & 0 & 0 \\ 1 & 0 & 1 & 0 & 1 \\ 1 & 0 & 1 & 0 & 0 \end{pmatrix},$$

且容易得到各队间接胜的情况为

$$M^2=\begin{pmatrix}0&0&1&1&1\\2&0&2&0&1\\0&0&0&0&0\\1&1&2&0&0\\0&1&1&0&0\end{pmatrix}.$$

$\boldsymbol{M}$ 中各行元素之和分别为各队直接胜的次数，$\boldsymbol{M}^2$ 中各行元素之和分别为各队间接胜的次数，进而有

$$M+M^2=\begin{pmatrix}0&1&2&1&1\\2&0&3&1&2\\0&0&0&0&0\\2&1&3&0&1\\1&1&2&0&0\end{pmatrix}.$$

由此知各行元素之和分别为 5、8、0、7、4，即为各队直接和间接胜的次数之和，故比赛的排名为 2 队为冠军，4 队为亚军，1 队第三名，5 队第四名，3 队第五名.

三、逆矩阵的应用

例 4 军事通信中，若直接传输原信息，则很容易被敌人破译而造成巨大损失，这就需要加密. 首先将 26 个字母依次对应 1～26 个整数，具体如下表，空格对应数字 0.

a	b	c	d	…	x	y	z
1	2	3	4	…	24	25	26

若加密密钥矩阵 $\boldsymbol{A}=\begin{pmatrix}-1&-1&2&0\\1&1&-1&0\\0&0&-1&1\\1&0&0&-1\end{pmatrix}$，传输出信息为 -19，19，25，-21，0，18，-18，15，3，10，-8，3，-2，20，-7，12，请问传输了什么信息?

解 通常选择的密钥矩阵 $\boldsymbol{A}$ 的所有元素都是整数，且其行列式为 ±1，既保证 $\boldsymbol{A}$ 可逆，又使 $\boldsymbol{A}^{-1}$ 的元素也都是整数. 若明文矩阵为 $\boldsymbol{B}$，这里传输信息构成 $\boldsymbol{B}$ 的各列，则经过密钥矩阵 $\boldsymbol{A}$ 对其加密 $\boldsymbol{AB}=\boldsymbol{C}$ 后成为密文 $\boldsymbol{C}$ 进行传输. 因此，要解密得到明文 $\boldsymbol{B}$ 需要左乘 $\boldsymbol{A}^{-1}$，得 $\boldsymbol{B}=\boldsymbol{A}^{-1}\boldsymbol{C}$ 即可. 具体过程如下:

将密文信息按照列排成密文矩阵

$$C=\begin{pmatrix}-19&0&3&-2\\19&18&10&20\\25&-18&-8&-7\\-21&15&3&12\end{pmatrix},$$

则明文矩阵为

$$B=A^{-1}C=\begin{pmatrix}4&15&8&23\\15&21&15&15\\0&18&13&18\\25&0&5&11\end{pmatrix}.$$

从表中找出对应的字母，最终得到相应的信息为：DO YOUR HOMEWORK.

典型问题与方法解析

一、矩阵的运算

例 1　设

$$A=\begin{pmatrix}1&\alpha&\beta\\0&1&\alpha\\0&0&1\end{pmatrix},$$

求 A^n.

解　法 1　(用数学归纳法)直接计算，有

$$A^2=\begin{pmatrix}1&2\alpha&\alpha^2+2\beta\\0&1&2\alpha\\0&0&1\end{pmatrix},$$

$$A^3=\begin{pmatrix}1&3\alpha&\frac{3\times 2}{2}\alpha^2+3\beta\\0&1&3\alpha\\0&0&1\end{pmatrix}.$$

假设

$$A^n = \begin{pmatrix} 1 & n\alpha & \frac{n(n-1)}{2}\alpha^2 + n\beta \\ 0 & 1 & n\alpha \\ 0 & 0 & 1 \end{pmatrix}$$

成立，则

$$A^{n+1} = \begin{pmatrix} 1 & \alpha & \beta \\ 0 & 1 & \alpha \\ 0 & 0 & 1 \end{pmatrix} \begin{pmatrix} 1 & n\alpha & \frac{n(n-1)}{2}\alpha^2 + n\beta \\ 0 & 1 & n\alpha \\ 0 & 0 & 1 \end{pmatrix}$$

$$= \begin{pmatrix} 1 & (n+1)\alpha & \frac{(n+1)n}{2}\alpha^2 + (n+1)\beta \\ 0 & 1 & (n+1)\alpha \\ 0 & 0 & 1 \end{pmatrix},$$

故对一切自然数 n，均有

$$A^n = \begin{pmatrix} 1 & n\alpha & \frac{n(n-1)}{2}\alpha^2 + n\beta \\ 0 & 1 & n\alpha \\ 0 & 0 & 1 \end{pmatrix}.$$

法 2 （用二项式定理）令

$$B = \begin{pmatrix} 0 & \alpha & \beta \\ 0 & 0 & \alpha \\ 0 & 0 & 0 \end{pmatrix},$$

则

$$A = E + B, \quad B^2 = \begin{pmatrix} 0 & 0 & \alpha^2 \\ 0 & 0 & 0 \\ 0 & 0 & 0 \end{pmatrix}, \quad B^3 = O.$$

由于 E 与 B 可换，由二项式定理，有

$$A^n = E + C_n^1 B + C_n^2 B^2 = \begin{pmatrix} 1 & n\alpha & \frac{n(n-1)}{2}\alpha^2 + n\beta \\ 0 & 1 & n\alpha \\ 0 & 0 & 1 \end{pmatrix}.$$

注：(二项式定理)设 A，B 为同阶方阵，且 $AB = BA$，则有

$$(\boldsymbol{A}+\boldsymbol{B})^n=\sum_{k=0}^{n}C_n^k\boldsymbol{A}^k\boldsymbol{B}^{n-k}.$$

例 2　设 $\boldsymbol{A}$ 为方阵，若满足 $\boldsymbol{A}^{\mathrm{T}}=-\boldsymbol{A}$，则称 $\boldsymbol{A}$ 为反对称阵. 若 $\boldsymbol{B}$ 为任一方阵. 证明：(1) $\boldsymbol{B}+\boldsymbol{B}^{\mathrm{T}}$ 为对称阵，$\boldsymbol{B}-\boldsymbol{B}^{\mathrm{T}}$ 为反对称阵；(2)任一方阵 $\boldsymbol{B}$ 都可表示为一个对称阵和一个反对称阵之和.

证　(1) 设 $\boldsymbol{C}=\boldsymbol{B}+\boldsymbol{B}^{\mathrm{T}}$，$\boldsymbol{P}=\boldsymbol{B}-\boldsymbol{B}^{\mathrm{T}}$，则

$$\boldsymbol{C}^{\mathrm{T}}=(\boldsymbol{B}+\boldsymbol{B}^{\mathrm{T}})^{\mathrm{T}}=\boldsymbol{B}^{\mathrm{T}}+(\boldsymbol{B}^{\mathrm{T}})^{\mathrm{T}}=\boldsymbol{B}+\boldsymbol{B}^{\mathrm{T}}=\boldsymbol{C},$$

$$\boldsymbol{P}^{\mathrm{T}}=(\boldsymbol{B}-\boldsymbol{B}^{\mathrm{T}})^{\mathrm{T}}=\boldsymbol{B}^{\mathrm{T}}-(\boldsymbol{B}^{\mathrm{T}})^{\mathrm{T}}=\boldsymbol{B}^{\mathrm{T}}-\boldsymbol{B}=-(\boldsymbol{B}-\boldsymbol{B}^{\mathrm{T}})=-\boldsymbol{P},$$

所以 $\boldsymbol{B}+\boldsymbol{B}^{\mathrm{T}}$ 为对称阵，$\boldsymbol{B}-\boldsymbol{B}^{\mathrm{T}}$ 为反对称阵.

(2) 设 $\boldsymbol{C}_1=\dfrac{\boldsymbol{B}+\boldsymbol{B}^{\mathrm{T}}}{2}$，$\boldsymbol{P}_1=\dfrac{\boldsymbol{B}-\boldsymbol{B}^{\mathrm{T}}}{2}$，由(1)知 $\boldsymbol{C}_1$ 为对称阵，$\boldsymbol{P}_1$ 为反对称阵，且 $\boldsymbol{B}=\boldsymbol{C}_1+\boldsymbol{P}_1$.

例 3　设

$$\boldsymbol{A}=\begin{pmatrix}1&0&2\\0&2&0\\0&0&1\end{pmatrix},$$

求 $(\boldsymbol{A}+3\boldsymbol{E})^{-1}(\boldsymbol{A}^2-9\boldsymbol{E})$.

解　易见 $\boldsymbol{A}+3\boldsymbol{E}$ 是 $\boldsymbol{A}^2-9\boldsymbol{E}$ 的因子，且 $\boldsymbol{A}+3\boldsymbol{E}$ 可逆，先化简后求值，可得

$$\begin{aligned}(\boldsymbol{A}+3\boldsymbol{E})^{-1}(\boldsymbol{A}^2-9\boldsymbol{E})&=(\boldsymbol{A}+3\boldsymbol{E})^{-1}(\boldsymbol{A}+3\boldsymbol{E})(\boldsymbol{A}-3\boldsymbol{E})\\&=\boldsymbol{A}-3\boldsymbol{E}=\begin{pmatrix}-2&0&2\\0&-1&0\\0&0&-2\end{pmatrix}.\end{aligned}$$

二、矩阵可逆的判定及逆矩阵的求法

1. 抽象矩阵(即没有给出矩阵中的元素)可逆的判别，往往依据逆矩阵的定义来完成，注意定义中只要验证 $\boldsymbol{AB}=\boldsymbol{E}$，则 $\boldsymbol{A}$，$\boldsymbol{B}$ 都可逆，且 $\boldsymbol{A}^{-1}=\boldsymbol{B}$，$\boldsymbol{B}^{-1}=\boldsymbol{A}$.

例 4　设 $\boldsymbol{A}^k=\boldsymbol{O}$（$k$ 为正整数），证明

$$(\boldsymbol{E}-\boldsymbol{A})^{-1}=\boldsymbol{E}+\boldsymbol{A}+\boldsymbol{A}^2+\cdots+\boldsymbol{A}^{k-1}.$$

证

$$\begin{aligned}&(\boldsymbol{E}-\boldsymbol{A})(\boldsymbol{E}+\boldsymbol{A}+\boldsymbol{A}^2+\cdots+\boldsymbol{A}^{k-1})\\=&\boldsymbol{E}+\boldsymbol{A}+\boldsymbol{A}^2+\cdots+\boldsymbol{A}^{k-1}-\boldsymbol{A}-\boldsymbol{A}^2-\cdots-\boldsymbol{A}^k\\=&\boldsymbol{E}-\boldsymbol{A}^k\\=&\boldsymbol{E},\end{aligned}$$

所以 $\boldsymbol{E}-\boldsymbol{A}$ 可逆，且 $(\boldsymbol{E}-\boldsymbol{A})^{-1}=\boldsymbol{E}+\boldsymbol{A}+\boldsymbol{A}^2+\cdots+\boldsymbol{A}^{k-1}$.

例 5 设 $\boldsymbol{A}^2=\boldsymbol{A}$，证明 $\boldsymbol{E}+\boldsymbol{A}$ 可逆，并求 $(\boldsymbol{E}+\boldsymbol{A})^{-1}$.

证 因 $\boldsymbol{A}^2=\boldsymbol{A}$，故 $\boldsymbol{A}^2-\boldsymbol{A}=\boldsymbol{O}$，从而

$$\boldsymbol{E}+\boldsymbol{A}-\boldsymbol{A}^2=\boldsymbol{E},$$

即

$$\boldsymbol{E}+\boldsymbol{A}-\frac{1}{2}\boldsymbol{A}-\frac{1}{2}\boldsymbol{A}^2=\boldsymbol{E},$$

$$(\boldsymbol{E}+\boldsymbol{A})-\frac{1}{2}\boldsymbol{A}(\boldsymbol{E}+\boldsymbol{A})=\boldsymbol{E},$$

$$(\boldsymbol{E}+\boldsymbol{A})\left(\boldsymbol{E}-\frac{1}{2}\boldsymbol{A}\right)=\boldsymbol{E},$$

故 $\boldsymbol{E}+\boldsymbol{A}$ 可逆，且 $(\boldsymbol{E}+\boldsymbol{A})^{-1}=\boldsymbol{E}-\frac{1}{2}\boldsymbol{A}$.

2. 矩阵的初等变换求逆矩阵

(1) 数字方阵的逆矩阵的求法. 所谓数字方阵是指方阵的元素是具体给定的数，这类方阵一般采用矩阵行或列初等变换求其逆矩阵. 即

$$(\boldsymbol{A}\ \vdots\ \boldsymbol{E})\xrightarrow{\text{用行变换}}(\boldsymbol{E}\ \vdots\ \boldsymbol{A}^{-1})$$

或

$$\begin{pmatrix}\boldsymbol{A}\\ \cdots\\ \boldsymbol{E}\end{pmatrix}\xrightarrow{\text{用列变换}}\begin{pmatrix}\boldsymbol{E}\\ \cdots\\ \boldsymbol{A}^{-1}\end{pmatrix}.$$

例 6 求矩阵 $\boldsymbol{A}=\begin{pmatrix}1&2\\2&2\end{pmatrix}$ 的逆矩阵.

解

$$\begin{pmatrix}1&2\\2&2\\ \hdashline 1&0\\0&1\end{pmatrix}\xrightarrow{c_2-2c_1}\begin{pmatrix}1&0\\2&-2\\ \hdashline 1&-2\\0&1\end{pmatrix}\xrightarrow{c_1+c_2}\begin{pmatrix}1&0\\0&-2\\ \hdashline -1&-2\\1&1\end{pmatrix}\xrightarrow{-\frac{1}{2}c_2}\begin{pmatrix}1&0\\0&1\\ \hdashline -1&1\\1&-\frac{1}{2}\end{pmatrix},$$

故

$$\boldsymbol{A}^{-1}=\begin{pmatrix}-1&1\\1&-\frac{1}{2}\end{pmatrix}.$$

(2) 解矩阵方程，即用矩阵的初等变换直接求矩阵方程 $\boldsymbol{AX}=\boldsymbol{B}$ 中的 $\boldsymbol{X}$. 由于 $\boldsymbol{A}^{-1}(\boldsymbol{A},\boldsymbol{B})=(\boldsymbol{E},\boldsymbol{A}^{-1}\boldsymbol{B})$，而 $\boldsymbol{A}^{-1}$ 可以表示为一些初等矩阵的乘积，所以对分块矩阵 $(\boldsymbol{A},\boldsymbol{B})$ 进行初等变换，把 $\boldsymbol{A}$ 变成 $\boldsymbol{E}$ 的同时，子块 $\boldsymbol{B}$ 也就变为 $\boldsymbol{A}^{-1}\boldsymbol{B}$，这样就求出 $\boldsymbol{X}=\boldsymbol{A}^{-1}\boldsymbol{B}$.

例 7　解矩阵方程 $\boldsymbol{AX}=\boldsymbol{B}$，其中 $\boldsymbol{A}=\begin{pmatrix}1&2&-1\\4&0&1\\-1&3&-2\end{pmatrix}$，$\boldsymbol{B}=\begin{pmatrix}-3&-5\\6&-1\\-8&-5\end{pmatrix}$.

解

$$(\boldsymbol{A}\vdots\boldsymbol{B})=\left(\begin{array}{ccc:cc}1&2&-1&-3&-5\\4&0&1&6&-1\\-1&3&-2&-8&-5\end{array}\right)\xrightarrow[r_3+r_1]{r_2-4r_1}\left(\begin{array}{ccc:cc}1&2&-1&-3&-5\\0&-8&5&18&19\\0&5&-3&-11&-10\end{array}\right)$$

$$\xrightarrow[r_2-3r_3]{-2r_2}\left(\begin{array}{ccc:cc}1&2&-1&-3&-5\\0&1&-1&-3&-8\\0&5&-3&-11&-10\end{array}\right)\xrightarrow[r_1-2r_2]{r_3-5r_2}\left(\begin{array}{ccc:cc}1&0&1&3&11\\0&1&-1&-3&-8\\0&0&2&4&30\end{array}\right)$$

$$\xrightarrow{\frac{1}{2}r_3}\left(\begin{array}{ccc:cc}1&0&1&3&11\\0&1&-1&-3&-8\\0&0&1&2&15\end{array}\right)\xrightarrow[r_2+r_3]{r_1-r_3}\left(\begin{array}{ccc:cc}1&0&0&1&-4\\0&1&0&-1&7\\0&0&1&2&15\end{array}\right),$$

因此 $\boldsymbol{A}$ 可逆，且

$$\boldsymbol{X}=\boldsymbol{A}^{-1}\boldsymbol{B}=\begin{pmatrix}1&-4\\-1&7\\2&15\end{pmatrix}.$$

三、解矩阵方程

所谓矩阵方程是指含有未知矩阵的矩阵等式. 如 $\boldsymbol{AX}+\boldsymbol{E}=\boldsymbol{B}^{-1}$ 是一个矩阵方程，其中 $\boldsymbol{A}$，$\boldsymbol{B}$ 已知，$\boldsymbol{X}$ 未知. 矩阵方程的基本形式有如下三种：

(1) $\boldsymbol{AX}=\boldsymbol{B}$，当 $\boldsymbol{A}$ 可逆时，$\boldsymbol{X}=\boldsymbol{A}^{-1}\boldsymbol{B}$；

(2) $\boldsymbol{XA}=\boldsymbol{B}$，当 $\boldsymbol{A}$ 可逆时，$\boldsymbol{X}=\boldsymbol{BA}^{-1}$；

(3) $\boldsymbol{AXB}=\boldsymbol{C}$，当 $\boldsymbol{A}$，$\boldsymbol{B}$ 可逆时，$\boldsymbol{X}=\boldsymbol{A}^{-1}\boldsymbol{CB}^{-1}$.

例 8　解矩阵方程 $\boldsymbol{AX}+\boldsymbol{E}=\boldsymbol{A}^2+\boldsymbol{X}$，其中

$$\boldsymbol{A}=\begin{pmatrix}1&0&1\\0&2&0\\1&6&1\end{pmatrix},$$

$\boldsymbol{E}$ 为三阶单位矩阵.

解 将矩阵方程化为

$$(\boldsymbol{A}-\boldsymbol{E})\boldsymbol{X}=\boldsymbol{A}^2-\boldsymbol{E}=(\boldsymbol{A}-\boldsymbol{E})(\boldsymbol{A}+\boldsymbol{E}),$$

可以验证 $\boldsymbol{A}-\boldsymbol{E}$ 可逆，两边左乘 $(\boldsymbol{A}-\boldsymbol{E})^{-1}$ 得

$$\boldsymbol{X}=(\boldsymbol{A}-\boldsymbol{E})^{-1}(\boldsymbol{A}-\boldsymbol{E})(\boldsymbol{A}+\boldsymbol{E})=\boldsymbol{A}+\boldsymbol{E}=\begin{pmatrix}2&0&1\\0&3&0\\1&6&2\end{pmatrix}.$$

注：本题提示我们在解矩阵方程时，先尽量化简矩阵方程，然后再计算.

例 9 设矩阵 $\boldsymbol{A}$，$\boldsymbol{B}$ 满足 $\boldsymbol{A}^*\boldsymbol{B}\boldsymbol{A}=2\boldsymbol{B}\boldsymbol{A}-8\boldsymbol{E}$，其中 $\boldsymbol{A}=\begin{pmatrix}1&0&0\\0&-2&0\\0&0&1\end{pmatrix}$，$\boldsymbol{A}^*$ 是 $\boldsymbol{A}$ 的伴随矩阵，求矩阵 $\boldsymbol{B}$.

解 在所给方程的两边左乘 $\boldsymbol{A}$，右乘 $\boldsymbol{A}^{-1}$，由 $\boldsymbol{A}\boldsymbol{A}^*=|\boldsymbol{A}|\boldsymbol{E}=-2\boldsymbol{E}$，得

$$\boldsymbol{A}\boldsymbol{A}^*\boldsymbol{B}\boldsymbol{A}\boldsymbol{A}^{-1}=2\boldsymbol{A}\boldsymbol{B}\boldsymbol{A}\boldsymbol{A}^{-1}-8\boldsymbol{A}\boldsymbol{E}\boldsymbol{A}^{-1},$$

即

$$-2\boldsymbol{B}=2\boldsymbol{A}\boldsymbol{B}-8\boldsymbol{E},$$

$$(\boldsymbol{A}+\boldsymbol{E})\boldsymbol{B}=4\boldsymbol{E},$$

故

$$\boldsymbol{B}=4(\boldsymbol{A}+\boldsymbol{E})^{-1}=4\begin{pmatrix}2&0&0\\0&-1&0\\0&0&2\end{pmatrix}^{-1}=4\begin{pmatrix}\frac{1}{2}&0&0\\0&-1&0\\0&0&\frac{1}{2}\end{pmatrix}=\begin{pmatrix}2&0&0\\0&-4&0\\0&0&2\end{pmatrix}.$$

四、矩阵秩的求法

方法 1 初等变换法

用矩阵的初等变换，将一个矩阵 $\boldsymbol{A}$ 化为行阶梯阵. 由于阶梯阵的秩就是其非零行的个数，而初等变换不改变矩阵的秩，所以化得的阶梯阵中的非零行的行数就是矩阵 $\boldsymbol{A}$ 的秩.

例 10 设

$$\boldsymbol{A}=\begin{pmatrix}1&a&-1&2\\2&-1&a&5\\1&10&-6&1\end{pmatrix},$$

求 $\boldsymbol{A}$ 的秩.

解　对 $\boldsymbol{A}$ 施行初等变换化为阶梯阵

$$\boldsymbol{A}\xrightarrow[r_3-r_1]{r_2-2r_1}\begin{pmatrix}1 & a & -1 & 2\\0 & -1-2a & a+2 & 1\\0 & 10-a & -5 & -1\end{pmatrix}\xrightarrow[c_2\leftrightarrow c_4]{r_3+r_2}\begin{pmatrix}1 & 2 & -1 & a\\0 & 1 & a+2 & -1-2a\\0 & 0 & a-3 & 9-3a\end{pmatrix},$$

故当 $a=3$ 时，$r(\boldsymbol{A})=2$；当 $a\neq 3$ 时，$r(\boldsymbol{A})=3$.

方法 2　计算子式法

用定义求矩阵的秩，需计算矩阵的各阶子式，计算量很大，因此常用下法求之.

从矩阵的低阶子式算起，设矩阵 $\boldsymbol{A}$ 中有一个 r 阶子式 D_r 不等于零，而所有包含 D_r 的 $r+1$ 阶子式(如果有的话，称为 D_r 的加边子式)都等于零，则 $\boldsymbol{A}$ 的秩等于 D_r 的阶数，即秩 $r(\boldsymbol{A})=r$；若有 D_r 的某一个加边子式 A_{r+1} 不等于零，则需考察 A_{r+1} 的加边子式… 如此继续下去，总可以算出 $\boldsymbol{A}$ 的某一子式不等于零，而它的所有加边子式全为零.

例 11　设矩阵 $\boldsymbol{A}_{m\times n}$ 的秩是 r，试问下列结论是否成立？

(1) $\boldsymbol{A}$ 的任何阶数不超过 r 的子式不等于零；

(2) $\boldsymbol{A}$ 的任何阶数大于 r 的子式都等于零.

解 (1)根据矩阵秩的定义，此时 $\boldsymbol{A}$ 中有一个不为零的 r 阶子式 D_r 存在，将 D_r 按一行(列)展开，可知 $\boldsymbol{A}$ 中必有不为零的 1，2，…，$r-1$ 阶子式存在，但未必 $\boldsymbol{A}$ 中一切的 1，2，…，$r-1$ 阶子式都不为零. 例如

$$\boldsymbol{A}=\begin{pmatrix}1 & 0 & 0 & 0\\0 & 1 & 0 & 0\\0 & 0 & 1 & 0\\0 & 0 & 0 & 0\end{pmatrix},$$

易知秩 $r(\boldsymbol{A})=3$，但 $\boldsymbol{A}$ 中等于零的 1，2，3 阶子式都有之.

(2) 是，否则 $r(\boldsymbol{A})>r$.

例 12　设 $r(\boldsymbol{A})=2$，求 x，y 的值，其中

$$\boldsymbol{A}=\begin{pmatrix}1 & 1 & 1 & 1 & 1\\3 & 2 & 1 & -3 & x\\0 & 1 & 2 & 6 & 3\\5 & 4 & 3 & -1 & y\end{pmatrix}.$$

解　从低阶子式算起，显然 $\boldsymbol{A}$ 的左上角的二阶子式 $D_2=\begin{vmatrix}1 & 1\\3 & 2\end{vmatrix}=-1\neq 0$，为使 $r(\boldsymbol{A})=2$，必须使 $\boldsymbol{A}$ 的所有三阶子式都等于零，特别应使下列含 x 和 y 的三阶子式

$$\begin{vmatrix} 1 & 1 & 1 \\ 1 & -3 & x \\ 2 & 6 & 3 \end{vmatrix} = -4x = 0, \quad \begin{vmatrix} 1 & 1 & 1 \\ 2 & 6 & 3 \\ 3 & -1 & y \end{vmatrix} = 4y - 8 = 0,$$

即 $x=0$，$y=2$.

五、抽象方阵的行列式计算法

方法 1 利用行列式的性质计算

当方阵用行向量或列向量给出时，可用行列式的性质计算方阵的行列式.

例 13 若 $\boldsymbol{\alpha}_1$，$\boldsymbol{\alpha}_2$，$\boldsymbol{\alpha}_3$，$\boldsymbol{\beta}_1$，$\boldsymbol{\beta}_2$ 都是四维列向量，且四阶行列式

$$|\boldsymbol{\alpha}_1, \boldsymbol{\alpha}_2, \boldsymbol{\alpha}_3, \boldsymbol{\beta}_1| = a, \quad |\boldsymbol{\alpha}_1, \boldsymbol{\beta}_2, \boldsymbol{\alpha}_2, \boldsymbol{\alpha}_3| = b,$$

试求 $D = |\boldsymbol{\alpha}_1, 2\boldsymbol{\alpha}_2, (\boldsymbol{\beta}_1 + \boldsymbol{\beta}_2), 3\boldsymbol{\alpha}_3|$ 的值.

解 先将行列式拆成两个行列式的和：

$$D = |\boldsymbol{\alpha}_1, 2\boldsymbol{\alpha}_2, \boldsymbol{\beta}_1, 3\boldsymbol{\alpha}_3| + |\boldsymbol{\alpha}_1, 2\boldsymbol{\alpha}_2, \boldsymbol{\beta}_2, 3\boldsymbol{\alpha}_3|$$

$$\xlongequal[\text{公因式}]{\text{提出第 2、4 列的}} 6|\boldsymbol{\alpha}_1, \boldsymbol{\alpha}_2, \boldsymbol{\beta}_1, \boldsymbol{\alpha}_3| + 6|\boldsymbol{\alpha}_1, \boldsymbol{\alpha}_2, \boldsymbol{\beta}_2, \boldsymbol{\alpha}_3|$$

$$\xlongequal[c_2 \leftrightarrow c_3]{c_3 \leftrightarrow c_4} -6|\boldsymbol{\alpha}_1, \boldsymbol{\alpha}_2, \boldsymbol{\alpha}_3, \boldsymbol{\beta}_1| - 6|\boldsymbol{\alpha}_1, \boldsymbol{\beta}_2, \boldsymbol{\alpha}_2, \boldsymbol{\alpha}_3|$$

$$= -6a - 6b = -6(a+b).$$

例 14 设四阶方阵 $\boldsymbol{A} = (\boldsymbol{\alpha}, \boldsymbol{\gamma}_2, \boldsymbol{\gamma}_3, \boldsymbol{\gamma}_4)$，$\boldsymbol{B} = (\boldsymbol{\beta}, \boldsymbol{\gamma}_2, \boldsymbol{\gamma}_3, \boldsymbol{\gamma}_4)$，其中 $\boldsymbol{\alpha}$，$\boldsymbol{\beta}$，$\boldsymbol{\gamma}_2$，$\boldsymbol{\gamma}_3$，$\boldsymbol{\gamma}_4$ 均为四维列向量，且已知行列式 $|\boldsymbol{A}| = a$，$|\boldsymbol{B}| = b$，试求行列式 $|\boldsymbol{A} + \boldsymbol{B}|$ 的值.

解 先求出两矩阵 $\boldsymbol{A}$，$\boldsymbol{B}$ 之和 $\boldsymbol{A} + \boldsymbol{B}$，两矩阵相加是各列分别相加，即

$$\boldsymbol{A} + \boldsymbol{B} = (\boldsymbol{\alpha} + \boldsymbol{\beta}, \boldsymbol{\gamma}_2 + \boldsymbol{\gamma}_2, \boldsymbol{\gamma}_3 + \boldsymbol{\gamma}_3, \boldsymbol{\gamma}_4 + \boldsymbol{\gamma}_4)$$

$$= (\boldsymbol{\alpha} + \boldsymbol{\beta}, 2\boldsymbol{\gamma}_2, 2\boldsymbol{\gamma}_3, 2\boldsymbol{\gamma}_4),$$

再按行列式的性质计算 $|\boldsymbol{A} + \boldsymbol{B}|$，有

$$|\boldsymbol{A} + \boldsymbol{B}| = |\boldsymbol{\alpha} + \boldsymbol{\beta}, 2\boldsymbol{\gamma}_2, 2\boldsymbol{\gamma}_3, 2\boldsymbol{\gamma}_4|$$

$$\xlongequal[\text{列的公因式}]{\text{提出第 2、3、4}} 2 \times 2 \times 2 |\boldsymbol{\alpha} + \boldsymbol{\beta}, \boldsymbol{\gamma}_2, \boldsymbol{\gamma}_3, \boldsymbol{\gamma}_4|$$

$$\xlongequal[\text{式的和}]{\text{拆成两个行列}} 8|\boldsymbol{\alpha}, \boldsymbol{\gamma}_2, \boldsymbol{\gamma}_3, \boldsymbol{\gamma}_4| + 8|\boldsymbol{\beta}, \boldsymbol{\gamma}_2, \boldsymbol{\gamma}_3, \boldsymbol{\gamma}_4|$$

$$= 8(|\boldsymbol{A}| + |\boldsymbol{B}|) = 8(a+b).$$

注：一般地，$|\boldsymbol{A} + \boldsymbol{B}| \neq |\boldsymbol{A}| + |\boldsymbol{B}|$.

方法 2　利用计算行列式的公式计算．方阵行列式的计算公式有

（1）$|k\boldsymbol{A}|=k^n|\boldsymbol{A}|$，（$n$ 为方阵 $\boldsymbol{A}$ 的阶数）；

（2）$|\boldsymbol{AB}|=|\boldsymbol{BA}|=|\boldsymbol{A}||\boldsymbol{B}|$；

（3）$|\boldsymbol{A}^{\mathrm{T}}|=|\boldsymbol{A}|$；

（4）$|\boldsymbol{A}^{-1}|=\dfrac{1}{|\boldsymbol{A}|}$；

（5）$|(k\boldsymbol{A})^{-1}|=\dfrac{1}{k^n}\cdot|\boldsymbol{A}|^{-1}$（$n$ 为方阵 $\boldsymbol{A}$ 的阶数，$k\neq 0$）；

（6）$|\boldsymbol{A}^*|=|\boldsymbol{A}|^{n-1}$，（$n$ 为方阵 $\boldsymbol{A}$ 的阶数）．

例 15　设 $\boldsymbol{A}$，$\boldsymbol{B}$ 均为 n 阶方阵，$|\boldsymbol{A}|=2$，$|\boldsymbol{B}|=-3$，求行列式 $|3\boldsymbol{A}^*\boldsymbol{B}^{-1}|$ 的值．

解

$$\begin{aligned}|3\boldsymbol{A}^*\boldsymbol{B}^{-1}|&=|3\boldsymbol{A}^*||\boldsymbol{B}^{-1}|=3^n|\boldsymbol{A}^*|\cdot\frac{1}{|\boldsymbol{B}|}\\&=3^n\cdot|\boldsymbol{A}|^{n-1}\cdot\frac{1}{|\boldsymbol{B}|}=3^n\cdot 2^{n-1}\cdot\left(-\frac{1}{3}\right)\\&=-6^{n-1}.\end{aligned}$$

例 16　设 $\boldsymbol{A}$ 是三阶方阵，$|\boldsymbol{A}|=-\dfrac{1}{2}$，计算 $|(3\boldsymbol{A})^{-1}-2\boldsymbol{A}^*|$．

解　利用 $\boldsymbol{A}^*=|\boldsymbol{A}|\boldsymbol{A}^{-1}=-\dfrac{1}{2}\boldsymbol{A}^{-1}$，

$$\begin{aligned}|(3\boldsymbol{A})^{-1}-2\boldsymbol{A}^*|&=\left|\frac{1}{3}\boldsymbol{A}^{-1}-2|\boldsymbol{A}|\boldsymbol{A}^{-1}\right|=\left|\frac{1}{3}\boldsymbol{A}^{-1}+\boldsymbol{A}^{-1}\right|\\&=\left|\frac{4}{3}\boldsymbol{A}^{-1}\right|=\left(\frac{4}{3}\right)^3|\boldsymbol{A}^{-1}|=\left(\frac{4}{3}\right)^3|\boldsymbol{A}|^{-1}\\&=\left(\frac{4}{3}\right)^3\cdot(-2)=-\frac{128}{27}.\end{aligned}$$

六、分块矩阵求逆矩阵

分块对角阵求逆矩阵可按下面结论来求得，若

$$\boldsymbol{A}=\begin{pmatrix}\boldsymbol{A}_1&0&\cdots&0\\0&\boldsymbol{A}_2&\cdots&0\\\vdots&\vdots&&\vdots\\0&0&\cdots&\boldsymbol{A}_r\end{pmatrix},\quad\boldsymbol{B}=\begin{pmatrix}0&\cdots&0&\boldsymbol{B}_1\\0&\cdots&\boldsymbol{B}_2&0\\\vdots&&\vdots&\vdots\\\boldsymbol{B}_r&\cdots&0&0\end{pmatrix}$$

的子块 $\boldsymbol{A}_i$ 与 $\boldsymbol{B}_i$（$i=1,2,\cdots,r$）均可逆，则 $\boldsymbol{A}$，$\boldsymbol{B}$ 可逆，且

$$A^{-1}=\begin{pmatrix}A_1^{-1} & 0 & \cdots & 0\\ 0 & A_2^{-1} & \cdots & 0\\ \vdots & \vdots & & \vdots\\ 0 & 0 & \cdots & A_r^{-1}\end{pmatrix},\quad B^{-1}=\begin{pmatrix}0 & \cdots & 0 & B_r^{-1}\\ 0 & \cdots & B_{r-1}^{-1} & 0\\ \vdots & & \vdots & \vdots\\ B_1^{-1} & \cdots & 0 & 0\end{pmatrix}.$$

例 17 设

$$A=\begin{pmatrix}0 & 0 & 3 & -2\\ 0 & 0 & 5 & -3\\ 3 & 4 & 0 & 0\\ 1 & 1 & 0 & 0\end{pmatrix},$$

求 A^{-1}.

解 对 A 分块如下

$$A_1=\begin{pmatrix}3 & -2\\ 5 & -3\end{pmatrix},\quad A_2=\begin{pmatrix}3 & 4\\ 1 & 1\end{pmatrix},$$

则

$$A=\begin{pmatrix}O & A_1\\ A_2 & O\end{pmatrix},$$

可求得

$$A_1^{-1}=\begin{pmatrix}-3 & 2\\ -5 & 3\end{pmatrix},\quad A_2^{-1}=\begin{pmatrix}-1 & 4\\ 1 & -3\end{pmatrix},$$

故

$$A^{-1}=\begin{pmatrix}O & A_2^{-1}\\ A_1^{-1} & O\end{pmatrix}=\begin{pmatrix}0 & 0 & -1 & 4\\ 0 & 0 & 1 & -3\\ -3 & 2 & 0 & 0\\ -5 & 3 & 0 & 0\end{pmatrix}.$$

本章要点小结

※重要概念：矩阵、几类特殊矩阵、行阶梯形矩阵、行最简形矩阵、伴随矩阵、逆矩阵、初等矩阵、分块矩阵、矩阵的秩、最高阶非零子式.

※**主要结论**：矩阵转置与方阵行列式的运算律、矩阵可逆的充要条件、矩阵秩的性质、伴随矩阵和逆矩阵的关系、初等矩阵的性质和矩阵等价.

※**关键计算**：矩阵的线性运算、矩阵乘法、逆矩阵的计算、矩阵的初等变换、矩阵方程的求解、矩阵秩的计算.

习题二

习题 A

1. 设 $\boldsymbol{A}=\begin{pmatrix}3&-1&2\\2&1&-2\end{pmatrix}$，$\boldsymbol{B}=\begin{pmatrix}1&5&1\\-2&-1&0\end{pmatrix}$，计算 $\boldsymbol{A}+2\boldsymbol{B}$，$\boldsymbol{AB}^{\mathrm{T}}$.

2. 计算下列各题：

(1) $\begin{pmatrix}1\\2\\3\end{pmatrix}(3\quad -2\quad 1)$；　　(2) $(3\quad -1\quad 1)\begin{pmatrix}1\\0\\3\end{pmatrix}$；

(3) $(x,y,z)\begin{pmatrix}1&1&-1\\1&2&1\\-1&1&0\end{pmatrix}\begin{pmatrix}x\\y\\z\end{pmatrix}$；　　(4) $\begin{pmatrix}2&1&4&0\\1&-1&3&4\end{pmatrix}\begin{pmatrix}1&3&1\\0&-1&2\\1&-3&1\\4&0&-2\end{pmatrix}$.

3. 设 $\boldsymbol{A}$ 是 $m\times n$ 矩阵，证明：$\boldsymbol{A}^{\mathrm{T}}\boldsymbol{A}$ 和 $\boldsymbol{AA}^{\mathrm{T}}$ 都是对称矩阵.

4. 计算 $\boldsymbol{A}^n$，n 是正整数，其中

(1) $\boldsymbol{A}=\begin{pmatrix}0&1&0\\0&0&1\\0&0&0\end{pmatrix}$，　　(2) $\boldsymbol{A}=\begin{pmatrix}\lambda&1&0\\0&\lambda&1\\0&0&\lambda\end{pmatrix}$.

5. 试用伴随矩阵求下列矩阵的逆矩阵：

(1) $\begin{pmatrix}1&2\\2&5\end{pmatrix}$；　　(2) $\begin{pmatrix}2&2&1\\3&4&3\\1&2&3\end{pmatrix}$；

(3) $\begin{pmatrix} 1 & -1 & 0 \\ -1 & 2 & 1 \\ 2 & 2 & 3 \end{pmatrix}$;　　(4) $\begin{pmatrix} 1 & 3 & 1 & 6 \\ 2 & 1 & 0 & 0 \\ 3 & 2 & 0 & 0 \\ 5 & 7 & 1 & 8 \end{pmatrix}$.

6. 设方阵 $\boldsymbol{A}$ 满足 $\boldsymbol{A}^2-\boldsymbol{A}-2\boldsymbol{E}=\boldsymbol{O}$，证明 $\boldsymbol{A}$ 及 $\boldsymbol{A}+2\boldsymbol{E}$ 都可逆，并求它们的逆.

7. 解下列矩阵方程：

(1) $\begin{pmatrix} 2 & 5 \\ 1 & 3 \end{pmatrix}\boldsymbol{X}=\begin{pmatrix} 4 & -6 \\ 2 & 1 \end{pmatrix}$;

(2) $\boldsymbol{X}\begin{pmatrix} 2 & 1 & -1 \\ 2 & 1 & 0 \\ 1 & -1 & 1 \end{pmatrix}=\begin{pmatrix} 1 & -1 & 3 \\ 4 & 3 & 2 \end{pmatrix}$;

(3) $\begin{pmatrix} -1 & 1 & 1 \\ 1 & -1 & 1 \\ 1 & 1 & -1 \end{pmatrix}\boldsymbol{X}\begin{pmatrix} 2 & 1 \\ 5 & 3 \end{pmatrix}=\begin{pmatrix} 1 & 2 \\ 1 & 0 \\ -1 & 2 \end{pmatrix}$.

8. 设 $\boldsymbol{A}$，$\boldsymbol{B}$ 都是可逆矩阵，试证 $\begin{pmatrix} \boldsymbol{O} & \boldsymbol{A} \\ \boldsymbol{B} & \boldsymbol{O} \end{pmatrix}$ 可逆，并求其逆.

9. 利用分块矩阵求逆矩阵：

(1) $\begin{pmatrix} 1 & 2 & 0 \\ 2 & 1 & 0 \\ 0 & 0 & 2 \end{pmatrix}$;　　(2) $\begin{pmatrix} 0 & 0 & 4 & 1 \\ 0 & 0 & 3 & 1 \\ 1 & 0 & 0 & 0 \\ 0 & 1 & 0 & 0 \end{pmatrix}$.

10. 设矩阵 $\boldsymbol{A}$ 可逆，证明其伴随矩阵 $\boldsymbol{A}^*$ 也可逆，且 $(\boldsymbol{A}^*)^{-1}=(\boldsymbol{A}^{-1})^*$.

11. 用初等变换把下列矩阵化为行最简形矩阵：

(1) $\begin{pmatrix} 1 & 0 & 2 & -1 \\ 2 & 0 & 3 & 1 \\ 3 & 0 & 4 & 3 \end{pmatrix}$;　　(2) $\begin{pmatrix} 2 & 3 & 1 & -3 & -7 \\ 1 & 2 & 0 & -2 & -4 \\ 3 & -2 & 8 & 3 & 0 \\ 2 & -3 & 7 & 4 & 3 \end{pmatrix}$.

12. 用初等变换的方法判定下列矩阵是否可逆，如可逆，求其逆矩阵.

(1) $\begin{pmatrix} 2 & 2 & -1 \\ 1 & -2 & 4 \\ 5 & 8 & 2 \end{pmatrix}$;　　(2) $\begin{pmatrix} 3 & -2 & 0 & -1 \\ 0 & 2 & 2 & 1 \\ 1 & -2 & -3 & -2 \\ 0 & 1 & 2 & 1 \end{pmatrix}$.

13. 求下列矩阵的秩：

(1) $\begin{pmatrix} 3 & 1 & 0 & 2 \\ 1 & -1 & 2 & -1 \\ 1 & 3 & -4 & 4 \end{pmatrix}$； (2) $\begin{pmatrix} 2 & 1 & 8 & 3 & 7 \\ 2 & -3 & 0 & 7 & -5 \\ 3 & -2 & 5 & 8 & 0 \\ 1 & 0 & 3 & 2 & 0 \end{pmatrix}$.

14. 设三阶矩阵 $\boldsymbol{A}=\begin{pmatrix} x & 1 & 1 \\ 1 & x & 1 \\ 1 & 1 & x \end{pmatrix}$，试求矩阵 $\boldsymbol{A}$ 的秩.

15. 设 n 阶矩阵 $\boldsymbol{A}$ 的伴随矩阵为 $\boldsymbol{A}^*$，证明：

(1) $|\boldsymbol{A}^*|=|\boldsymbol{A}|^{n-1}$；

(2) $(\boldsymbol{A}^*)^*=|\boldsymbol{A}|^{n-2}\boldsymbol{A}$.

16. 设 $\boldsymbol{A}$ 是 $n(n\geqslant 2)$ 阶方阵，证明

$$r(\boldsymbol{A}^*)=\begin{cases} n, & r(\boldsymbol{A})=n \\ 1, & r(\boldsymbol{A})=n-1. \\ 0, & r(\boldsymbol{A})<n-1 \end{cases}$$

17. 设 $\boldsymbol{A},\boldsymbol{B}$ 是三阶矩阵，$|\boldsymbol{A}|=3$，$|\boldsymbol{B}|=2$，$|\boldsymbol{A}^{-1}+\boldsymbol{B}|=2$，计算 $|\boldsymbol{A}+\boldsymbol{B}^{-1}|$ 的值.

18. 设矩阵 $\boldsymbol{A}=\begin{pmatrix} 3 & 0 & 2 \\ 0 & 5 & 0 \\ 2 & 0 & 7 \end{pmatrix}$，$\boldsymbol{E}$ 为三阶单位阵，$\boldsymbol{B}=(\boldsymbol{A}-\boldsymbol{E})^{-1}(\boldsymbol{A}+\boldsymbol{E})$，求 $(\boldsymbol{B}-\boldsymbol{E})^{-1}$.

19. 设 $\boldsymbol{A}=\begin{pmatrix} 1 & -1 & 1 & 2 \\ 3 & \lambda & -1 & 2 \\ 5 & 3 & \mu & 6 \end{pmatrix}$，且 $r(\boldsymbol{A})=2$，求 λ 与 μ 的值.

20. 设 $\boldsymbol{A},\boldsymbol{B}$ 满足条件 $\boldsymbol{A}^*\boldsymbol{B}\boldsymbol{A}=2\boldsymbol{B}\boldsymbol{A}-8\boldsymbol{E}$，其中 $\boldsymbol{A}=\begin{pmatrix} 1 & 0 & 0 \\ 0 & -2 & 0 \\ 0 & 0 & 1 \end{pmatrix}$，$\boldsymbol{E}$ 为单位矩阵，$\boldsymbol{A}^*$ 为 $\boldsymbol{A}$ 的伴随矩阵. 求矩阵 $\boldsymbol{B}$.

习题 B

1. 单项选择题.

(1) 设 $\boldsymbol{A}\boldsymbol{A}^{\mathrm{T}}=\boldsymbol{A}^{\mathrm{T}}\boldsymbol{A}=\boldsymbol{E}$，则矩阵 $\boldsymbol{A}$ 的行列式 $|\boldsymbol{A}|$ 有( ).

A. $|\boldsymbol{A}|=0$ B. $|\boldsymbol{A}|=1$ 或 $|\boldsymbol{A}|=-1$ C. $|\boldsymbol{A}|=1$ D. $|\boldsymbol{A}|=-1$

(2) 设 $\boldsymbol{A}$, $\boldsymbol{B}$, $\boldsymbol{C}$ 是同阶方阵，且 $\boldsymbol{A}$ 可逆，则下列各式中不一定成立的是(　　).

A. 若 $\boldsymbol{AB}=\boldsymbol{AC}$，则 $\boldsymbol{B}=\boldsymbol{C}$　　B. 若 $\boldsymbol{AB}=\boldsymbol{CA}$，则 $\boldsymbol{B}=\boldsymbol{C}$

C. 若 $\boldsymbol{AB}=\boldsymbol{O}$，则 $\boldsymbol{B}=\boldsymbol{O}$　　D. 若 $\boldsymbol{BA}=\boldsymbol{CA}$，则 $\boldsymbol{B}=\boldsymbol{C}$

(3) 设 $\boldsymbol{A}$, $\boldsymbol{B}$ 是 n 阶方阵，若 $\boldsymbol{A}$ 与 $\boldsymbol{B}$ 等价，则正确的是(　　).

A. $|\boldsymbol{A}|=|\boldsymbol{B}|$ B. $|\boldsymbol{A}|\neq|\boldsymbol{B}|$

C. 若 $|\boldsymbol{A}|=0$，则 $|\boldsymbol{B}|=0$ D. 若 $|\boldsymbol{A}|>0$，则 $|\boldsymbol{B}|>0$

(4) 设 $\boldsymbol{A}$, $\boldsymbol{B}$ 分别为 $m\times n$，$n\times m$ 矩阵，且 $\boldsymbol{AB}=\boldsymbol{E}$，$\boldsymbol{E}$ 为 m 阶单位矩阵，则下列结论正确的是(　　).

A. $r(\boldsymbol{A})=m$，　$r(\boldsymbol{B})=m$ B. $r(\boldsymbol{A})=m$，　$r(\boldsymbol{B})=n$

C. $r(\boldsymbol{A})=n$，　$r(\boldsymbol{B})=m$ D. $r(\boldsymbol{A})=n$，　$r(\boldsymbol{B})=n$

(5) 设 $\boldsymbol{A}=\begin{pmatrix}a_{11}&a_{12}&a_{13}\\a_{21}&a_{22}&a_{23}\\a_{31}&a_{32}&a_{33}\end{pmatrix}$，$\boldsymbol{B}=\begin{pmatrix}a_{31}&a_{32}&a_{33}+a_{31}\\a_{21}&a_{22}&a_{23}+a_{21}\\a_{11}&a_{12}&a_{13}+a_{11}\end{pmatrix}$，$\boldsymbol{P}_1=\begin{pmatrix}0&0&1\\0&1&0\\1&0&0\end{pmatrix}$，$\boldsymbol{P}_2=\begin{pmatrix}1&0&1\\0&1&0\\0&0&1\end{pmatrix}$，则 $\boldsymbol{B}=$(　　).

A. $\boldsymbol{P}_1\boldsymbol{P}_2\boldsymbol{A}$　　B. $\boldsymbol{AP}_1\boldsymbol{P}_2$　　C. $\boldsymbol{P}_1\boldsymbol{AP}_2$　　D. $\boldsymbol{P}_2\boldsymbol{AP}_1$

2. 填空题.

(1) 若矩阵 $\boldsymbol{A}=\begin{pmatrix}1&0\\\lambda&1\end{pmatrix}$，则矩阵 $\boldsymbol{A}$ 的 m 次方幂 $\boldsymbol{A}^m=$________.

(2) 设 $\boldsymbol{A}$ 是三阶方阵，且 $|\boldsymbol{A}|=a\neq0$，则 $|\boldsymbol{A}^*|=$________.

(3) 设 $\boldsymbol{A}$ 是 n 阶可逆方阵，则 $((2\boldsymbol{A}^{\mathrm{T}})^{-1})^{\mathrm{T}}=$________.

(4) 设 $\boldsymbol{A}$ 是 4×3 矩阵，且 $r(\boldsymbol{A})=2$，而 $\boldsymbol{B}=\begin{pmatrix}1&0&2\\0&2&0\\-1&0&3\end{pmatrix}$，则 $r(\boldsymbol{AB})=$________.

(5) 设 $\boldsymbol{A}$ 是 n 阶非零矩阵，且 $\boldsymbol{A}^2+\boldsymbol{A}-5\boldsymbol{E}=0$，则 $(\boldsymbol{E}+\boldsymbol{A})^{-1}=$________.

3. 设 $\boldsymbol{A}$, $\boldsymbol{B}$ 是 n 阶对称矩阵，证明 $\boldsymbol{AB}$ 是对称矩阵的充分必要条件是 $\boldsymbol{AB}=\boldsymbol{BA}$.

4. 设 $\boldsymbol{AB}=\boldsymbol{A}-2\boldsymbol{B}$，其中 $\boldsymbol{A}=\begin{pmatrix}-1&-1&0\\-1&0&1\\2&2&1\end{pmatrix}$，求矩阵 $\boldsymbol{B}$.

5. 已知 $\boldsymbol{A}$ 是 3 阶非零矩阵，且 $\boldsymbol{A}^*=\boldsymbol{A}^{\mathrm{T}}$，试证 $\boldsymbol{A}$ 可逆.

6. 若 $\boldsymbol{X}$ 满足 $\boldsymbol{X}-\boldsymbol{XA}^2-\boldsymbol{AX}+\boldsymbol{AXA}^2=\boldsymbol{E}$，其中 $\boldsymbol{A}=\begin{pmatrix}2&&\\&3&\\&&4\end{pmatrix}$，求矩阵 $\boldsymbol{X}$.

7. 设 $\boldsymbol{A}=\begin{pmatrix}1 & 1 & 0\\1 & 0 & 1\\0 & 1 & 1\end{pmatrix}$，$\boldsymbol{B}=\begin{pmatrix}a & 1 & 1\\2 & 1 & a\\1 & 1 & a\end{pmatrix}$，且 $r(\boldsymbol{AB})=2$，求 a.

8. 设 $\boldsymbol{A}$ 是 n 阶方阵，证明：若 $\boldsymbol{A}^{\mathrm{T}}\boldsymbol{A}=\boldsymbol{O}$，则 $\boldsymbol{A}=\boldsymbol{O}$.

资料选读

华罗庚及其矩阵"打洞法"

1910 年 11 月 12 日，华罗庚出生于江苏常州，初中毕业后就读于上海中华职业学校，因拿不出学费而中途退学回家帮助父亲料理杂货铺，故一生只有初中毕业文凭．此后，他用 5 年时间自学完了高中和大学低年级的全部数学课程．1930 年春，华罗庚在上海《科学》杂志上发表《苏家驹之代数的五次方程式解法不能成立之理由》轰动数学界．同年，清华大学数学系主任熊庆来了解到华罗庚的情况后，打破常规，让华罗庚进入清华大学图书馆担任馆员．

1935 年，数学家诺伯特·维纳(Norbert Wiener)访问中国，他注意到华罗庚的潜质，向英国数学家哈代(Godfrey Harold)极力推荐．1936 年，华罗庚前往英国剑桥大学度过了关键的两年．这时他已经在华林问题上有了很多成果．他至少有 15 篇文章是在剑桥时期发表的，之后回到清华大学担任教授，又随校迁至昆明的国立西南联合大学直至 1945 年．

1946 年，华罗庚应邀赴苏联访问．同年 9 月，前往美国普林斯顿高等研究院访问，并在普林斯顿大学执教．1949 年，中华人民共和国成立后不久，华罗庚毅然决定放弃在美国的优厚待遇，奔向祖国的怀抱．1950 年 2 月，携夫人、孩子回国，在途中他写下了《致中国全体留美学生的公开信》，3 月 10 日，中央人民广播电台播送了公开信，他在信中说道："梁园虽好，非久居之乡，归去来兮．"在这封信中，华罗庚喊出了"科学没有国界，科学家是有自己的祖国的"．之后回到了清华园，任清华大学数学系主任．

华罗庚主要从事解析数论、矩阵几何学、典型群、自守函数论、多复变函数论、偏微分方程、高维数值积分等领域的研究，解决了高斯完整三角和的估计难题、华林和塔里问题改进、一维射影几何基本定理证明、近代数论方法应用研究等问题．国际上以华氏命名的数学科研成果有"华氏定理""华氏不等式""华-王方法"等．

"打洞原理"：设 $\boldsymbol{A}$ 是 m 阶可逆矩阵，$\boldsymbol{B}$，$\boldsymbol{C}$ 和 $\boldsymbol{D}$ 分别是 $m\times p$，$n\times m$ 和 $n\times p$ 矩阵，则有

$$\begin{pmatrix} \boldsymbol{I}_m & \boldsymbol{O} \\ -\boldsymbol{C}\boldsymbol{A}^{-1} & \boldsymbol{I}_n \end{pmatrix}\begin{pmatrix} \boldsymbol{A} & \boldsymbol{B} \\ \boldsymbol{C} & \boldsymbol{D} \end{pmatrix}=\begin{pmatrix} \boldsymbol{A} & \boldsymbol{B} \\ \boldsymbol{O} & \boldsymbol{D}-\boldsymbol{C}\boldsymbol{A}^{-1}\boldsymbol{B} \end{pmatrix},$$

$$\begin{pmatrix} \boldsymbol{A} & \boldsymbol{B} \\ \boldsymbol{C} & \boldsymbol{D} \end{pmatrix}\begin{pmatrix} \boldsymbol{I}_m & -\boldsymbol{A}^{-1}\boldsymbol{B} \\ \boldsymbol{O} & \boldsymbol{I}_p \end{pmatrix}=\begin{pmatrix} \boldsymbol{A} & \boldsymbol{O} \\ \boldsymbol{C} & \boldsymbol{D}-\boldsymbol{C}\boldsymbol{A}^{-1}\boldsymbol{B} \end{pmatrix},$$

进而可得当 $n=p$ 时有 $\begin{vmatrix} \boldsymbol{A} & \boldsymbol{B} \\ \boldsymbol{C} & \boldsymbol{D} \end{vmatrix}=|\boldsymbol{A}|\,|\boldsymbol{D}-\boldsymbol{C}\boldsymbol{A}^{-1}\boldsymbol{B}|$.

第三章

线性方程组与 n 维向量

线性方程组是线性代数的一个重要研究对象，科学技术和经济管理等领域中的许多问题，往往可以归结为求解线性方程组的问题. 研究线性方程组的解需要用到向量的基本知识，所以本章主要介绍线性方程组解的判定、解法以及线性方程组解的结构；向量组的线性相关性、向量组的秩以及向量空间.

第一节　线性方程组的解

第一章中的克莱姆法则，只能用于求解未知量个数等于方程个数且系数行列式不为零的线性方程组. 然而实际问题中的线性方程组远不止这种形式. 所以必须讨论一般形式下的线性方程组.

一、线性方程组的一般形式和消元法

含有 m 个方程，n 个未知量的线性方程组称为 n 元线性方程组，其一般形式为

$$\begin{cases} a_{11}x_1+a_{12}x_2+\cdots+a_{1n}x_n=b_1 \\ a_{21}x_1+a_{22}x_2+\cdots+a_{2n}x_n=b_2 \\ \qquad\vdots \\ a_{m1}x_1+a_{m2}x_2+\cdots+a_{mn}x_n=b_m \end{cases},$$

记

$$\boldsymbol{A}=\begin{pmatrix} a_{11} & a_{12} & \cdots & a_{1n} \\ a_{21} & a_{22} & \cdots & a_{2n} \\ \vdots & \vdots & & \vdots \\ a_{m1} & a_{m2} & \cdots & a_{mn} \end{pmatrix},\ \boldsymbol{x}=\begin{pmatrix} x_1 \\ x_2 \\ \vdots \\ x_n \end{pmatrix},\ \boldsymbol{b}=\begin{pmatrix} b_1 \\ b_2 \\ \vdots \\ b_m \end{pmatrix},$$

则线性方程组的矩阵形式为

$$\boldsymbol{Ax}=\boldsymbol{b},$$

其中矩阵 $\boldsymbol{A}$ 称为线性方程组的**系数矩阵**，若在系数矩阵上再加上一列 $\boldsymbol{b}$，所得矩阵称为方程组的**增广矩阵**，记作

$$\boldsymbol{B}=(\boldsymbol{A},\boldsymbol{b})=\begin{pmatrix} a_{11} & a_{12} & \cdots & a_{1n} & b_1 \\ a_{21} & a_{22} & \cdots & a_{2n} & b_2 \\ \vdots & \vdots & & \vdots & \vdots \\ a_{m1} & a_{m2} & \cdots & a_{mn} & b_m \end{pmatrix}.$$

如果一个 n 元有序数组 $\boldsymbol{\xi}=(k_1, k_2, \cdots, k_n)^{\mathrm{T}}$ 满足方程组 $\boldsymbol{Ax}=\boldsymbol{b}$，则称 $\boldsymbol{\xi}$ 为方程组的一个**解**，或称为一个**解向量**. 当线性方程组有无穷多解时，其所有解的集合称为方程组的**通解**. 消元法是求解线性方程组的最简单、最有效的方法，其步骤是逐步消除变量的系数，把原方程组化为等价的阶梯形方程组，再用回代过程解此等价的方程组，从而得出原方程组的解.

例 1 解线性方程组

$$\begin{cases} 2x_1-x_2+3x_3=1 \\ 4x_1+2x_2+5x_3=4. \\ 2x_1+x_2+2x_3=5 \end{cases}$$

解 将第一个方程乘以 -2 加到第二个方程，再将第一个方程乘以 -1 加到第三个方程，得

$$\begin{cases} 2x_1-x_2+3x_3=1 \\ 4x_2-x_3=2, \\ 2x_2-x_3=4 \end{cases}$$

在上式中交换第二个和第三个方程，然后把第二个方程乘以 -2 加到第三个方程，得阶梯形方程组

$$\begin{cases} 2x_1-x_2+3x_3=1 \\ 2x_2-x_3=4, \\ x_3=-6 \end{cases}$$

再回代，即得 $x_1=9$，$x_2=-1$，$x_3=-6$.

上述例子的求解过程，实际上是对方程组施行了三种变换：

(1) 交换两个方程的位置；

(2) 用一个非零的数乘某个方程;

(3) 用一个数乘某一个方程加到另一个方程上.

以上这三种变换称为线性方程组的初等变换,也称为同解变换.由初等代数可知,以下结论成立.

定理 1　初等变换把一个线性方程组变为一个与它同解的线性方程组.

显然,一个线性方程组完全由它的未知量系数和常数项决定,因此可以由其增广矩阵来代替它.线性方程组与其增广矩阵是一一对应的,从例 1 可知对方程组反复进行初等变换化为阶梯形方程组的过程,实际上就是对方程组的增广矩阵施以初等行变换化为阶梯形矩阵的过程.由第二章第四节可知,任何一个矩阵都可以通过初等行变换化为一个阶梯形矩阵,所以解方程组时为了书写简洁,只要写出对增广矩阵的变换过程即可.

例 2　解线性方程组

$$\begin{cases} x_1-2x_2-x_3=1 \\ 3x_1-x_2-3x_3=2. \\ 2x_1+x_2-2x_3=3 \end{cases}$$

解　对方程组的增广矩阵作初等行变换,有

$$\boldsymbol{B}=(\boldsymbol{A},\boldsymbol{b})=\begin{pmatrix} 1 & -2 & -1 & 1 \\ 3 & -1 & -3 & 2 \\ 2 & 1 & -2 & 3 \end{pmatrix} \xrightarrow[r_3-2r_1]{r_2-3r_1} \begin{pmatrix} 1 & -2 & -1 & 1 \\ 0 & 5 & 0 & -1 \\ 0 & 5 & 0 & 1 \end{pmatrix}$$

$$\xrightarrow{r_3-r_2} \begin{pmatrix} 1 & -2 & -1 & 1 \\ 0 & 5 & 0 & -1 \\ 0 & 0 & 0 & 2 \end{pmatrix},$$

最后得到的阶梯形矩阵对应的阶梯形方程组为

$$\begin{cases} x_1-2x_2-x_3=1 \\ 5x_2=-1, \\ 0=2 \end{cases}$$

最后一个方程是一个矛盾的等式,无解,从而原方程组也无解.

例 3　解线性方程组

$$\begin{cases} 2x_1+x_2-x_3+x_4=1 \\ 2x_1+x_2-x_3-x_4=3. \\ 4x_1+2x_2-2x_3+x_4=3 \end{cases}$$

解　对方程组的增广矩阵作初等行变换,有

$$\boldsymbol{B}=(\boldsymbol{A},\boldsymbol{b})=\begin{pmatrix}2&1&-1&1&1\\2&1&-1&-1&3\\4&2&-2&1&3\end{pmatrix}\xrightarrow[r_3-2r_1]{r_2-r_1}\begin{pmatrix}2&1&-1&1&1\\0&0&0&-2&2\\0&0&0&-1&1\end{pmatrix}$$

$$\xrightarrow[r_3-2r_2]{r_2\leftrightarrow r_3}\begin{pmatrix}2&1&-1&1&1\\0&0&0&-1&1\\0&0&0&0&0\end{pmatrix}\xrightarrow[\substack{r_2\times(-1)\\ r_1\div 2}]{r_1+r_2}\begin{pmatrix}1&\frac{1}{2}&-\frac{1}{2}&0&1\\0&0&0&1&-1\\0&0&0&0&0\end{pmatrix},$$

最后的同解方程组为

$$\begin{cases}x_1+\dfrac{1}{2}x_2-\dfrac{1}{2}x_3=1\\x_4=-1\end{cases}，即\begin{cases}x_1=-\dfrac{1}{2}x_2+\dfrac{1}{2}x_3+1\\x_4=-1\end{cases}.$$

由此看出：任意给定 x_2，x_3 的值，即可唯一地确定 x_1 的值，从而得到原方程组的一个解，因此，原方程组有无穷多个解. 这时，称未知量 x_2，x_3 为自由未知量.

二、线性方程组解的判定定理

从例 1、例 2、例 3 可以看出线性方程组可能有解，也可能无解，有解情况下又有可能有唯一解或者有无穷多个解. 那么如何判断一个方程组解的情况就是接下来要解答的问题.

定理 2 设 $\boldsymbol{A}$ 为 $m\times n$ 矩阵，则 n 元线性方程组 $\boldsymbol{Ax}=\boldsymbol{b}$，

(1) 无解的充分必要条件是 $r(\boldsymbol{A})<r(\boldsymbol{A},\boldsymbol{b})$；

(2) 有解的充分必要条件是 $r(\boldsymbol{A})=r(\boldsymbol{A},\boldsymbol{b})$，且

有唯一解的充分必要条件是 $r(\boldsymbol{A})=r(\boldsymbol{A},\boldsymbol{b})=n$；

有无穷多解的充分必要条件是 $r(\boldsymbol{A})=r(\boldsymbol{A},\boldsymbol{b})<n$.

例 4 解线性方程组

$$\begin{cases}x_1+x_2-3x_3-x_4=1\\3x_1-x_2-3x_3+4x_4=4.\\x_1+5x_2-9x_3-8x_4=0\end{cases}$$

解 对方程组的增广矩阵作初等行变换，有

$$\boldsymbol{B}=(\boldsymbol{A},\boldsymbol{b})=\begin{pmatrix}1&1&-3&-1&1\\3&-1&-3&4&4\\1&5&-9&-8&0\end{pmatrix}\xrightarrow[r_3-r_1]{r_2-3r_1}\begin{pmatrix}1&1&-3&-1&1\\0&-4&6&7&1\\0&4&-6&-7&-1\end{pmatrix}$$

$$\xrightarrow[r_2\div(-4)]{r_3+r_2}\begin{pmatrix}1 & 1 & -3 & -1 & 1\\ 0 & 1 & -\frac{3}{2} & -\frac{7}{4} & -\frac{1}{4}\\ 0 & 0 & 0 & 0 & 0\end{pmatrix}\xrightarrow{r_1-r_2}\begin{pmatrix}1 & 0 & -\frac{3}{2} & \frac{3}{4} & \frac{5}{4}\\ 0 & 1 & -\frac{3}{2} & -\frac{7}{4} & -\frac{1}{4}\\ 0 & 0 & 0 & 0 & 0\end{pmatrix}.$$

因为 $r(\boldsymbol{A})=r(\boldsymbol{A},\boldsymbol{b})=2<4$，所以线性方程组有无穷多解，可得同解方程组

$$\begin{cases}x_1=\frac{3}{2}x_3-\frac{3}{4}x_4+\frac{5}{4}\\ x_2=\frac{3}{2}x_3+\frac{7}{4}x_4-\frac{1}{4}\end{cases}.$$

令 $x_3=c_1,x_4=c_2$ 为自由未知量，把它写成通常的参数形式

$$\begin{cases}x_1=\frac{3}{2}c_1-\frac{3}{4}c_2+\frac{5}{4}\\ x_2=\frac{3}{2}c_1+\frac{7}{4}c_2-\frac{1}{4}\\ x_3=\quad c_1\\ x_4=\qquad\quad c_2\end{cases},$$

其中 c_1,c_2 为任意实数，或写成向量形式

$$\begin{pmatrix}x_1\\ x_2\\ x_3\\ x_4\end{pmatrix}=\begin{pmatrix}\frac{3}{2}c_1-\frac{3}{4}c_2+\frac{5}{4}\\ \frac{3}{2}c_1+\frac{7}{4}c_2-\frac{1}{4}\\ c_1\\ c_2\end{pmatrix}=c_1\begin{pmatrix}\frac{3}{2}\\ \frac{3}{2}\\ 1\\ 0\end{pmatrix}+c_2\begin{pmatrix}-\frac{3}{4}\\ \frac{7}{4}\\ 0\\ 1\end{pmatrix}+\begin{pmatrix}\frac{5}{4}\\ -\frac{1}{4}\\ 0\\ 0\end{pmatrix}.$$

由此可知，前面例 3 中线性方程组的通解也可以写为

$$\begin{cases}x_1=-\frac{1}{2}c_1+\frac{1}{2}c_2+1\\ x_2=\quad c_1\\ x_3=\qquad\quad c_2\\ x_4=\qquad\qquad -1\end{cases},$$

其中 $x_2=c_1,x_3=c_2$ 为自由未知量，或写成向量形式

$$\begin{pmatrix} x_1 \\ x_2 \\ x_3 \\ x_4 \end{pmatrix} = \begin{pmatrix} -\frac{1}{2}c_1 + \frac{1}{2}c_2 + 1 \\ c_1 \\ c_2 \\ -1 \end{pmatrix} = c_1 \begin{pmatrix} -\frac{1}{2} \\ 1 \\ 0 \\ 0 \end{pmatrix} + c_2 \begin{pmatrix} \frac{1}{2} \\ 0 \\ 1 \\ 0 \end{pmatrix} + \begin{pmatrix} 1 \\ 0 \\ 0 \\ -1 \end{pmatrix}, \quad c_1, c_2 \text{ 为任意实数.}$$

例 5 设有线性方程组

$$\begin{cases} \lambda x_1 + x_2 + x_3 = 1 \\ x_1 + \lambda x_2 + x_3 = \lambda \\ x_1 + x_2 + \lambda x_3 = \lambda^2 \end{cases},$$

问 λ 取何值时，此方程组(1)有唯一解；(2)无解；(3)有无穷多解，并求其通解.

解 法 1 对方程组的增广矩阵作初等行变换，有

$$\boldsymbol{B} = (\boldsymbol{A}, \boldsymbol{b}) = \begin{pmatrix} \lambda & 1 & 1 & 1 \\ 1 & \lambda & 1 & \lambda \\ 1 & 1 & \lambda & \lambda^2 \end{pmatrix} \xrightarrow{r_1 \leftrightarrow r_3} \begin{pmatrix} 1 & 1 & \lambda & \lambda^2 \\ 1 & \lambda & 1 & \lambda \\ \lambda & 1 & 1 & 1 \end{pmatrix}$$

$$\xrightarrow[r_3 - \lambda r_1]{r_2 - r_1} \begin{pmatrix} 1 & 1 & \lambda & \lambda^2 \\ 0 & \lambda-1 & 1-\lambda & \lambda-\lambda^2 \\ 0 & 1-\lambda & 1-\lambda^2 & 1-\lambda^3 \end{pmatrix}$$

$$\xrightarrow{r_3 + r_2} \begin{pmatrix} 1 & 1 & \lambda & \lambda^2 \\ 0 & \lambda-1 & 1-\lambda & \lambda-\lambda^2 \\ 0 & 0 & (1-\lambda)(2+\lambda) & (1-\lambda)(1+\lambda)^2 \end{pmatrix}.$$

(1) 当 $\lambda \neq 1$ 且 $\lambda \neq -2$ 时，$r(\boldsymbol{A}) = r(\boldsymbol{A}, \boldsymbol{b}) = 3$，方程组有唯一解；

(2) 当 $\lambda = -2$ 时，$r(\boldsymbol{A}) = 2$，$r(\boldsymbol{A}, \boldsymbol{b}) = 3$，方程组无解；

(3) 当 $\lambda = 1$ 时，$r(\boldsymbol{A}) = r(\boldsymbol{A}, \boldsymbol{b}) = 1 < 3$，方程组有无穷多解，这时

$$\boldsymbol{B} = (\boldsymbol{A}, \boldsymbol{b}) \xrightarrow{r} \begin{pmatrix} 1 & 1 & 1 & 1 \\ 0 & 0 & 0 & 0 \\ 0 & 0 & 0 & 0 \end{pmatrix},$$

可得原方程组的同解方程组为

$$x_1 + x_2 + x_3 = 1.$$

取 $x_2 = c_1$，$x_3 = c_2$ 为自由未知量，于是通解为

$$\begin{pmatrix}x_1\\x_2\\x_3\end{pmatrix}=\begin{pmatrix}-c_1-c_2+1\\c_1\\c_2\end{pmatrix}=c_1\begin{pmatrix}-1\\1\\0\end{pmatrix}+c_2\begin{pmatrix}-1\\0\\1\end{pmatrix}+\begin{pmatrix}1\\0\\0\end{pmatrix},\ c_1,\ c_2\text{ 为任意实数.}$$

法 2　由于方程个数等于未知量的个数，所以可以利用系数矩阵的行列式进行讨论.

$$|\boldsymbol{A}|=\begin{vmatrix}\lambda&1&1\\1&\lambda&1\\1&1&\lambda\end{vmatrix}=(\lambda+2)\begin{vmatrix}1&1&1\\1&\lambda&1\\1&1&\lambda\end{vmatrix}=(\lambda+2)\begin{vmatrix}1&1&1\\0&\lambda-1&0\\0&0&\lambda-1\end{vmatrix}$$

$$=(\lambda+2)(\lambda-1)^2.$$

(1) 根据克莱姆法则，系数行列式不为零时方程组有唯一解，所以当 $\lambda\neq1$ 且 $\lambda\neq-2$ 时，方程组有唯一解；

(2) 当 $\lambda=-2$ 时，代入方程组得增广矩阵为

$$\boldsymbol{B}=(\boldsymbol{A},\boldsymbol{b})=\begin{pmatrix}-2&1&1&1\\1&-2&1&-2\\1&1&-2&4\end{pmatrix}\xrightarrow{r}\begin{pmatrix}1&1&-2&4\\0&-3&3&-6\\0&0&0&3\end{pmatrix},$$

因为 $r(\boldsymbol{A})=2$，$r(\boldsymbol{A},\boldsymbol{b})=3$，所以方程组无解；

(3) 当 $\lambda=1$ 时，代入方程组得增广矩阵为

$$\boldsymbol{B}=(\boldsymbol{A},\boldsymbol{b})=\begin{pmatrix}1&1&1&1\\1&1&1&1\\1&1&1&1\end{pmatrix}\xrightarrow{r}\begin{pmatrix}1&1&1&1\\0&0&0&0\\0&0&0&0\end{pmatrix},$$

因为 $r(\boldsymbol{A})=r(\boldsymbol{A},\boldsymbol{b})=1<3$，所以方程组有无穷多个解，且通解为

$$\begin{pmatrix}x_1\\x_2\\x_3\end{pmatrix}=\begin{pmatrix}-c_1-c_2+1\\c_1\\c_2\end{pmatrix}=c_1\begin{pmatrix}-1\\1\\0\end{pmatrix}+c_2\begin{pmatrix}-1\\0\\1\end{pmatrix}+\begin{pmatrix}1\\0\\0\end{pmatrix},\ c_1,\ c_2\text{ 为任意实数.}$$

对于线性方程组 $\boldsymbol{Ax}=\boldsymbol{b}$，当 $\boldsymbol{b}=\boldsymbol{0}$ 时，称为**齐次线性方程组**；当 $\boldsymbol{b}\neq\boldsymbol{0}$ 时，称为**非齐次线性方程组**. 事实上，齐次线性方程组 $\boldsymbol{Ax}=\boldsymbol{0}$ 一定存在零解 $\boldsymbol{x}=(0,0,\cdots,0)^{\mathrm{T}}$，其他的解称为非零解. 所以解齐次线性方程组需要讨论的是方程组是否存在非零解，由定理 2 易知以下结论成立.

定理 3　设 $\boldsymbol{A}$ 为 $m\times n$ 矩阵，则 n 元齐次线性方程组 $\boldsymbol{Ax}=\boldsymbol{0}$

(1) 仅有零解的充分必要条件是 $r(\boldsymbol{A})=n$；

(2) 有非零解的充分必要条件是 $r(\boldsymbol{A})<n$.

当齐次线性方程组 $\boldsymbol{Ax}=\boldsymbol{0}$ 的未知量个数与方程个数相同时，方程组的系数矩阵是一个

n 阶方阵，由此我们立即得到：

推论 含有 n 个未知量 n 个方程的齐次线性方程组 $\boldsymbol{A}\boldsymbol{x}=\mathbf{0}$ 有非零解的充分必要条件是 $|\boldsymbol{A}|=0$.

例 6 已知齐次线性方程组

$$\begin{cases} x_1+\ \ x_2+2x_3=0 \\ x_1+2x_2+\ \ x_3=0 \\ 2x_1+\ \ x_2+\lambda x_3=0 \end{cases}$$

有非零解，求 λ 的值.

解 已知齐次线性方程组有非零解，必有系数矩阵 $\boldsymbol{A}$ 的秩 $r(\boldsymbol{A})<3$. 对系数矩阵作初等行变换，有

$$\boldsymbol{A}=\begin{pmatrix} 1 & 1 & 2 \\ 1 & 2 & 1 \\ 2 & 1 & \lambda \end{pmatrix} \xrightarrow[r_3-2r_1]{r_2-r_1} \begin{pmatrix} 1 & 1 & 2 \\ 0 & 1 & -1 \\ 0 & -1 & \lambda-4 \end{pmatrix} \xrightarrow{r_3+r_2} \begin{pmatrix} 1 & 1 & 2 \\ 0 & 1 & -1 \\ 0 & 0 & \lambda-5 \end{pmatrix},$$

为了使 $r(\boldsymbol{A})<3$，必有 $\lambda-5=0$，即 $\lambda=5$ 时方程组有非零解.

事实上，本题也可通过计算 $|\boldsymbol{A}|=0$ 得到 $\lambda=5$.

例 7 求解齐次线性方程组

$$\begin{cases} x_1-x_2+\ \ x_3+2x_4=0 \\ 2x_1+x_2-7x_3-5x_4=0. \\ x_1+x_2-5x_3-4x_4=0 \end{cases}$$

解 对方程组的系数矩阵作初等行变换，有

$$\boldsymbol{A}=\begin{pmatrix} 1 & -1 & 1 & 2 \\ 2 & 1 & -7 & -5 \\ 1 & 1 & -5 & -4 \end{pmatrix} \xrightarrow[r_3-r_1]{r_2-2r_1} \begin{pmatrix} 1 & -1 & 1 & 2 \\ 0 & 3 & -9 & -9 \\ 0 & 2 & -6 & -6 \end{pmatrix}$$

$$\xrightarrow[\substack{r_3-2r_2 \\ r_1+r_2}]{r_2\div 3} \begin{pmatrix} 1 & 0 & -2 & -1 \\ 0 & 1 & -3 & -3 \\ 0 & 0 & 0 & 0 \end{pmatrix},$$

可得原方程组的同解方程组为

$$\begin{cases} x_1-2x_3-x_4=0 \\ x_2-3x_3-3x_4=0 \end{cases}，即 \begin{cases} x_1=2x_3+x_4 \\ x_2=3x_3+3x_4 \end{cases},$$

取 $x_3=c_1$，$x_4=c_2$ 为自由未知量，于是通解为

$$\begin{pmatrix} x_1 \\ x_2 \\ x_3 \\ x_4 \end{pmatrix}=c_1\begin{pmatrix} 2 \\ 3 \\ 1 \\ 0 \end{pmatrix}+c_2\begin{pmatrix} 1 \\ 3 \\ 0 \\ 1 \end{pmatrix},\ c_1,\ c_2 \text{ 为任意实数.}$$

第二节　向量组的线性相关性

在解析几何中，称“既有大小又有方向的量”为向量，并把可随意平行移动的有向线段作为向量的几何形象. 在引进坐标系以后，这种向量就有了坐标表示式——3 个有次序的实数 (x, y, z)，这就是三维向量. 现在将维数从三推广到一般的 n，即得到 n 维向量的定义. 而当 $n>3$ 时，n 维向量不再有这种直观的几何形象了，但仍然可沿用三维向量的几何直观去想象和理解一般的 n 维向量.

一、向量与向量组

定义 1　n 个有次序的数 $a_1, a_2, \cdots, a_n$ 所组成的数组称为 n **维向量**，这 n 个数称为该向量的 n 个**分量**，第 i 个数 a_i 称为第 i 个分量.

分量全为实数的向量称为**实向量**，分量全为复数的向量称为**复向量**. 本书中除特别指明外，只讨论实向量.

n 维向量可写成一行，也可写成一列，分别称为**行向量**和**列向量**，也就是行矩阵和列矩阵，规定行向量和列向量都按矩阵的运算规则进行运算.

本书中，约定列向量用黑体小写字母 $\boldsymbol{a}, \boldsymbol{b}, \boldsymbol{\alpha}, \boldsymbol{\beta}$ 等表示，行向量则用 $\boldsymbol{a}^{\mathrm{T}}, \boldsymbol{b}^{\mathrm{T}}, \boldsymbol{\alpha}^{\mathrm{T}}, \boldsymbol{\beta}^{\mathrm{T}}$ 等表示. 所讨论的向量在没有指明是行向量还是列向量时，均当作列向量来处理.

定义 2　若干个同维数的列向量(或者同维数的行向量)所组成的集合称为**向量组**.

例如，一个 $m\times n$ 矩阵的全体列向量是一个含 n 个 m 维列向量的向量组，它的全体行向量是一个含 m 个 n 维行向量的向量组. 又如线性方程组 $\boldsymbol{A}_{m\times n}\boldsymbol{x}=\boldsymbol{0}$ 的全体解向量在 $r(\boldsymbol{A})<n$ 的条件下是一个含无限多个 n 维列向量的向量组.

m 个 n 维列向量所组成的向量组 A：$\boldsymbol{\alpha}_1, \boldsymbol{\alpha}_2, \cdots, \boldsymbol{\alpha}_m$ 构成一个 $n\times m$ 矩阵

$$\boldsymbol{A}=(\boldsymbol{\alpha}_1, \boldsymbol{\alpha}_2, \cdots, \boldsymbol{\alpha}_m);$$

m 个 n 维行向量所组成的向量组 B：$\boldsymbol{\beta}_1^{\mathrm{T}}, \boldsymbol{\beta}_2^{\mathrm{T}}, \cdots, \boldsymbol{\beta}_m^{\mathrm{T}}$ 构成一个 $m\times n$ 矩阵

$$\boldsymbol{B}=\begin{pmatrix}\boldsymbol{\beta}_1^{\mathrm{T}}\\ \boldsymbol{\beta}_2^{\mathrm{T}}\\ \vdots\\ \boldsymbol{\beta}_m^{\mathrm{T}}\end{pmatrix}.$$

因此，含有有限个向量的有序向量组总是可以与矩阵一一对应.

二、向量组的线性组合与线性表示

定义 3 给定向量组 A：$\boldsymbol{\alpha}_1$，$\boldsymbol{\alpha}_2$，⋯，$\boldsymbol{\alpha}_m$，对于任何一组实数 k_1，k_2，⋯，k_m，表达式

$$k_1\boldsymbol{\alpha}_1+k_2\boldsymbol{\alpha}_2+\cdots+k_m\boldsymbol{\alpha}_m$$

称为向量组 A 的一个**线性组合**，k_1，k_2，⋯ k_m 称为整个**线性组合的系数**.

定义 4 给定向量组 A：$\boldsymbol{\alpha}_1$，$\boldsymbol{\alpha}_2$，⋯，$\boldsymbol{\alpha}_m$ 和向量 $\boldsymbol{b}$，如果存在一组数 λ_1，λ_2，⋯，λ_m，使得

$$\boldsymbol{b}=\lambda_1\boldsymbol{\alpha}_1+\lambda_2\boldsymbol{\alpha}_2+\cdots+\lambda_m\boldsymbol{\alpha}_m,$$

则向量 $\boldsymbol{b}$ 是向量组 A 的线性组合，这时称向量 $\boldsymbol{b}$ 能由向量组 A **线性表示**.

向量 $\boldsymbol{b}$ 能由向量组 A 线性表示，也就是方程组

$$x_1\boldsymbol{\alpha}_1+x_2\boldsymbol{\alpha}_2+\cdots+x_m\boldsymbol{\alpha}_m=\boldsymbol{b}$$

有解. 根据前面线性方程组解的存在定理立即可得：

定理 1 向量 $\boldsymbol{b}$ 能由向量组 A：$\boldsymbol{\alpha}_1$，$\boldsymbol{\alpha}_2$，⋯，$\boldsymbol{\alpha}_m$ 线性表示的充分必要条件是矩阵 $\boldsymbol{A}=(\boldsymbol{\alpha}_1,\boldsymbol{\alpha}_2,\cdots,\boldsymbol{\alpha}_m)$的秩等于矩阵 $\boldsymbol{B}=(\boldsymbol{\alpha}_1,\boldsymbol{\alpha}_2,\cdots,\boldsymbol{\alpha}_m,\boldsymbol{b})$的秩.

例 1 设 $\boldsymbol{\alpha}_1=(1,1,1)^{\mathrm{T}}$，$\boldsymbol{\alpha}_2=(1,3,2)^{\mathrm{T}}$，$\boldsymbol{b}=(1,-1,0)^{\mathrm{T}}$. 问 $\boldsymbol{b}$ 能否由 $\boldsymbol{\alpha}_1$，$\boldsymbol{\alpha}_2$ 线性表示？

解 设 $x_1\boldsymbol{\alpha}_1+x_2\boldsymbol{\alpha}_2=\boldsymbol{b}$，对其增广矩阵进行初等行变换得

$$(\boldsymbol{A},\boldsymbol{b})=\begin{pmatrix}1&1&1\\1&3&-1\\1&2&0\end{pmatrix}\xrightarrow[r_2-r_1]{r_3-r_1}\begin{pmatrix}1&1&1\\0&2&-2\\0&1&-1\end{pmatrix}\xrightarrow[r_3-r_2]{r_2\times\frac{1}{2}}\begin{pmatrix}1&1&1\\0&1&-1\\0&0&0\end{pmatrix}.$$

由于 $r(\boldsymbol{A},\boldsymbol{b})=r(\boldsymbol{A})=2$，所以向量 $\boldsymbol{b}$ 能由 $\boldsymbol{\alpha}_1$，$\boldsymbol{\alpha}_2$ 线性表示.

定义 5 设有两个向量组 A：$\boldsymbol{\alpha}_1$，$\boldsymbol{\alpha}_2$，⋯，$\boldsymbol{\alpha}_m$ 和 B：$\boldsymbol{\beta}_1$，$\boldsymbol{\beta}_2$，⋯，$\boldsymbol{\beta}_l$，若向量组 B 中的每个向量都能由向量组 A 线性表示，则称向量组 B 能由向量组 A 线性表示. 如果向量组 A 和向量组 B 能相互线性表示，则称这两个**向量组等价**.

把向量组 A 和向量组 B 所构成的矩阵依次记作 $\boldsymbol{A}=(\boldsymbol{\alpha}_1,\boldsymbol{\alpha}_2,\cdots,\boldsymbol{\alpha}_m)$和 $\boldsymbol{B}=(\boldsymbol{\beta}_1,\boldsymbol{\beta}_2,$

$\cdots$，$\boldsymbol{\beta}_l$)，向量组 B 能由向量组 A 线性表示，即对每个向量 $\boldsymbol{\beta}_j$($j=1,2,\cdots,l$)存在数 k_{1j}，k_{2j}，$\cdots$，k_{mj}，使得

$$\boldsymbol{\beta}_j=k_{1j}\boldsymbol{\alpha}_1+k_{2j}\boldsymbol{\alpha}_2+\cdots+k_{mj}\boldsymbol{\alpha}_m=(\boldsymbol{\alpha}_1,\boldsymbol{\alpha}_2,\cdots,\boldsymbol{\alpha}_m)\begin{pmatrix}k_{1j}\\k_{2j}\\\vdots\\k_{mj}\end{pmatrix},$$

从而

$$(\boldsymbol{\beta}_1,\boldsymbol{\beta}_2,\cdots,\boldsymbol{\beta}_l)=(\boldsymbol{\alpha}_1,\boldsymbol{\alpha}_2,\cdots,\boldsymbol{\alpha}_m)\begin{pmatrix}k_{11}&k_{12}&\cdots&k_{1l}\\k_{21}&k_{22}&\cdots&k_{2l}\\\vdots&\vdots&&\vdots\\k_{m1}&k_{m2}&\cdots&k_{ml}\end{pmatrix},$$

这里，矩阵 $\boldsymbol{K}_{m\times l}=\begin{pmatrix}k_{11}&k_{12}&\cdots&k_{1l}\\k_{21}&k_{22}&\cdots&k_{2l}\\\vdots&\vdots&&\vdots\\k_{m1}&k_{m2}&\cdots&k_{ml}\end{pmatrix}$ 称为这一线性表示的系数矩阵.

由此可知，如果 $\boldsymbol{C}_{m\times n}=\boldsymbol{A}_{m\times l}\boldsymbol{B}_{l\times n}$，根据分块矩阵的乘法，则矩阵 $\boldsymbol{C}$ 的列向量组能由矩阵 $\boldsymbol{A}$ 的列向量组线性表示，$\boldsymbol{B}$ 为这一表示的系数矩阵：

$$(\boldsymbol{\gamma}_1,\boldsymbol{\gamma}_2,\cdots,\boldsymbol{\gamma}_n)=(\boldsymbol{\alpha}_1,\boldsymbol{\alpha}_2,\cdots,\boldsymbol{\alpha}_l)\begin{pmatrix}\beta_{11}&\beta_{12}&\cdots&\beta_{1n}\\\beta_{21}&\beta_{22}&\cdots&\beta_{2n}\\\vdots&\vdots&&\vdots\\\beta_{l1}&\beta_{l2}&\cdots&\beta_{ln}\end{pmatrix}.$$

同时，矩阵 $\boldsymbol{C}$ 的行向量组能由矩阵 $\boldsymbol{B}$ 的行向量组线性表示，$\boldsymbol{A}$ 为这一表示的系数矩阵：

$$\begin{pmatrix}\boldsymbol{\eta}_1^{\mathrm{T}}\\\boldsymbol{\eta}_2^{\mathrm{T}}\\\vdots\\\boldsymbol{\eta}_m^{\mathrm{T}}\end{pmatrix}=\begin{pmatrix}\alpha_{11}&\alpha_{12}&\cdots&\alpha_{1l}\\\alpha_{21}&\alpha_{22}&\cdots&\alpha_{2l}\\\vdots&\vdots&&\vdots\\\alpha_{m1}&\alpha_{m2}&\cdots&\alpha_{ml}\end{pmatrix}\begin{pmatrix}\boldsymbol{\beta}_1^{\mathrm{T}}\\\boldsymbol{\beta}_2^{\mathrm{T}}\\\vdots\\\boldsymbol{\beta}_l^{\mathrm{T}}\end{pmatrix}.$$

若矩阵 $\boldsymbol{A}$ 与矩阵 $\boldsymbol{B}$ 行等价，即矩阵 $\boldsymbol{A}$ 经初等行变换变成矩阵 $\boldsymbol{B}$，那么存在可逆矩阵 $\boldsymbol{P}$，使得 $\boldsymbol{PA}=\boldsymbol{B}$，所以矩阵 $\boldsymbol{B}$ 的行向量组能由矩阵 $\boldsymbol{A}$ 的行向量组线性表示. 由于初等变换可逆，知矩阵 $\boldsymbol{B}$ 也可经初等行变换变成矩阵 $\boldsymbol{A}$，从而矩阵 $\boldsymbol{A}$ 的行向量组也能由矩阵 $\boldsymbol{B}$ 的行向量组线性表示. 所以矩阵 $\boldsymbol{A}$ 的行向量组与矩阵 $\boldsymbol{B}$ 的行向量组等价.

同理，若矩阵 $\boldsymbol{A}$ 与矩阵 $\boldsymbol{B}$ 列等价，则矩阵 $\boldsymbol{A}$ 的列向量组与矩阵 $\boldsymbol{B}$ 的列向量组也等价.

三、线性表示与向量组等价的判定

向量组 B：$\boldsymbol{\beta}_1,\boldsymbol{\beta}_2,\cdots,\boldsymbol{\beta}_l$ 能由向量组 A：$\boldsymbol{\alpha}_1,\boldsymbol{\alpha}_2,\cdots,\boldsymbol{\alpha}_m$ 线性表示，其意义是存在矩阵 $\boldsymbol{K}_{m\times l}$，使得 $(\boldsymbol{\beta}_1,\boldsymbol{\beta}_2,\cdots,\boldsymbol{\beta}_l)=(\boldsymbol{\alpha}_1,\boldsymbol{\alpha}_2,\cdots,\boldsymbol{\alpha}_m)\boldsymbol{K}_{m\times l}$，也就是矩阵方程

$$(\boldsymbol{\alpha}_1,\boldsymbol{\alpha}_2,\cdots,\boldsymbol{\alpha}_m)\boldsymbol{X}=(\boldsymbol{\beta}_1,\boldsymbol{\beta}_2,\cdots,\boldsymbol{\beta}_l)$$

有解. 由前面矩阵方程解的存在理论直接可得：

定理 2 向量组 B：$\boldsymbol{\beta}_1,\boldsymbol{\beta}_2,\cdots,\boldsymbol{\beta}_l$ 能由向量组 A：$\boldsymbol{\alpha}_1,\boldsymbol{\alpha}_2,\cdots,\boldsymbol{\alpha}_m$ 线性表示的充分必要条件是矩阵 $\boldsymbol{A}=(\boldsymbol{\alpha}_1,\boldsymbol{\alpha}_2,\cdots,\boldsymbol{\alpha}_m)$ 的秩等于矩阵 $(\boldsymbol{A},\boldsymbol{B})=(\boldsymbol{\alpha}_1,\boldsymbol{\alpha}_2,\cdots,\boldsymbol{\alpha}_m,\boldsymbol{\beta}_1,\boldsymbol{\beta}_2,\cdots,\boldsymbol{\beta}_l)$ 的秩，即 $r(\boldsymbol{A})=r(\boldsymbol{A},\boldsymbol{B})$.

推论 向量组 A：$\boldsymbol{\alpha}_1,\boldsymbol{\alpha}_2,\cdots,\boldsymbol{\alpha}_m$ 与向量组 B：$\boldsymbol{\beta}_1,\boldsymbol{\beta}_2,\cdots,\boldsymbol{\beta}_l$ 等价的充分必要条件是 $r(\boldsymbol{A})=r(\boldsymbol{B})=r(\boldsymbol{A},\boldsymbol{B})$，其中 $\boldsymbol{A}$ 和 $\boldsymbol{B}$ 是向量组 A 和向量组 B 所构成(一一对应)的矩阵.

定理 3 若向量组 B：$\boldsymbol{\beta}_1,\boldsymbol{\beta}_2,\cdots,\boldsymbol{\beta}_l$ 能由向量组 A：$\boldsymbol{\alpha}_1,\boldsymbol{\alpha}_2,\cdots,\boldsymbol{\alpha}_m$ 线性表示，则 $r(\boldsymbol{\beta}_1,\boldsymbol{\beta}_2,\cdots,\boldsymbol{\beta}_l)\leqslant r(\boldsymbol{\alpha}_1,\boldsymbol{\alpha}_2,\cdots,\boldsymbol{\alpha}_m)$.

证 记 $\boldsymbol{A}=(\boldsymbol{\alpha}_1,\boldsymbol{\alpha}_2,\cdots,\boldsymbol{\alpha}_m)$，$\boldsymbol{B}=(\boldsymbol{\beta}_1,\boldsymbol{\beta}_2,\cdots,\boldsymbol{\beta}_l)$. 按本定理的条件，根据定理 2 有

$$r(\boldsymbol{A})=r(\boldsymbol{A},\boldsymbol{B}),$$

而

$$r(\boldsymbol{B})\leqslant r(\boldsymbol{A},\boldsymbol{B}),$$

故

$$r(\boldsymbol{\beta}_1,\boldsymbol{\beta}_2,\cdots,\boldsymbol{\beta}_l)\leqslant r(\boldsymbol{\alpha}_1,\boldsymbol{\alpha}_2,\cdots,\boldsymbol{\alpha}_m).$$

例 2 证明向量 $\boldsymbol{\beta}=(8,-2,5,-9)^{\mathrm{T}}$ 能由向量组

$$\boldsymbol{\alpha}_1=(3,1,1,1)^{\mathrm{T}},\ \boldsymbol{\alpha}_2=(-1,1,-1,3)^{\mathrm{T}},\ \boldsymbol{\alpha}_3=(1,3,-1,7)^{\mathrm{T}}$$

线性表示，且写出它的一种表示方式.

证 记 $\boldsymbol{B}=(\boldsymbol{\alpha}_1,\boldsymbol{\alpha}_2,\boldsymbol{\alpha}_3,\boldsymbol{\beta})=\begin{pmatrix}3&-1&1&8\\1&1&3&-2\\1&-1&-1&5\\1&3&7&-9\end{pmatrix}$

$$\xrightarrow{r_2\leftrightarrow r_1}\begin{pmatrix}1&1&3&-2\\3&-1&1&8\\1&-1&-1&5\\1&3&7&-9\end{pmatrix}\xrightarrow[\substack{r_3-r_1\\r_4-r_1}]{r_2-3r_1}\begin{pmatrix}1&1&3&-2\\0&-4&-8&14\\0&-2&-4&7\\0&2&4&-7\end{pmatrix}$$

$$\xrightarrow[\substack{r_3+r_4\\ r_2\leftrightarrow r_4}]{r_2+2r_4}\begin{pmatrix}1&1&3&-2\\0&2&4&-7\\0&0&0&0\\0&0&0&0\end{pmatrix}\xrightarrow[r_2\times\frac{1}{2}]{r_1-\frac{1}{2}r_2}\begin{pmatrix}1&0&1&\frac{3}{2}\\0&1&2&-\frac{7}{2}\\0&0&0&0\\0&0&0&0\end{pmatrix},$$

可见 $r(\boldsymbol{A})=r(\boldsymbol{B})=2$，故向量 $\boldsymbol{\beta}$ 能由向量组 $\boldsymbol{\alpha}_1$，$\boldsymbol{\alpha}_2$，$\boldsymbol{\alpha}_3$ 线性表示．又以 $\boldsymbol{B}$ 为增广矩阵的非齐次线性方程组的同解方程组为

$$\begin{cases}x_1=\dfrac{3}{2}-x_3\\[2mm] x_2=-\dfrac{7}{2}-2x_3\end{cases},$$

取 $x_3=0$，得一解为 $(x_1,x_2,x_3)^{\mathrm{T}}=\left(\dfrac{3}{2},-\dfrac{7}{2},0\right)^{\mathrm{T}}$．所以

$$\boldsymbol{\beta}=\frac{3}{2}\boldsymbol{\alpha}_1-\frac{7}{2}\boldsymbol{\alpha}_2+0\cdot\boldsymbol{\alpha}_3.$$

显然，本例中 $\boldsymbol{\beta}$ 用 $\boldsymbol{\alpha}_1$，$\boldsymbol{\alpha}_2$，$\boldsymbol{\alpha}_3$ 线性表示的具体表示式有无穷多种（x_3 每取一确定实数，即得一具体表达式）．

例 3　设 $\boldsymbol{\alpha}_1=(1,-1,1,-1)^{\mathrm{T}}$，$\boldsymbol{\alpha}_2=(3,1,1,3)^{\mathrm{T}}$，$\boldsymbol{\beta}_1=(2,0,1,1)^{\mathrm{T}}$，$\boldsymbol{\beta}_2=(1,1,0,2)^{\mathrm{T}}$，$\boldsymbol{\beta}_3=(3,-1,2,0)^{\mathrm{T}}$，证明向量组 $\boldsymbol{\alpha}_1$，$\boldsymbol{\alpha}_2$ 与向量组 $\boldsymbol{\beta}_1$，$\boldsymbol{\beta}_2$，$\boldsymbol{\beta}_3$ 等价．

证　记 $\boldsymbol{A}=(\boldsymbol{\alpha}_1,\boldsymbol{\alpha}_2)$，$\boldsymbol{B}=(\boldsymbol{\beta}_1,\boldsymbol{\beta}_2,\boldsymbol{\beta}_3)$．根据定理 2 的推论，只需证明 $r(\boldsymbol{A})=r(\boldsymbol{B})=r(\boldsymbol{A},\boldsymbol{B})$．为此把矩阵 $(\boldsymbol{A},\boldsymbol{B})$ 化为行阶梯形矩阵：

$$(\boldsymbol{A},\boldsymbol{B})=\begin{pmatrix}1&3&2&1&3\\-1&1&0&1&-1\\1&1&1&0&2\\-1&3&1&2&0\end{pmatrix}\xrightarrow[r_4+r_1]{\substack{r_2+r_1\\ r_3-r_1}}\begin{pmatrix}1&3&2&1&3\\0&4&2&2&2\\0&-2&-1&-1&-1\\0&6&3&3&3\end{pmatrix}$$

$$\xrightarrow[r_4-3r_2]{\substack{r_2\div 2\\ r_3+r_2}}\begin{pmatrix}1&3&2&1&3\\0&2&1&1&1\\0&0&0&0&0\\0&0&0&0&0\end{pmatrix},$$

可见，$r(\boldsymbol{A})=2$，$r(\boldsymbol{A},\boldsymbol{B})=2$．

容易看出矩阵 $\boldsymbol{B}$ 中有不等于 0 的二阶子式，故 $r(\boldsymbol{B})\geqslant 2$．又因为

$$r(\boldsymbol{B})\leqslant r(\boldsymbol{A},\boldsymbol{B})=2,$$

于是知 $r(\boldsymbol{B})=2$. 因此,

$$r(\boldsymbol{A})=r(\boldsymbol{B})=r(\boldsymbol{A},\boldsymbol{B}),$$

所以向量组 $\boldsymbol{\alpha}_1$, $\boldsymbol{\alpha}_2$ 与向量组 $\boldsymbol{\beta}_1$, $\boldsymbol{\beta}_2$, $\boldsymbol{\beta}_3$ 等价.

四、向量组的线性相关性

定义 6 给定向量组 A: $\boldsymbol{\alpha}_1$, $\boldsymbol{\alpha}_2$, …, $\boldsymbol{\alpha}_m$, 如果存在不全为 0 的数 k_1, k_2, …, k_m, 使得

$$k_1\boldsymbol{\alpha}_1+k_2\boldsymbol{\alpha}_2+\cdots+k_m\boldsymbol{\alpha}_m=\boldsymbol{0},$$

则称向量组 A **线性相关**, 否则称其**线性无关**.

由该定义可得, 对于只含一个向量 $\boldsymbol{\alpha}$ 的向量组, 当 $\boldsymbol{\alpha}=\boldsymbol{0}$ 时是线性相关的, 当 $\boldsymbol{\alpha}\neq\boldsymbol{0}$ 时是线性无关的.

定理 4 向量组 A: $\boldsymbol{\alpha}_1$, $\boldsymbol{\alpha}_2$, …, $\boldsymbol{\alpha}_m$ $(m\geqslant 2)$ 线性相关的充分必要条件是向量组 A 中至少有一个向量能由其余 $m-1$ 个向量线性表示.

证 先证充分性:

设向量组 A 中至少有一个向量能由其余 $m-1$ 个向量线性表示, 不妨设 $\boldsymbol{\alpha}_m$ 能由 $\boldsymbol{\alpha}_1$, $\boldsymbol{\alpha}_2$, …, $\boldsymbol{\alpha}_{m-1}$ 线性表示, 即存在数 λ_1, λ_2, …, λ_{m-1}, 使得

$$\boldsymbol{\alpha}_m=\lambda_1\boldsymbol{\alpha}_1+\lambda_2\boldsymbol{\alpha}_2+\cdots+\lambda_{m-1}\boldsymbol{\alpha}_{m-1},$$

于是有

$$\lambda_1\boldsymbol{\alpha}_1+\lambda_2\boldsymbol{\alpha}_2+\cdots+\lambda_{m-1}\boldsymbol{\alpha}_{m-1}+(-1)\boldsymbol{\alpha}_m=\boldsymbol{0}.$$

因为 λ_1, λ_2, …, λ_{m-1}, -1 这 m 个数不全为 0(至少 $-1\neq 0$), 所以向量组 A 线性相关.

再证必要性:

设向量组 A: $\boldsymbol{\alpha}_1$, $\boldsymbol{\alpha}_2$, …, $\boldsymbol{\alpha}_m$ $(m\geqslant 2)$ 线性相关, 则有不全为 0 的数 k_1, k_2, …, k_m, 使得

$$k_1\boldsymbol{\alpha}_1+k_2\boldsymbol{\alpha}_2+\cdots+k_m\boldsymbol{\alpha}_m=\boldsymbol{0}.$$

不妨设 $k_1\neq 0$, 于是便有

$$\boldsymbol{\alpha}_1=\frac{-1}{k_1}(k_2\boldsymbol{\alpha}_2+\cdots+k_m\boldsymbol{\alpha}_m)$$

即 $\boldsymbol{\alpha}_1$ 能由 $\boldsymbol{\alpha}_2$, …, $\boldsymbol{\alpha}_m$ 线性表示.

向量组的线性相关与线性无关的概念也可移用于线性方程组. 当方程组中有某个方程是其余方程的线性组合时, 这个方程就是多余的, 这时称方程组(各个方程)是线性相关的; 当方程组中没有多余的方程时, 就称该方程组(各个方程)是线性无关(或称线性独立). 显

然，方程组 $\boldsymbol{Ax}=\boldsymbol{b}$ 线性相关的充分必要条件是矩阵 $\boldsymbol{B}=(\boldsymbol{A},\boldsymbol{b})$ 的行向量组线性相关.

向量组 A：$\boldsymbol{\alpha}_1,\boldsymbol{\alpha}_2,\cdots,\boldsymbol{\alpha}_m$ 构成矩阵 $\boldsymbol{A}=(\boldsymbol{\alpha}_1,\boldsymbol{\alpha}_2,\cdots,\boldsymbol{\alpha}_m)$，向量组 A 线性相关，就是齐次线性方程组

$$x_1\boldsymbol{\alpha}_1+x_2\boldsymbol{\alpha}_2+\cdots+x_m\boldsymbol{\alpha}_m=\boldsymbol{0},$$

即 $\boldsymbol{Ax}=\boldsymbol{0}$ 有非零解. 由线性方程组解的存在理论，立即可得：

定理 5　向量组 A：$\boldsymbol{\alpha}_1,\boldsymbol{\alpha}_2,\cdots,\boldsymbol{\alpha}_m$ 线性相关的充分必要条件是它所构成的矩阵 $\boldsymbol{A}=(\boldsymbol{\alpha}_1,\boldsymbol{\alpha}_2,\cdots,\boldsymbol{\alpha}_m)$ 的秩小于向量的个数 m；向量组 A 线性无关的充分必要条件是 $r(\boldsymbol{A})=m$.

例 4　证明 n 维单位坐标向量组（n 阶单位矩阵 $\boldsymbol{E}$ 的列向量）线性无关.

证　n 维单位坐标向量组构成的矩阵

$$\boldsymbol{E}=(\boldsymbol{e}_1,\boldsymbol{e}_2,\cdots,\boldsymbol{e}_n)$$

是 n 阶单位矩阵. 由 $|\boldsymbol{E}|=1\neq 0$，知 $r(\boldsymbol{E})=n$，即 $r(\boldsymbol{E})$ 等于向量组中向量个数，故由定理 5 知此向量组是线性无关的.

例 5　讨论向量组 $\boldsymbol{\alpha}_1=(1,1,1)^{\mathrm{T}}$，$\boldsymbol{\alpha}_2=(1,3,5)^{\mathrm{T}}$，$\boldsymbol{\alpha}_3=(1,-1,-3)^{\mathrm{T}}$ 的线性相关性.

解　记 $\boldsymbol{A}=(\boldsymbol{\alpha}_1,\boldsymbol{\alpha}_2,\boldsymbol{\alpha}_3)=\begin{pmatrix}1&1&1\\1&3&-1\\1&5&-3\end{pmatrix}\xrightarrow[r_3-r_1]{r_2-r_1}\begin{pmatrix}1&1&1\\0&2&-2\\0&4&-4\end{pmatrix}$

$$\xrightarrow[r_2\times\frac{1}{2}]{r_3-2r_2}\begin{pmatrix}1&1&1\\0&1&-1\\0&0&0\end{pmatrix},$$

所以 $r(\boldsymbol{A})=2<3$，由定理 5 知向量组 $(\boldsymbol{\alpha}_1,\boldsymbol{\alpha}_2,\boldsymbol{\alpha}_3)$ 线性相关.

例 6　已知向量组 $\boldsymbol{\alpha}_1,\boldsymbol{\alpha}_2,\boldsymbol{\alpha}_3$ 线性无关，$\boldsymbol{\beta}_1=\boldsymbol{\alpha}_1+\boldsymbol{\alpha}_2$，$\boldsymbol{\beta}_2=\boldsymbol{\alpha}_2+\boldsymbol{\alpha}_3$，$\boldsymbol{\beta}_3=\boldsymbol{\alpha}_3+\boldsymbol{\alpha}_1$，证明：向量组 $\boldsymbol{\beta}_1,\boldsymbol{\beta}_2,\boldsymbol{\beta}_3$ 线性无关.

证　法 1　设有 x_1,x_2,x_3 使

$$x_1\boldsymbol{\beta}_1+x_2\boldsymbol{\beta}_2+x_3\boldsymbol{\beta}_3=\boldsymbol{0},$$

即

$$x_1(\boldsymbol{\alpha}_1+\boldsymbol{\alpha}_2)+x_2(\boldsymbol{\alpha}_2+\boldsymbol{\alpha}_3)+x_3(\boldsymbol{\alpha}_3+\boldsymbol{\alpha}_1)=\boldsymbol{0},$$

也就是

$$(x_1+x_3)\boldsymbol{\alpha}_1+(x_1+x_2)\boldsymbol{\alpha}_2+(x_2+x_3)\boldsymbol{\alpha}_3=\boldsymbol{0}.$$

因为向量组 $\boldsymbol{\alpha}_1,\boldsymbol{\alpha}_2,\boldsymbol{\alpha}_3$ 线性无关，故有

$$\begin{cases}x_1+x_3=0\\x_1+x_2=0.\\x_2+x_3=0\end{cases}$$

由于此方程组的系数矩阵

$$K=\begin{pmatrix}1&0&1\\1&1&0\\0&1&1\end{pmatrix}$$

的行列式$|\boldsymbol{K}|=2\neq0$，故方程组只有零解 $x_1=x_2=x_3=0$，所以向量组$\boldsymbol{\beta}_1$，$\boldsymbol{\beta}_2$，$\boldsymbol{\beta}_3$ 线性无关.

法 2 把已知的 3 个向量等式写成一个矩阵等式

$$(\boldsymbol{\beta}_1,\boldsymbol{\beta}_2,\boldsymbol{\beta}_3)=(\boldsymbol{\alpha}_1,\boldsymbol{\alpha}_2,\boldsymbol{\alpha}_3)\begin{pmatrix}1&0&1\\1&1&0\\0&1&1\end{pmatrix},$$

记作 $\boldsymbol{B}=\boldsymbol{AK}$，设 $\boldsymbol{Bx}=\boldsymbol{0}$，以 $\boldsymbol{B}=\boldsymbol{AK}$ 代入得 $\boldsymbol{A}(\boldsymbol{Kx})=\boldsymbol{0}$. 因为矩阵 $\boldsymbol{A}$ 的列向量组线性无关，根据向量组线性无关的定义，知 $\boldsymbol{Kx}=\boldsymbol{0}$. 又因$|\boldsymbol{K}|=2\neq0$，知方程 $\boldsymbol{Kx}=\boldsymbol{0}$ 只有零解 $\boldsymbol{x}=\boldsymbol{0}$. 所以矩阵 $\boldsymbol{B}$ 的$\boldsymbol{\beta}_1$，$\boldsymbol{\beta}_2$，$\boldsymbol{\beta}_3$ 线性无关.

定理 6 (1)若向量组 A：$\boldsymbol{\alpha}_1$，$\boldsymbol{\alpha}_2$，…，$\boldsymbol{\alpha}_m$ 线性相关，则向量组 B：$\boldsymbol{\alpha}_1$，$\boldsymbol{\alpha}_2$，…，$\boldsymbol{\alpha}_m$，$\boldsymbol{\alpha}_{m+1}$ 也线性相关；反之，向量组 B：$\boldsymbol{\alpha}_1$，$\boldsymbol{\alpha}_2$，…，$\boldsymbol{\alpha}_m$，$\boldsymbol{\alpha}_{m+1}$ 线性无关，则向量组 A：$\boldsymbol{\alpha}_1$，$\boldsymbol{\alpha}_2$，…，$\boldsymbol{\alpha}_m$ 也线性无关.

(2)m 个 n 维向量组成的向量组，当维数 n 小于向量个数 m 时一定线性相关. 特别地，$n+1$ 个 n 维向量一定线性相关.

(3)设向量组 A：$\boldsymbol{\alpha}_1$，$\boldsymbol{\alpha}_2$，…，$\boldsymbol{\alpha}_m$ 线性无关，而向量组 B：$\boldsymbol{\alpha}_1$，$\boldsymbol{\alpha}_2$，…，$\boldsymbol{\alpha}_m$，$\boldsymbol{\beta}$ 线性相关，则向量 $\boldsymbol{\beta}$ 必能由向量组 A 线性表示，且表示式是唯一的.

证 这三个结论均由定理 5 来证明.

(1) 记 $\boldsymbol{A}=(\boldsymbol{\alpha}_1,\boldsymbol{\alpha}_2,\cdots,\boldsymbol{\alpha}_m)$，$\boldsymbol{B}=(\boldsymbol{\alpha}_1,\boldsymbol{\alpha}_2,\cdots,\boldsymbol{\alpha}_m,\boldsymbol{\alpha}_{m+1})$，则有 $r(\boldsymbol{B})\leqslant r(\boldsymbol{A})+1$. 又因为向量组 A：$\boldsymbol{\alpha}_1$，$\boldsymbol{\alpha}_2$，…，$\boldsymbol{\alpha}_m$ 线性相关，故根据定理 5，有 $r(\boldsymbol{A})<m$，从而 $r(\boldsymbol{B})\leqslant r(\boldsymbol{A})+1<m+1$，再根据定理 5 可知向量组 B：$\boldsymbol{\alpha}_1$，$\boldsymbol{\alpha}_2$，…，$\boldsymbol{\alpha}_m$，$\boldsymbol{\alpha}_{m+1}$ 线性相关.

(2) m 个 n 维向量 $\boldsymbol{\alpha}_1$，$\boldsymbol{\alpha}_2$，…，$\boldsymbol{\alpha}_m$ 构成矩阵 $\boldsymbol{A}_{n\times m}=(\boldsymbol{\alpha}_1,\boldsymbol{\alpha}_2,\cdots,\boldsymbol{\alpha}_m)$，则有 $r(\boldsymbol{A})\leqslant n$. 当$n<m$ 时就有 $r(\boldsymbol{A})<m$，再根据定理 5 可知 m 个 n 维向量组成的向量组 A：$\boldsymbol{\alpha}_1$，$\boldsymbol{\alpha}_2$，…，$\boldsymbol{\alpha}_m$ 线性相关.

(3) 记 $\boldsymbol{A}=(\boldsymbol{\alpha}_1,\boldsymbol{\alpha}_2,\cdots,\boldsymbol{\alpha}_m)$，$\boldsymbol{B}=(\boldsymbol{\alpha}_1,\boldsymbol{\alpha}_2,\cdots,\boldsymbol{\alpha}_m,\boldsymbol{\beta})$，则有 $r(\boldsymbol{A})\leqslant r(\boldsymbol{B})$. 因为向量组 A：$\boldsymbol{\alpha}_1$，$\boldsymbol{\alpha}_2$，…，$\boldsymbol{\alpha}_m$ 线性无关，故根据定理 5，有 $r(\boldsymbol{A})=m$；又因为向量组 B：$\boldsymbol{\alpha}_1$，$\boldsymbol{\alpha}_2$，…，$\boldsymbol{\alpha}_m$，$\boldsymbol{\beta}$ 线性相关，有 $r(\boldsymbol{B})<m+1$. 所以 $m\leqslant r(\boldsymbol{B})<m+1$，即有 $r(\boldsymbol{B})=m$.

由 $r(\boldsymbol{A})=r(\boldsymbol{B})=m$，根据前面方程组的解的存在定理知方程组

$$(\boldsymbol{\alpha}_1,\boldsymbol{\alpha}_2,\cdots,\boldsymbol{\alpha}_m)\boldsymbol{x}=\boldsymbol{\beta}$$

有唯一解，即向量 $\boldsymbol{\beta}$ 必能由向量组 $\boldsymbol{A}$ 线性表示，且表示式是唯一的.

第三节　向量组的秩

上一章中，我们引入了矩阵的最高阶非零子式，并把它的阶数定义为矩阵的秩，它在上一节向量组线性表示和线性相关性的讨论中起到了十分重要的作用. 按向量组与矩阵的对应，特别是把含最多个向量的线性无关部分组与最高阶非零子式相对应，就可将秩的概念引进向量组.

定义 1　设有向量组 A，如果在 A 中能选出 r 个向量 $\boldsymbol{\alpha}_1, \boldsymbol{\alpha}_2, \cdots, \boldsymbol{\alpha}_r$，满足：

(1) 向量组 A_0：$\boldsymbol{\alpha}_1, \boldsymbol{\alpha}_2, \cdots, \boldsymbol{\alpha}_r$ 线性无关；

(2) 向量组 A 中任意 $r+1$ 个向量(如果 A 中有 $r+1$ 向量)都线性相关，

那么称向量组 A_0 是向量组 A 的一个**最大线性无关向量组**(简称**最大无关组**)，最大无关组所含向量个数 r 称为向量组 A 的**秩**，记作 R_A.

只含零向量的向量组没有最大无关组，规定它的秩是 0.

若向量组 A 线性无关，则 A 自身就是它的最大无关组，而其秩就是它所含向量的个数.

定理 1　向量组 A 与其最大无关组 A_0 等价.

证　只需证明 A 与 A_0 能够互相线性表示.

因为向量组 A_0 是向量组 A 的一个部分组，故 A_0 总能由 A 线性表示(A 中每个向量都能由向量组 A 线性表示)；而由定义 1 的条件(2)知，对于向量组 A 中任一向量 $\boldsymbol{\alpha}$，$r+1$ 向量 $\boldsymbol{\alpha}_1, \boldsymbol{\alpha}_2, \cdots, \boldsymbol{\alpha}_r, \boldsymbol{\alpha}$ 都线性相关，而 A_0：$\boldsymbol{\alpha}_1, \boldsymbol{\alpha}_2, \cdots, \boldsymbol{\alpha}_r$ 线性无关，根据第二节定理 6 中结论(3)即知 $\boldsymbol{\alpha}$ 能由 A_0：$\boldsymbol{\alpha}_1, \boldsymbol{\alpha}_2, \cdots, \boldsymbol{\alpha}_r$ 线性表示，所以 A 能由 A_0 线性表示. 所以向量组 A 与它自己的最大无关组 A_0 等价.

定理 1 结论的逆命题也是成立的，即能与向量组自身等价的线性无关部分组一定是最大无关组，下面把它作为定理 1 的推论叙述如下：

推论　(最大无关组的等价定义)设向量组 A_0：$\boldsymbol{\alpha}_1, \boldsymbol{\alpha}_2, \cdots, \boldsymbol{\alpha}_r$ 是向量组 A 的一个部分组，且满足：

(1) 向量组 A_0：$\boldsymbol{\alpha}_1, \boldsymbol{\alpha}_2, \cdots, \boldsymbol{\alpha}_r$ 线性无关；

(2) 向量组 A 的任一向量都能由向量组 A_0 线性表示，

那么向量组 A_0 是向量组 A 的一个最大无关组.

例 1　全体 n 维向量构成的向量组记作 $\mathbf{R}^n$，求 $\mathbf{R}^n$ 的一个最大无关组及 $\mathbf{R}^n$ 的秩.

解 我们可以利用定义 1 来求解.

第二节例 4 中已证明 n 维单位坐标向量组 E：$\boldsymbol{e}_1$，$\boldsymbol{e}_2$，…，$\boldsymbol{e}_n$ 是线性无关的，又根据第二节定理 6 的结论(2)，知 $\mathbf{R}^n$ 中的任意 $n+1$ 个向量都线性相关，因此向量组 E 是 $\mathbf{R}^n$ 的一个最大无关组，且 $\mathbf{R}^n$ 的秩等于 n.

例 2 设齐次线性方程组

$$\begin{cases} x_1+2x_2+x_3-x_4=0 \\ 3x_1+6x_2-x_3-3x_4=0 \\ 5x_1+10x_2+x_3-5x_4=0 \end{cases}$$

的全体解向量构成的向量组记作 S，求 S 的秩.

解 我们利用定理 1 的推论来求解.

先解方程组，为此把系数矩阵 $\boldsymbol{A}$ 化成行最简形矩阵：

$$\boldsymbol{A}=\begin{pmatrix} 1 & 2 & 1 & -1 \\ 3 & 6 & -1 & -3 \\ 5 & 10 & 1 & -5 \end{pmatrix} \xrightarrow[r_3-5r_1]{r_2-3r_1} \begin{pmatrix} 1 & 2 & 1 & -1 \\ 0 & 0 & -4 & 0 \\ 0 & 0 & -4 & 0 \end{pmatrix}$$

$$\xrightarrow[r_2\times\left(-\frac{1}{4}\right)]{r_3-r_2} \begin{pmatrix} 1 & 2 & 1 & -1 \\ 0 & 0 & 1 & 0 \\ 0 & 0 & 0 & 0 \end{pmatrix} \xrightarrow{r_1-r_2} \begin{pmatrix} 1 & 2 & 0 & -1 \\ 0 & 0 & 1 & 0 \\ 0 & 0 & 0 & 0 \end{pmatrix},$$

得

$$\begin{cases} x_1=-2x_2+x_4 \\ x_2=\quad x_2 \\ x_3=0 \\ x_4=\qquad x_4 \end{cases}.$$

令自由未知量 $x_2=c_1$，$x_4=c_2$，得通解

$$\begin{pmatrix} x_1 \\ x_2 \\ x_3 \\ x_4 \end{pmatrix}=c_1\begin{pmatrix} -2 \\ 1 \\ 0 \\ 0 \end{pmatrix}+c_2\begin{pmatrix} 1 \\ 0 \\ 0 \\ 1 \end{pmatrix}\quad(c_1,\ c_2\ \text{为任意常数}),$$

把上式记作 $\boldsymbol{x}=c_1\boldsymbol{\xi}_1+c_2\boldsymbol{\xi}_2$，知

$$S=\{\boldsymbol{x}=c_1\boldsymbol{\xi}_1+c_2\boldsymbol{\xi}_2 \mid c_1,\ c_2\in\mathbf{R}\},$$

即 S 能由向量组 $\boldsymbol{\xi}_1$，$\boldsymbol{\xi}_2$ 线性表示. 又因 $\boldsymbol{\xi}_1$，$\boldsymbol{\xi}_2$ 的四个分量显然不成比例，故 $\boldsymbol{\xi}_1$，$\boldsymbol{\xi}_2$ 线性无

关. 因此根据最大无关组的等价定义知 $\boldsymbol{\xi}_1$，$\boldsymbol{\xi}_2$ 是 S 的最大无关组，从而 $R_S=2$.

对于只含有限个 n 维向量的向量组 A：$\boldsymbol{\alpha}_1$，$\boldsymbol{\alpha}_2$，…，$\boldsymbol{\alpha}_m$，它可以构成矩阵 $\boldsymbol{A}=(\boldsymbol{\alpha}_1,\boldsymbol{\alpha}_2,\cdots,\boldsymbol{\alpha}_m)$. 把定义 1 与上一章矩阵的最高阶非零子式及矩阵的秩的定义作比较，容易得到向量组 A：$\boldsymbol{\alpha}_1$，$\boldsymbol{\alpha}_2$，…，$\boldsymbol{\alpha}_m$ 的秩就等于矩阵 $\boldsymbol{A}=(\boldsymbol{\alpha}_1,\boldsymbol{\alpha}_2,\cdots,\boldsymbol{\alpha}_m)$的秩，即有

定理 2　矩阵的秩等于它的列向量组的秩，也等于它的行向量组的秩.

证　设 $\boldsymbol{A}=(\boldsymbol{\alpha}_1,\boldsymbol{\alpha}_2,\cdots,\boldsymbol{\alpha}_m)$，$r(\boldsymbol{A})=r$，并设 r 阶子式 $D_r\neq 0$，根据第二节定理 5，由 $D_r\neq 0$ 知 D_r 所在的 r 列构成的 $n\times r$ 矩阵的秩为 r，故此 r 列线性无关；又由 $\boldsymbol{A}$ 中所有 $r+1$ 阶子式均为零，知 $\boldsymbol{A}$ 中任意 $r+1$ 个列向量构成的 $n\times(r+1)$ 矩阵的秩小于 $r+1$，故此 $r+1$ 列线性相关. 因此 D_r 所在的 r 列是 $\boldsymbol{A}$ 的列向量组的一个最大无关组，所以列向量组的秩等于 r.

类似可证矩阵 $\boldsymbol{A}$ 的行向量组的秩也等于 $r(\boldsymbol{A})$.

今后约定向量组 $\boldsymbol{\alpha}_1$，$\boldsymbol{\alpha}_2$，…，$\boldsymbol{\alpha}_m$ 的秩也记作 $r(\boldsymbol{\alpha}_1,\boldsymbol{\alpha}_2,\cdots,\boldsymbol{\alpha}_m)$.

从上述证明中可知：若 D_r 是矩阵 $\boldsymbol{A}$ 的一个最高阶非零子式，则 D_r 所在的 r 列即是 $\boldsymbol{A}$ 的列向量组的一个最大无关组；D_r 所在的 r 行即是 $\boldsymbol{A}$ 的行向量组的一个最大无关组. 这一事实在下面的例题中得到应用.

例 3　设矩阵

$$\boldsymbol{A}=\begin{pmatrix}2&-1&-1&1&2\\1&1&-2&1&4\\4&-6&2&-2&4\\3&6&-9&7&9\end{pmatrix},$$

求矩阵 $\boldsymbol{A}$ 的列向量组的一个最大无关组，并把不属于最大无关组的列向量用最大无关组线性表示.

解　对 $\boldsymbol{A}$ 施行初等行变换化为行阶梯形矩阵：

$$\boldsymbol{A}=\begin{pmatrix}2&-1&-1&1&2\\1&1&-2&1&4\\4&-6&2&-2&4\\3&6&-9&7&9\end{pmatrix}\xrightarrow[r_3\div 2]{r_1\leftrightarrow r_2}\begin{pmatrix}1&1&-2&1&4\\2&-1&-1&1&2\\2&-3&1&-1&2\\3&6&-9&7&9\end{pmatrix}$$

$$\xrightarrow[\substack{r_3-2r_1\\r_4-3r_1}]{r_2-r_3}\begin{pmatrix}1&1&-2&1&4\\0&2&-2&2&0\\0&-5&5&-3&-6\\0&3&-3&4&-3\end{pmatrix}\xrightarrow[\substack{r_3+5r_2\\r_4-3r_2}]{r_2\div 2}\begin{pmatrix}1&1&-2&1&4\\0&1&-1&1&0\\0&0&0&2&-6\\0&0&0&1&-3\end{pmatrix}$$

$$\xrightarrow[r_4-2r_3]{r_3\leftrightarrow r_4}\begin{pmatrix}1&1&-2&1&4\\0&1&-1&1&0\\0&0&0&1&-3\\0&0&0&0&0\end{pmatrix},$$

知 $r(\boldsymbol{A})=3$，故列向量组的最大无关组含 3 个向量. 而 3 个非零行的首非零元在 1，2，4 三列，故 $\boldsymbol{\alpha}_1$，$\boldsymbol{\alpha}_2$，$\boldsymbol{\alpha}_4$ 是列向量组的一个最大无关组.

为把 $\boldsymbol{\alpha}_3$，$\boldsymbol{\alpha}_5$ 用 $\boldsymbol{\alpha}_1$，$\boldsymbol{\alpha}_2$，$\boldsymbol{\alpha}_4$ 线性表示，把 $\boldsymbol{A}$ 接着化为行最简形矩阵

$$\boldsymbol{A}\xrightarrow{r}\begin{pmatrix}1&1&-2&1&4\\0&1&-1&1&0\\0&0&0&1&-3\\0&0&0&0&0\end{pmatrix}\xrightarrow[r_2-r_3]{r_1-r_2}\begin{pmatrix}1&0&-1&0&4\\0&1&-1&0&3\\0&0&0&1&-3\\0&0&0&0&0\end{pmatrix},$$

把上面行最简形矩阵记作 $\boldsymbol{B}=(\boldsymbol{\beta}_1,\boldsymbol{\beta}_2,\boldsymbol{\beta}_3,\boldsymbol{\beta}_4,\boldsymbol{\beta}_5)$，由于方程 $\boldsymbol{Ax}=\boldsymbol{0}$ 与 $\boldsymbol{Bx}=\boldsymbol{0}$ 同解，即方程

$$x_1\boldsymbol{\alpha}_1+x_2\boldsymbol{\alpha}_2+x_3\boldsymbol{\alpha}_3+x_4\boldsymbol{\alpha}_4+x_5\boldsymbol{\alpha}_5=\boldsymbol{0}$$

与

$$x_1\boldsymbol{\beta}_1+x_2\boldsymbol{\beta}_2+x_3\boldsymbol{\beta}_3+x_4\boldsymbol{\beta}_4+x_5\boldsymbol{\beta}_5=\boldsymbol{0}$$

同解，因此向量 $\boldsymbol{\alpha}_1$，$\boldsymbol{\alpha}_2$，$\boldsymbol{\alpha}_3$，$\boldsymbol{\alpha}_4$，$\boldsymbol{\alpha}_5$ 之间的线性关系与向量 $\boldsymbol{\beta}_1$，$\boldsymbol{\beta}_2$，$\boldsymbol{\beta}_3$，$\boldsymbol{\beta}_4$，$\boldsymbol{\beta}_5$ 之间的线性关系是相同的. 现在

$$\boldsymbol{\beta}_3=\begin{pmatrix}-1\\-1\\0\\0\end{pmatrix}=(-1)\begin{pmatrix}1\\0\\0\\0\end{pmatrix}+(-1)\begin{pmatrix}0\\1\\0\\0\end{pmatrix}=-\boldsymbol{\beta}_1-\boldsymbol{\beta}_2,$$

$$\boldsymbol{\beta}_5=4\boldsymbol{\beta}_1+3\boldsymbol{\beta}_2-3\boldsymbol{\beta}_4,$$

所以有

$$\boldsymbol{\alpha}_3=-\boldsymbol{\alpha}_1-\boldsymbol{\alpha}_2,\ \boldsymbol{\alpha}_5=4\boldsymbol{\alpha}_1+3\boldsymbol{\alpha}_2-3\boldsymbol{\alpha}_4.$$

第四节　线性方程组解的结构

在第一节中，介绍了用矩阵的初等变换解线性方程组的方法，本节将利用向量组线性相关性的理论讨论线性方程组解的结构，从而完善线性方程组的理论.

一、齐次线性方程组解的结构

设 n 元齐次线性方程组

$$\begin{cases} a_{11}x_1+a_{12}x_2+\cdots+a_{1n}x_n=0 \\ a_{21}x_1+a_{22}x_2+\cdots+a_{2n}x_n=0 \\ \qquad\vdots \\ a_{m1}x_1+a_{m2}x_2+\cdots+a_{mn}x_n=0 \end{cases},$$

其矩阵形式为 $\boldsymbol{Ax}=\boldsymbol{0}$. 齐次线性方程组的解向量具有下面的性质：

性质 1　若 $\boldsymbol{\xi}_1$, $\boldsymbol{\xi}_2$ 是齐次线性方程组 $\boldsymbol{Ax}=\boldsymbol{0}$ 的解，则 $\boldsymbol{\xi}_1+\boldsymbol{\xi}_2$ 也是该方程组的解.

证　因为 $\boldsymbol{A}(\boldsymbol{\xi}_1+\boldsymbol{\xi}_2)=\boldsymbol{A\xi}_1+\boldsymbol{A\xi}_2=\boldsymbol{0}+\boldsymbol{0}=\boldsymbol{0}$，所以 $\boldsymbol{\xi}_1+\boldsymbol{\xi}_2$ 是 $\boldsymbol{Ax}=\boldsymbol{0}$ 的解.

性质 2　若 $\boldsymbol{\xi}$ 是齐次线性方程组 $\boldsymbol{Ax}=\boldsymbol{0}$ 的解，k 为任意实数，则 $k\boldsymbol{\xi}$ 也是该方程组的解.

证　因为 $\boldsymbol{A}(k\boldsymbol{\xi})=k(\boldsymbol{A\xi})=k\boldsymbol{0}=\boldsymbol{0}$，所以 $k\boldsymbol{\xi}$ 是 $\boldsymbol{Ax}=\boldsymbol{0}$ 的解.

推论 1　若 $\boldsymbol{\xi}_1$, $\boldsymbol{\xi}_2$, $\cdots$, $\boldsymbol{\xi}_r$ 是齐次线性方程组 $\boldsymbol{Ax}=\boldsymbol{0}$ 的 r 个解，k_1, k_2, $\cdots$, k_r 为任意实数，则 $k_1\boldsymbol{\xi}_1+k_2\boldsymbol{\xi}_2+\cdots+k_r\boldsymbol{\xi}_r$ 也是该方程组的解.

这说明，齐次线性方程组解的线性组合仍是该方程组的解. 由此可知，当齐次线性方程组 $\boldsymbol{Ax}=\boldsymbol{0}$ 有非零解时，它就有无穷多解，这无穷多个解向量就构成了方程组 $\boldsymbol{Ax}=\boldsymbol{0}$ 的解向量组. 如果能求出这个解向量组的一个最大无关组，那么方程组的全部解向量就可以由该最大无关组线性表示，由此引出了齐次线性方程组的基础解系的概念.

定义 1　设 $\boldsymbol{\xi}_1$, $\boldsymbol{\xi}_2$, $\cdots$, $\boldsymbol{\xi}_r$ 是齐次线性方程组 $\boldsymbol{Ax}=\boldsymbol{0}$ 的 r 个解向量，如果满足下列条件：

(1) $\boldsymbol{\xi}_1$, $\boldsymbol{\xi}_2$, $\cdots$, $\boldsymbol{\xi}_r$ 线性无关；

(2) 方程组的任意一个解向量都能由 $\boldsymbol{\xi}_1$, $\boldsymbol{\xi}_2$, $\cdots$, $\boldsymbol{\xi}_r$ 线性表示，

则称 $\boldsymbol{\xi}_1$, $\boldsymbol{\xi}_2$, $\cdots$, $\boldsymbol{\xi}_r$ 为该方程组的**基础解系**.

显然，如果齐次线性方程组有基础解系，基础解系就是方程组所有解向量的最大线性无关组. 由最大线性无关组的特点可知，方程组的基础解系不唯一，但是每个基础解系中所含解向量的个数一定相同. 而且方程组所有的解都可以用它的基础解系线性表示，所以基础解系的线性组合就是方程组的通解.

下面给出齐次线性方程组 $\boldsymbol{Ax}=\boldsymbol{0}$ 有非零解时，其基础解系的求法.

定理 1　设 $\boldsymbol{A}$ 为 $m\times n$ 矩阵，$r(\boldsymbol{A})=r<n$，则 n 元齐次线性方程组 $\boldsymbol{Ax}=\boldsymbol{0}$ 的基础解系存在，且每个基础解系中恰含有 $n-r$ 个解向量 $\boldsymbol{\xi}_1$, $\boldsymbol{\xi}_2$, $\cdots$, $\boldsymbol{\xi}_{n-r}$，从而方程组的通解为

$$\boldsymbol{\xi}=k_1\boldsymbol{\xi}_1+k_2\boldsymbol{\xi}_2+\cdots+k_{n-r}\boldsymbol{\xi}_{n-r},$$

其中 k_1, k_2, $\cdots$, k_{n-r} 为任意实数.

证 对 $\boldsymbol{A}$ 作初等行变换，化为行最简形矩阵 $\boldsymbol{C}$. 不失一般性，可设

$$\boldsymbol{C}=\begin{pmatrix} 1 & 0 & \cdots & 0 & c_{1,r+1} & \cdots & c_{1n} \\ 0 & 1 & \cdots & 0 & c_{2,r+1} & \cdots & c_{2n} \\ \vdots & \vdots & & \vdots & \vdots & & \vdots \\ 0 & 0 & \cdots & 1 & c_{r,r+1} & \cdots & c_{rn} \\ 0 & 0 & \cdots & 0 & 0 & \cdots & 0 \\ \vdots & \vdots & & \vdots & \vdots & & \vdots \\ 0 & 0 & \cdots & 0 & 0 & \cdots & 0 \end{pmatrix},$$

对应的同解方程组为

$$\begin{cases} x_1=-c_{1,r+1}x_{r+1}-\cdots-c_{1n}x_n \\ x_2=-c_{2,r+1}x_{r+1}-\cdots-c_{2n}x_n \\ \qquad\vdots \\ x_r=-c_{r,r+1}x_{r+1}-\cdots-c_{rn}x_n \end{cases}, \tag{3-1}$$

其中 x_{r+1}，x_{r+2}，…，x_n 为自由未知量. 显然，任给自由未知量一组值，由上述方程组(3-1)可唯一确定 x_1，x_2，…，x_r 的值，得到方程组的一个解. 现依次取自由未知量 x_{r+1}，x_{r+2}，…，x_n 为下述 $n-r$ 组值

$$\begin{pmatrix} x_{r+1} \\ x_{r+2} \\ \vdots \\ x_n \end{pmatrix}=\begin{pmatrix} 1 \\ 0 \\ \vdots \\ 0 \end{pmatrix}, \begin{pmatrix} 0 \\ 1 \\ \vdots \\ 0 \end{pmatrix}, \cdots, \begin{pmatrix} 0 \\ 0 \\ \vdots \\ 1 \end{pmatrix},$$

代入上面同解方程组(3-1)，可得 $\boldsymbol{Ax}=\boldsymbol{0}$ 的 $n-r$ 个解向量如下

$$\boldsymbol{\xi}_1=\begin{pmatrix} -c_{1,r+1} \\ -c_{2,r+1} \\ \vdots \\ -c_{r,r+1} \\ 1 \\ 0 \\ \vdots \\ 0 \end{pmatrix}, \quad \boldsymbol{\xi}_2=\begin{pmatrix} -c_{1,r+2} \\ -c_{2,r+2} \\ \vdots \\ -c_{r,r+2} \\ 0 \\ 1 \\ \vdots \\ 0 \end{pmatrix}, \cdots, \quad \boldsymbol{\xi}_{n-r}=\begin{pmatrix} -c_{1n} \\ -c_{2n} \\ \vdots \\ -c_{rn} \\ 0 \\ 0 \\ \vdots \\ 1 \end{pmatrix}.$$

首先，由向量组线性无关的概念，易知 $\boldsymbol{\xi}_1$，$\boldsymbol{\xi}_2$，…，$\boldsymbol{\xi}_{n-r}$ 线性无关.

其次，设 $\boldsymbol{\xi}=(d_1, d_2, \cdots, d_n)^{\mathrm{T}}$ 是方程组 $\boldsymbol{Ax}=\boldsymbol{0}$ 的任意解，必满足同解方程组(3-1)，代入得

$$\begin{cases} d_1=-c_{1,r+1}d_{r+1}-\cdots-c_{1n}d_n \\ d_2=-c_{2,r+1}d_{r+1}-\cdots-c_{2n}d_n \\ \quad\vdots \\ d_r=-c_{r,r+1}d_{r+1}-\cdots-c_{rn}d_n. \\ d_{r+1}=d_{r+1} \\ \quad\vdots \\ d_n=d_n \end{cases}$$

于是

$$\boldsymbol{\xi}=\begin{pmatrix} d_1 \\ d_2 \\ \vdots \\ d_n \end{pmatrix}=d_{r+1}\begin{pmatrix} -c_{1,r+1} \\ -c_{2,r+1} \\ \vdots \\ -c_{r,r+1} \\ 1 \\ 0 \\ \vdots \\ 0 \end{pmatrix}+d_{r+2}\begin{pmatrix} -c_{1,r+2} \\ -c_{2,r+2} \\ \vdots \\ -c_{r,r+2} \\ 0 \\ 1 \\ \vdots \\ 0 \end{pmatrix}+\cdots+d_n\begin{pmatrix} -c_{1n} \\ -c_{2n} \\ \vdots \\ -c_{rn} \\ 0 \\ 0 \\ \vdots \\ 1 \end{pmatrix}$$

$$=d_{r+1}\boldsymbol{\xi}_1+d_{r+2}\boldsymbol{\xi}_2+\cdots+d_n\boldsymbol{\xi}_{n-r}.$$

这说明齐次线性方程组 $\boldsymbol{Ax}=\boldsymbol{0}$ 的任一解都可由 $\boldsymbol{\xi}_1, \boldsymbol{\xi}_2, \cdots, \boldsymbol{\xi}_{n-r}$ 线性表示. 从而证明了 $\boldsymbol{\xi}_1, \boldsymbol{\xi}_2, \cdots, \boldsymbol{\xi}_{n-r}$ 是齐次线性方程组 $\boldsymbol{Ax}=\boldsymbol{0}$ 的一个基础解系.

对于给定的齐次线性方程组 $\boldsymbol{Ax}=\boldsymbol{0}$，当存在非零解时，即可按上述证明中给出的求基础解系的方法，求出 $\boldsymbol{Ax}=\boldsymbol{0}$ 的一个基础解系 $\boldsymbol{\xi}_1, \boldsymbol{\xi}_2, \cdots, \boldsymbol{\xi}_{n-r}$，此时，该方程组的全部解均可表示为下述形式

$$\boldsymbol{\xi}=k_1\boldsymbol{\xi}_1+k_2\boldsymbol{\xi}_2+\cdots+k_{n-r}\boldsymbol{\xi}_{n-r},$$

其中 $k_1, k_2, \cdots, k_{n-r}$ 为任意的实数.

例 1　求齐次线性方程组

$$\begin{cases} x_1+x_2+x_3+x_4+x_5=0 \\ 2x_1+3x_2+x_3+x_4-3x_5=0 \\ x_1+2x_3+2x_4+6x_5=0 \end{cases}$$

的一个基础解系和通解.

解 第一步 对系数矩阵 $\boldsymbol{A}$ 作初等行变换，化为行最简形矩阵，即

$$\boldsymbol{A}=\begin{pmatrix}1&1&1&1&1\\2&3&1&1&-3\\1&0&2&2&6\end{pmatrix}\xrightarrow[r_3-r_1]{r_2-2r_1}\begin{pmatrix}1&1&1&1&1\\0&1&-1&-1&-5\\0&-1&1&1&5\end{pmatrix}$$

$$\xrightarrow{r_3+r_2}\begin{pmatrix}1&1&1&1&1\\0&1&-1&-1&-5\\0&0&0&0&0\end{pmatrix}\xrightarrow{r_1-r_2}\begin{pmatrix}1&0&2&2&6\\0&1&-1&-1&-5\\0&0&0&0&0\end{pmatrix},$$

得同解方程组

$$\begin{cases}x_1=-2x_3-2x_4-6x_5\\x_2=\quad\ x_3+\ x_4+5x_5\end{cases}.$$

第二步 确定方程组的基础解系. x_3，x_4，x_5 为自由未知量，令

$$\begin{pmatrix}x_3\\x_4\\x_5\end{pmatrix}=\begin{pmatrix}1\\0\\0\end{pmatrix},\begin{pmatrix}0\\1\\0\end{pmatrix},\begin{pmatrix}0\\0\\1\end{pmatrix},$$

依次可得 $\begin{pmatrix}x_1\\x_2\end{pmatrix}=\begin{pmatrix}-2\\1\end{pmatrix},\begin{pmatrix}-2\\1\end{pmatrix},\begin{pmatrix}-6\\5\end{pmatrix}$，从而得方程组的基础解系为

$$\boldsymbol{\xi}_1=\begin{pmatrix}-2\\1\\1\\0\\0\end{pmatrix},\boldsymbol{\xi}_2=\begin{pmatrix}-2\\1\\0\\1\\0\end{pmatrix},\boldsymbol{\xi}_3=\begin{pmatrix}-6\\5\\0\\0\\1\end{pmatrix}.$$

第三步 原方程组的通解为 $\boldsymbol{\xi}=k_1\boldsymbol{\xi}_1+k_2\boldsymbol{\xi}_2+k_3\boldsymbol{\xi}_3$，其中 k_1，k_2，k_3 为任意实数.

例 2 求齐次线性方程组

$$\begin{cases}x_1-x_2+\ x_3-\ x_4=0\\x_1-x_2-\ x_3+\ x_4=0\\x_1-x_2-2x_3+2x_4=0\end{cases}$$

的一个基础解系和通解.

解 对系数矩阵 $\boldsymbol{A}$ 作初等行变换，化为行最简形矩阵，即

$$\boldsymbol{A}=\begin{pmatrix}1&-1&1&-1\\1&-1&-1&1\\1&-1&-2&2\end{pmatrix}\xrightarrow[r_3-r_1]{r_2-r_1}\begin{pmatrix}1&-1&1&-1\\0&0&-2&2\\0&0&-3&3\end{pmatrix}$$

$$\xrightarrow[r_3+3r_2]{r_2\div(-2)}\begin{pmatrix}1&-1&1&-1\\0&0&1&-1\\0&0&0&0\end{pmatrix}\xrightarrow{r_1-r_2}\begin{pmatrix}1&-1&0&0\\0&0&1&-1\\0&0&0&0\end{pmatrix},$$

从而得同解方程组

$$\begin{cases}x_1-x_2=0\\x_3-x_4=0\end{cases}.$$

取 x_2，x_4 为自由未知量，令 $\begin{pmatrix}x_2\\x_4\end{pmatrix}=\begin{pmatrix}1\\0\end{pmatrix},\begin{pmatrix}0\\1\end{pmatrix}$，可得 $\begin{pmatrix}x_1\\x_3\end{pmatrix}=\begin{pmatrix}1\\0\end{pmatrix},\begin{pmatrix}0\\1\end{pmatrix}$，于是基础解系为

$$\boldsymbol{\xi}_1=\begin{pmatrix}1\\1\\0\\0\end{pmatrix},\ \boldsymbol{\xi}_2=\begin{pmatrix}0\\0\\1\\1\end{pmatrix},$$

由此可知方程组的通解为 $\boldsymbol{\xi}=k_1\boldsymbol{\xi}_1+k_2\boldsymbol{\xi}_2$，其中 k_1，k_2 为任意实数.

二、非齐次线性方程组解的结构

设有 n 元非齐次线性方程组

$$\begin{cases}a_{11}x_1+a_{12}x_2+\cdots+a_{1n}x_n=b_1\\a_{21}x_1+a_{22}x_2+\cdots+a_{2n}x_n=b_2\\\qquad\qquad\vdots\\a_{m1}x_1+a_{m2}x_2+\cdots+a_{mn}x_n=b_m\end{cases},$$

其矩阵形式为 $\boldsymbol{Ax}=\boldsymbol{b}$，并称 $\boldsymbol{Ax}=\boldsymbol{0}$ 为非齐次线性方程组 $\boldsymbol{Ax}=\boldsymbol{b}$ 所对应的齐次方程组，也称它为 $\boldsymbol{Ax}=\boldsymbol{b}$ 的导出组，它们的解具有以下性质：

性质 3　若 $\boldsymbol{\eta}_1$，$\boldsymbol{\eta}_2$ 都是非齐次线性方程组 $\boldsymbol{Ax}=\boldsymbol{b}$ 的解，则 $\boldsymbol{\eta}_1-\boldsymbol{\eta}_2$ 是其导出组 $\boldsymbol{Ax}=\boldsymbol{0}$ 的解.

证　因为 $\boldsymbol{A}(\boldsymbol{\eta}_1-\boldsymbol{\eta}_2)=\boldsymbol{A\eta}_1-\boldsymbol{A\eta}_2=\boldsymbol{b}-\boldsymbol{b}=\boldsymbol{0}$，所以 $\boldsymbol{\eta}_1-\boldsymbol{\eta}_2$ 是 $\boldsymbol{Ax}=\boldsymbol{0}$ 的解.

性质 4　若 $\boldsymbol{\eta}$ 是非齐次线性方程组 $\boldsymbol{Ax}=\boldsymbol{b}$ 的解，$\boldsymbol{\xi}$ 是导出组 $\boldsymbol{Ax}=\boldsymbol{0}$ 的解，则 $\boldsymbol{\xi}+\boldsymbol{\eta}$ 仍是 $\boldsymbol{Ax}=\boldsymbol{b}$ 的解.

证　因为 $\boldsymbol{A}(\boldsymbol{\xi}+\boldsymbol{\eta})=\boldsymbol{A\xi}+\boldsymbol{A\eta}=\boldsymbol{0}+\boldsymbol{b}=\boldsymbol{b}$，所以 $\boldsymbol{\xi}+\boldsymbol{\eta}$ 是 $\boldsymbol{Ax}=\boldsymbol{b}$ 的解.

由以上性质可以得到如下结论：

定理 2　设 $\boldsymbol{\eta}^*$ 为非齐次线性方程组 $\boldsymbol{Ax}=\boldsymbol{b}$ 的一个解(称为**特解**)，且 $r(\boldsymbol{A},\boldsymbol{b})=r(\boldsymbol{A})=r<n$，$\boldsymbol{\xi}_1$，$\boldsymbol{\xi}_2$，…，$\boldsymbol{\xi}_{n-r}$ 是其导出组 $\boldsymbol{Ax}=\boldsymbol{0}$ 的基础解系，则方程组 $\boldsymbol{Ax}=\boldsymbol{b}$ 的通解为

$$\boldsymbol{\eta}=k_1\boldsymbol{\xi}_1+k_2\boldsymbol{\xi}_2+\cdots+k_{n-r}\boldsymbol{\xi}_{n-r}+\boldsymbol{\eta}^*, \tag{3-2}$$

其中 $k_1, k_2, \cdots, k_{n-r}$ 为任意实数.

证 设 $\boldsymbol{\eta}$ 是 $\boldsymbol{Ax}=\boldsymbol{b}$ 的任意一个解，由性质 3 知，$\boldsymbol{\eta}-\boldsymbol{\eta}^*$ 为 $\boldsymbol{Ax}=\boldsymbol{0}$ 的解. 而 $\boldsymbol{\xi}_1, \boldsymbol{\xi}_2, \cdots, \boldsymbol{\xi}_{n-r}$ 是 $\boldsymbol{Ax}=\boldsymbol{0}$ 的基础解系，所以存在实数 $k_1, k_2, \cdots, k_{n-r}$，使

$$\boldsymbol{\eta}-\boldsymbol{\eta}^*=k_1\boldsymbol{\xi}_1+k_2\boldsymbol{\xi}_2+\cdots+k_{n-r}\boldsymbol{\xi}_{n-r},$$

即

$$\boldsymbol{\eta}=k_1\boldsymbol{\xi}_1+k_2\boldsymbol{\xi}_2+\cdots+k_{n-r}\boldsymbol{\xi}_{n-r}+\boldsymbol{\eta}^*,$$

其中 $k_1, k_2, \cdots, k_{n-r}$ 为任意实数.

例 3 求下列非齐次线性方程组的通解

$$\begin{cases} x_1+2x_2-2x_3+3x_4=2 \\ 2x_1+4x_2-3x_3+4x_4=5 \\ 5x_1+10x_2-8x_3+11x_4=12 \end{cases}.$$

解 第一步 首先判断方程组是否有解. 对增广矩阵作初等行变换，有

$$\boldsymbol{B}=(\boldsymbol{A}, \boldsymbol{b})=\begin{pmatrix} 1 & 2 & -2 & 3 & 2 \\ 2 & 4 & -3 & 4 & 5 \\ 5 & 10 & -8 & 11 & 12 \end{pmatrix} \xrightarrow[r_3-5r_1]{r_2-2r_1} \begin{pmatrix} 1 & 2 & -2 & 3 & 2 \\ 0 & 0 & 1 & -2 & 1 \\ 0 & 0 & 2 & -4 & 2 \end{pmatrix}$$

$$\xrightarrow{r_3-2r_2} \begin{pmatrix} 1 & 2 & -2 & 3 & 2 \\ 0 & 0 & 1 & -2 & 1 \\ 0 & 0 & 0 & 0 & 0 \end{pmatrix} \xrightarrow{r_1+2r_2} \begin{pmatrix} 1 & 2 & 0 & -1 & 4 \\ 0 & 0 & 1 & -2 & 1 \\ 0 & 0 & 0 & 0 & 0 \end{pmatrix},$$

由此可知 $r(\boldsymbol{A}, \boldsymbol{b})=r(\boldsymbol{A})=2<4$，故方程组有解.

第二步 求方程组的一个特解. 原方程组的同解方程组为

$$\begin{cases} x_1=-2x_2+x_4+4 \\ x_3=2x_4+1 \end{cases},$$

令 $x_2=x_4=0$，得 $x_1=4$，$x_3=1$，从而得非齐次线性方程组的一个特解

$$\boldsymbol{\eta}^*=(4 \quad 0 \quad 1 \quad 0)^{\mathrm{T}}.$$

第三步 求对应的齐次线性方程组的一个基础解系. 对应的齐次线性方程组为

$$\begin{cases} x_1=-2x_2+x_4 \\ x_3=2x_4 \end{cases},$$

令 $\begin{pmatrix} x_2 \\ x_4 \end{pmatrix}=\begin{pmatrix} 1 \\ 0 \end{pmatrix}, \begin{pmatrix} 0 \\ 1 \end{pmatrix}$，得 $\begin{pmatrix} x_1 \\ x_3 \end{pmatrix}=\begin{pmatrix} -2 \\ 0 \end{pmatrix}, \begin{pmatrix} 1 \\ 2 \end{pmatrix}$，因此齐次方程组的基础解系为

$$\boldsymbol{\xi}_1=\begin{pmatrix}-2\\1\\0\\0\end{pmatrix},\ \boldsymbol{\xi}_2=\begin{pmatrix}1\\0\\2\\1\end{pmatrix}.$$

于是，原方程组的通解为

$$\boldsymbol{\eta}=k_1\boldsymbol{\xi}_1+k_2\boldsymbol{\xi}_2+\boldsymbol{\eta}^*\ (k_1,\ k_2\ 为任意实数).$$

例 4　设有非齐次线性方程组

$$\begin{cases}x_1-\ x_2+2x_3=-4\\-x_1+kx_2+\ x_3=k^2\\x_1+\ x_2+kx_3=4\end{cases},$$

问 k 取何值时，此方程组(1)有唯一解；(2)无解；(3)有无穷多解，并求通解.

解　对增广矩阵作初等行变换，有

$$\boldsymbol{B}=(\boldsymbol{A},\boldsymbol{b})=\begin{pmatrix}1&-1&2&-4\\-1&k&1&k^2\\1&1&k&4\end{pmatrix}\xrightarrow[r_3-r_1]{r_2+r_1}\begin{pmatrix}1&-1&2&-4\\0&k-1&3&k^2-4\\0&2&k-2&8\end{pmatrix}$$

$$\xrightarrow[r_3-\frac{k-1}{2}r_2]{r_2\leftrightarrow r_3}\begin{pmatrix}1&-1&2&-4\\0&2&k-2&8\\0&0&-\frac{1}{2}(k-4)(k+1)&k(k-4)\end{pmatrix}.$$

(1) 当 $k\neq 4$ 且 $k\neq -1$ 时，$r(\boldsymbol{A})=r(\boldsymbol{A},\boldsymbol{b})=3$，故方程组有唯一解；

(2) 当 $k=-1$ 时，$r(\boldsymbol{A})=2$，$r(\boldsymbol{A},\boldsymbol{b})=3$，故方程组无解；

(3) 当 $k=4$ 时，$r(\boldsymbol{A})=r(\boldsymbol{A},\boldsymbol{b})=2<3$，故方程组有无穷多解，此时

$$\boldsymbol{B}=(\boldsymbol{A},\boldsymbol{b})\to\begin{pmatrix}1&-1&2&-4\\0&2&2&8\\0&0&0&0\end{pmatrix}\xrightarrow[r_1+r_2]{r_2\div 2}\begin{pmatrix}1&0&3&0\\0&1&1&4\\0&0&0&0\end{pmatrix},$$

可得原方程组的同解方程组

$$\begin{cases}x_1+3x_3=0\\x_2+x_3=4\end{cases},\ 即\begin{cases}x_1=-3x_3\\x_2=-x_3+4\end{cases},\ x_3\ 为自由未知量.$$

于是，通解为

$$\boldsymbol{x}=\begin{pmatrix}x_1\\x_2\\x_3\end{pmatrix}=k\begin{pmatrix}-3\\-1\\1\end{pmatrix}+\begin{pmatrix}0\\4\\0\end{pmatrix},\ k\ 为任意实数.$$

例 5 设四元非齐次线性方程组 $\boldsymbol{Ax}=\boldsymbol{b}$ 的系数矩阵 $\boldsymbol{A}$ 的秩为 3，已知它的 3 个解向量为 $\boldsymbol{\eta}_1$，$\boldsymbol{\eta}_2$，$\boldsymbol{\eta}_3$，其中

$$\boldsymbol{\eta}_1=\begin{pmatrix}3\\-4\\1\\2\end{pmatrix},\ \boldsymbol{\eta}_2+\boldsymbol{\eta}_3=\begin{pmatrix}4\\6\\8\\0\end{pmatrix},$$

求该方程组的通解.

解 因四元非齐次线性方程组 $\boldsymbol{Ax}=\boldsymbol{b}$ 的系数矩阵 $\boldsymbol{A}$ 的秩为 3，则其导出组 $\boldsymbol{Ax}=\boldsymbol{0}$ 的基础解系含有 1 个向量，故 $\boldsymbol{Ax}=\boldsymbol{0}$ 的任何一个非零解都可作为它的基础解系. 由解的性质，易知

$$\boldsymbol{\xi}=\boldsymbol{\eta}_1-\frac{1}{2}(\boldsymbol{\eta}_2+\boldsymbol{\eta}_3)=\begin{pmatrix}3\\-4\\1\\2\end{pmatrix}-\frac{1}{2}\begin{pmatrix}4\\6\\8\\0\end{pmatrix}=\begin{pmatrix}1\\-7\\-3\\2\end{pmatrix}$$

是导出组 $\boldsymbol{Ax}=\boldsymbol{0}$ 的一个非零解，故原方程组的通解为 $\boldsymbol{x}=k\boldsymbol{\xi}+\boldsymbol{\eta}_1$，$k$ 为任意实数.

第五节 向量空间

本节简要介绍向量空间的基本知识.

定义 1 设 V 为 n 维向量的集合，如果集合 V 非空，且集合 V 对于向量的加法及数乘两种运算封闭，那么就称集合 V 为**向量空间**.

所谓封闭，就是指在集合 V 中可以进行向量的加法及数乘两种运算，运算结果仍在 V 中，即若 $\boldsymbol{\alpha}\in V$，$\boldsymbol{\beta}\in V$，则 $\boldsymbol{\alpha}+\boldsymbol{\beta}\in V$；若 $\boldsymbol{\alpha}\in V$，$\lambda\in\mathbf{R}$，则 $\lambda\boldsymbol{\alpha}\in V$.

例 1 证明三维向量的全体 $\mathbf{R}^3$ 是一个向量空间.

证 若 $\boldsymbol{\alpha}\in\mathbf{R}^3$，$\boldsymbol{\beta}\in\mathbf{R}^3$，显然有 $\boldsymbol{\alpha}+\boldsymbol{\beta}\in\mathbf{R}^3$；又若 $\boldsymbol{\alpha}\in\mathbf{R}^3$，$\lambda\in\mathbf{R}$，则有 $\lambda\boldsymbol{\alpha}\in\mathbf{R}^3$，所以 $\mathbf{R}^3$ 是一个向量空间.

三维向量可以用有向线段形象地表示，从而向量空间 $\mathbf{R}^3$ 可形象地看作以坐标原点为起点的有向线段的全体. 由于以原点为起点的有向线段与其终点一一对应，因此 $\mathbf{R}^3$ 也可看作取定坐标原点的点空间. 类似地，n 维向量的全体 $\mathbf{R}^n$ 也是一个向量空间. 只是当 $n>3$ 时，它不再有直观的几何意义.

例 2　证明集合

$$V=\{\boldsymbol{x}=(1,x_2,\cdots,x_n)^{\mathrm{T}}\mid x_2,\cdots,x_n\in\mathbf{R}\}$$

不是一个向量空间.

证　若 $\boldsymbol{\alpha}=(1,x_2,\cdots,x_n)^{\mathrm{T}}\in V$，则

$$2\boldsymbol{\alpha}=(2,2x_2,\cdots,2x_n)^{\mathrm{T}}\notin V,$$

所以 $V=\{\boldsymbol{x}=(1,x_2,\cdots,x_n)^{\mathrm{T}}\mid x_2,\cdots,x_n\in\mathbf{R}\}$ 不是一个向量空间.

例 3　证明 n 元齐次线性方程组的解集 $S=\{\boldsymbol{x}\mid\boldsymbol{A}\boldsymbol{x}=\mathbf{0}\}$ 是一个向量空间(称为齐次线性方程组的**解空间**).

证　由齐次线性方程组解的线性性质可知其解集 $S=\{\boldsymbol{x}\mid\boldsymbol{A}\boldsymbol{x}=\mathbf{0}\}$ 对向量的线性运算封闭，所以 $S=\{\boldsymbol{x}\mid\boldsymbol{A}\boldsymbol{x}=\mathbf{0}\}$ 是一个向量空间.

注：n 元非齐次线性方程组的解集 $S=\{\boldsymbol{x}\mid\boldsymbol{A}\boldsymbol{x}=\boldsymbol{b}\}$ 不是一个向量空间. 因为当 S 为空集时，S 不是向量空间；当 S 非空时，若 $\boldsymbol{\eta}\in S$，则 $A(2\boldsymbol{\eta})=2\boldsymbol{b}\notin S$，不封闭.

例 4　设 $\boldsymbol{\alpha}$，$\boldsymbol{\beta}$ 为两个已知的 n 维向量，证明集合

$$L=\{\boldsymbol{x}=\lambda\boldsymbol{\alpha}+\mu\boldsymbol{\beta}\mid\lambda,\mu\in\mathbf{R}\}$$

是一个向量空间.

证　若 $\boldsymbol{x}_1=\lambda_1\boldsymbol{\alpha}+\mu_1\boldsymbol{\beta}$，$\boldsymbol{x}_2=\lambda_2\boldsymbol{\alpha}+\mu_2\boldsymbol{\beta}$，$k\in\mathbf{R}$，则有

$$\boldsymbol{x}_1+\boldsymbol{x}_2=(\lambda_1+\lambda_2)\boldsymbol{\alpha}+(\mu_1+\mu_2)\boldsymbol{\beta}\in L,$$

$$k\boldsymbol{x}_1=(k\lambda_1)\boldsymbol{\alpha}+(k\mu_1)\boldsymbol{\beta}\in L,$$

所以 $L=\{\boldsymbol{x}=\lambda\boldsymbol{\alpha}+\mu\boldsymbol{\beta}\mid\lambda,\mu\in\mathbf{R}\}$ 是一个向量空间，这个向量空间称为由向量 $\boldsymbol{\alpha}$，$\boldsymbol{\beta}$ 所生成的向量空间(**生成空间**).

一般地，由向量 $\boldsymbol{\alpha}_1$，$\boldsymbol{\alpha}_2$，$\cdots$，$\boldsymbol{\alpha}_m$ 所生成的向量空间(生成空间)为

$$L=\{\boldsymbol{x}=\lambda_1\boldsymbol{\alpha}_1+\lambda_2\boldsymbol{\alpha}_2+\cdots+\lambda_m\boldsymbol{\alpha}_m\mid\lambda_1,\lambda_2,\cdots,\lambda_m\in\mathbf{R}\}.$$

定义 2　设有向量空间 V_1 和 V_2，若 $V_1\subseteq V_2$，则称 V_1 是 V_2 的**子空间**.

例如任何由 n 维向量所组成的向量空间 V，总有 $V\subseteq\mathbf{R}^n$，这样的空间总是 $\mathbf{R}^n$ 的子空间.

定义 3　设 V 为向量空间，如果 r 个向量 $\boldsymbol{\alpha}_1$，$\boldsymbol{\alpha}_2$，$\cdots$，$\boldsymbol{\alpha}_r\in V$，且满足

(1) 向量组 $\boldsymbol{\alpha}_1$，$\boldsymbol{\alpha}_2$，$\cdots$，$\boldsymbol{\alpha}_r$ 线性无关；

(2) V 中任一向量都能由 $\boldsymbol{\alpha}_1$，$\boldsymbol{\alpha}_2$，$\cdots$，$\boldsymbol{\alpha}_r$ 线性表示，

那么就称向量组 $\boldsymbol{\alpha}_1$，$\boldsymbol{\alpha}_2$，$\cdots$，$\boldsymbol{\alpha}_r$ 为向量空间 V 的一个**基**，r 称为向量空间 V 的**维数**，并称 V 为 **r 维向量空间**.

特别地，如果向量空间 V 没有基，那么 V 的维数为 0，0 维向量空间只含一个零向量 $\mathbf{0}$.

另外，若把向量空间 V 看作向量组，则由最大无关组的等价定义可知，V 的基就是向量

组的最大无关组，V 的维数就是向量组的秩.

例 5 向量空间 $V=\{x=(0, x_2, \cdots, x_n)^{\mathrm{T}} \mid x_2, \cdots, x_n \in \mathbf{R}\}$ 的一个基可取为 $e_2=(0, 1, 0, \cdots, 0)^{\mathrm{T}}$，$e_3=(0, 0, 1, \cdots, 0)^{\mathrm{T}}$，…，$e_n=(0, 0, 0, \cdots, 1)^{\mathrm{T}}$. 由此可知该空间是 $n-1$ 维向量空间.

记向量组 $\boldsymbol{\alpha}_1, \boldsymbol{\alpha}_2, \cdots, \boldsymbol{\alpha}_m$ 的生成空间为

$$L=\{x=\lambda_1\boldsymbol{\alpha}_1+\lambda_2\boldsymbol{\alpha}_2+\cdots+\lambda_m\boldsymbol{\alpha}_m \mid \lambda_1, \lambda_2, \cdots, \lambda_m \in \mathbf{R}\},$$

容易证得向量空间 L 与向量组 $\boldsymbol{\alpha}_1, \boldsymbol{\alpha}_2, \cdots, \boldsymbol{\alpha}_m$ 等价，所以向量组 $\boldsymbol{\alpha}_1, \boldsymbol{\alpha}_2, \cdots, \boldsymbol{\alpha}_m$ 的最大无关组就是向量空间 L 的一个基，向量组 $\boldsymbol{\alpha}_1, \boldsymbol{\alpha}_2, \cdots, \boldsymbol{\alpha}_m$ 的秩就是向量空间 L 的维数.

若向量组 $\boldsymbol{\alpha}_1, \boldsymbol{\alpha}_2, \cdots, \boldsymbol{\alpha}_r$ 是向量空间 V 的一个基，则 V 可表示为

$$V=\{x=\lambda_1\boldsymbol{\alpha}_1+\lambda_2\boldsymbol{\alpha}_2+\cdots+\lambda_r\boldsymbol{\alpha}_r \mid \lambda_1, \lambda_2, \cdots, \lambda_r \in \mathbf{R}\},$$

即 V 是由基所生成的向量空间，这就非常清楚地显示出向量空间 V 的构造.

例 6 对于 n 元齐次线性方程组的解空间 $S=\{x \mid Ax=\mathbf{0}\}$，若能找到解空间的一个基 $\boldsymbol{\xi}_1, \boldsymbol{\xi}_2, \cdots, \boldsymbol{\xi}_{n-r}$，则解空间就可表示为

$$S=\{x=c_1\boldsymbol{\xi}_1+c_2\boldsymbol{\xi}_2+\cdots+c_{n-r}\boldsymbol{\xi}_{n-r} \mid c_1, c_2, \cdots, c_{n-r} \in \mathbf{R}\}.$$

定义 4 如果在向量空间 V 中取定一个基 $\boldsymbol{\alpha}_1, \boldsymbol{\alpha}_2, \cdots, \boldsymbol{\alpha}_r$，那么 V 中任一向量 x 可唯一地表示为

$$x=\lambda_1\boldsymbol{\alpha}_1+\lambda_2\boldsymbol{\alpha}_2+\cdots+\lambda_r\boldsymbol{\alpha}_r,$$

则有序数组 $\lambda_1, \lambda_2, \cdots, \lambda_r$ 称为向量 x 在基 $\boldsymbol{\alpha}_1, \boldsymbol{\alpha}_2, \cdots, \boldsymbol{\alpha}_r$ 中的**坐标**.

特别地，在 n 维向量空间 $\mathbf{R}^n$ 中取单位坐标向量组 $e_1, e_2, \cdots, e_n$ 为基，则以 $x_1, x_2, \cdots, x_n$ 为分量的向量 x 可表示为

$$x=x_1e_1+x_2e_2+\cdots+x_ne_n.$$

可见任一向量在基 $e_1, e_2, \cdots, e_n$ 中的坐标就是该向量的分量. 所以，$e_1, e_2, \cdots, e_n$ 叫作 $\mathbf{R}^n$ 中的**自然基**.

例 7 验证 $\boldsymbol{\alpha}_1=(1, -1, 0)^{\mathrm{T}}$，$\boldsymbol{\alpha}_2=(2, 1, 3)^{\mathrm{T}}$，$\boldsymbol{\alpha}_3=(3, 1, 2)^{\mathrm{T}}$ 为 $\mathbf{R}^3$ 的一个基，并求 $\boldsymbol{\beta}_1=(5, 0, 7)^{\mathrm{T}}$，$\boldsymbol{\beta}_2=(-9, -8, -13)^{\mathrm{T}}$ 在这个基中的坐标.

解 记 $A=(\boldsymbol{\alpha}_1, \boldsymbol{\alpha}_2, \boldsymbol{\alpha}_3)$，$B=(\boldsymbol{\beta}_1, \boldsymbol{\beta}_2)$. 要证 $\boldsymbol{\alpha}_1, \boldsymbol{\alpha}_2, \boldsymbol{\alpha}_3$ 是 $\mathbf{R}^3$ 的一个基，只需证 $\boldsymbol{\alpha}_1, \boldsymbol{\alpha}_2, \boldsymbol{\alpha}_3$ 线性无关，即只要证 $A \sim E$.

设 $\boldsymbol{\beta}_1=x_{11}\boldsymbol{\alpha}_1+x_{21}\boldsymbol{\alpha}_2+x_{31}\boldsymbol{\alpha}_3$，$\boldsymbol{\beta}_2=x_{12}\boldsymbol{\alpha}_1+x_{22}\boldsymbol{\alpha}_2+x_{32}\boldsymbol{\alpha}_3$，即

$$(\boldsymbol{\beta}_1, \boldsymbol{\beta}_2)=(\boldsymbol{\alpha}_1, \boldsymbol{\alpha}_2, \boldsymbol{\alpha}_3)\begin{pmatrix} x_{11} & x_{12} \\ x_{21} & x_{22} \\ x_{31} & x_{32} \end{pmatrix},$$

记作 $\boldsymbol{B}=\boldsymbol{A}\boldsymbol{X}$.

对矩阵 $(\boldsymbol{A},\boldsymbol{B})$ 施行初等行变换，若 $\boldsymbol{A}$ 能变成 $\boldsymbol{E}$，则 $\boldsymbol{\alpha}_1,\boldsymbol{\alpha}_2,\boldsymbol{\alpha}_3$ 是 $\mathbf{R}^3$ 的一个基，且当 $\boldsymbol{A}$ 能变成 $\boldsymbol{E}$ 时，$\boldsymbol{B}$ 变为 $\boldsymbol{X}=\boldsymbol{A}^{-1}\boldsymbol{B}$.

$$(\boldsymbol{A},\boldsymbol{B})=\begin{pmatrix}1&2&3&5&-9\\-1&1&1&0&-8\\0&3&2&7&-13\end{pmatrix}\xrightarrow{r_2+r_1}\begin{pmatrix}1&2&3&5&-9\\0&3&4&5&-17\\0&3&2&7&-13\end{pmatrix}$$

$$\xrightarrow{r_3-r_2}\begin{pmatrix}1&2&3&5&-9\\0&3&4&5&-17\\0&0&-2&2&4\end{pmatrix}\xrightarrow[r_2-4r_3]{r_3\div(-2)}\begin{pmatrix}1&2&3&5&-9\\0&3&0&9&-9\\0&0&1&-1&-2\end{pmatrix}$$

$$\xrightarrow[r_1-2r_2-3r_3]{r_2\div 3}\begin{pmatrix}1&0&0&2&3\\0&1&0&3&-3\\0&0&1&-1&-2\end{pmatrix}.$$

因有 $\boldsymbol{A}\sim\boldsymbol{E}$，所以 $\boldsymbol{\alpha}_1,\boldsymbol{\alpha}_2,\boldsymbol{\alpha}_3$ 是 $\mathbf{R}^3$ 的一个基，且

$$(\boldsymbol{\beta}_1,\boldsymbol{\beta}_2)=(\boldsymbol{\alpha}_1,\boldsymbol{\alpha}_2,\boldsymbol{\alpha}_3)\begin{pmatrix}2&3\\3&-3\\-1&-2\end{pmatrix},$$

即 $\boldsymbol{\beta}_1,\boldsymbol{\beta}_2$ 在基 $\boldsymbol{\alpha}_1,\boldsymbol{\alpha}_2,\boldsymbol{\alpha}_3$ 中的坐标依次为(2，3，−1)和(3，−3，−2).

定义 5　设 $\boldsymbol{\alpha}_1,\boldsymbol{\alpha}_2,\cdots,\boldsymbol{\alpha}_n$ 和 $\boldsymbol{\beta}_1,\boldsymbol{\beta}_2,\cdots,\boldsymbol{\beta}_n$ 是向量空间 $\mathbf{R}^n$ 的两个基，记 $\boldsymbol{A}=(\boldsymbol{\alpha}_1,\boldsymbol{\alpha}_2,\cdots,\boldsymbol{\alpha}_n)$，$\boldsymbol{B}=(\boldsymbol{\beta}_1,\boldsymbol{\beta}_2,\cdots,\boldsymbol{\beta}_n)$. 由

$$(\boldsymbol{\alpha}_1,\boldsymbol{\alpha}_2,\cdots,\boldsymbol{\alpha}_n)=(\boldsymbol{e}_1,\boldsymbol{e}_2,\cdots,\boldsymbol{e}_n)\boldsymbol{A},$$

得

$$(\boldsymbol{e}_1,\boldsymbol{e}_2,\cdots,\boldsymbol{e}_n)=(\boldsymbol{\alpha}_1,\boldsymbol{\alpha}_2,\cdots,\boldsymbol{\alpha}_n)\boldsymbol{A}^{-1}.$$

所以

$$(\boldsymbol{\beta}_1,\boldsymbol{\beta}_2,\cdots,\boldsymbol{\beta}_n)=(\boldsymbol{e}_1,\boldsymbol{e}_2,\cdots,\boldsymbol{e}_n)\boldsymbol{B}=(\boldsymbol{\alpha}_1,\boldsymbol{\alpha}_2,\cdots,\boldsymbol{\alpha}_n)\boldsymbol{A}^{-1}\boldsymbol{B},$$

该公式称为由旧基 $\boldsymbol{\alpha}_1,\boldsymbol{\alpha}_2,\cdots,\boldsymbol{\alpha}_n$ 到新基 $\boldsymbol{\beta}_1,\boldsymbol{\beta}_2,\cdots,\boldsymbol{\beta}_n$ 的**基变换公式**. 其中基变换公式中的系数矩阵 $\boldsymbol{P}=\boldsymbol{A}^{-1}\boldsymbol{B}$ 称为由旧基到新基的**过渡矩阵**.

设向量 $\boldsymbol{x}$ 在旧基和新基中的坐标分别为 $y_1,y_2,\cdots,y_n$ 和 $z_1,z_2,\cdots,z_n$，即

$$\boldsymbol{x}=(\boldsymbol{\alpha}_1,\boldsymbol{\alpha}_2,\cdots,\boldsymbol{\alpha}_n)\begin{pmatrix}y_1\\y_2\\\vdots\\y_n\end{pmatrix},\ \boldsymbol{x}=(\boldsymbol{\beta}_1,\boldsymbol{\beta}_2,\cdots,\boldsymbol{\beta}_n)\begin{pmatrix}z_1\\z_2\\\vdots\\z_n\end{pmatrix},$$

故 $\boldsymbol{A}\begin{pmatrix}y_1\\y_2\\\vdots\\y_n\end{pmatrix}=\boldsymbol{B}\begin{pmatrix}z_1\\z_2\\\vdots\\z_n\end{pmatrix}$，得 $\begin{pmatrix}z_1\\z_2\\\vdots\\z_n\end{pmatrix}=\boldsymbol{B}^{-1}\boldsymbol{A}\begin{pmatrix}y_1\\y_2\\\vdots\\y_n\end{pmatrix}$，即 $\begin{pmatrix}z_1\\z_2\\\vdots\\z_n\end{pmatrix}=\boldsymbol{P}^{-1}\begin{pmatrix}y_1\\y_2\\\vdots\\y_n\end{pmatrix}$，

这就是从旧坐标到新坐标的**坐标变换公式**.

例 8 给定 $\mathbf{R}^3$ 中的两个基：

$$\text{Ⅰ}:\boldsymbol{\alpha}_1=\begin{pmatrix}1\\0\\0\end{pmatrix},\boldsymbol{\alpha}_2=\begin{pmatrix}1\\1\\0\end{pmatrix},\boldsymbol{\alpha}_3=\begin{pmatrix}1\\1\\1\end{pmatrix};\ \text{Ⅱ}:\boldsymbol{\beta}_1=\begin{pmatrix}1\\2\\1\end{pmatrix},\boldsymbol{\beta}_2=\begin{pmatrix}2\\3\\3\end{pmatrix},\boldsymbol{\beta}_3=\begin{pmatrix}3\\7\\1\end{pmatrix},$$

(1) 求由基Ⅰ到基Ⅱ的过渡矩阵；

(2) 设向量 $\boldsymbol{\gamma}$ 在基Ⅰ中的坐标为$(-2, 1, 2)$，求 $\boldsymbol{\gamma}$ 在基Ⅱ中的坐标.

解 (1) 由基Ⅰ到基Ⅱ的过渡矩阵为 $\boldsymbol{P}=\boldsymbol{A}^{-1}\boldsymbol{B}$，其中 $\boldsymbol{A}=(\boldsymbol{\alpha}_1, \boldsymbol{\alpha}_2, \boldsymbol{\alpha}_3)$，$\boldsymbol{B}=(\boldsymbol{\beta}_1, \boldsymbol{\beta}_2, \boldsymbol{\beta}_3)$. 利用矩阵的初等行变换把矩阵$(\boldsymbol{A}, \boldsymbol{B})$中的 $\boldsymbol{A}$ 变成 $\boldsymbol{E}$，则 $\boldsymbol{B}$ 相应地变成了 $\boldsymbol{A}^{-1}\boldsymbol{B}$.

$$(\boldsymbol{A}, \boldsymbol{B})=(\boldsymbol{\alpha}_1, \boldsymbol{\alpha}_2, \boldsymbol{\alpha}_3, \boldsymbol{\beta}_1, \boldsymbol{\beta}_2, \boldsymbol{\beta}_3)=\begin{pmatrix}1&1&1&1&2&3\\0&1&1&2&3&7\\0&0&1&1&3&1\end{pmatrix}$$

$$\xrightarrow{r}\begin{pmatrix}1&0&0&-1&-1&-4\\0&1&0&1&0&6\\0&0&1&1&3&1\end{pmatrix}.$$

所以，过渡矩阵为 $\boldsymbol{P}=\boldsymbol{A}^{-1}\boldsymbol{B}=\begin{pmatrix}-1&-1&-4\\1&0&6\\1&3&1\end{pmatrix}$.

(2) 易求得 $\boldsymbol{P}^{-1}=\begin{pmatrix}-18&-11&-6\\5&3&2\\3&2&1\end{pmatrix}$，故向量 $\boldsymbol{\gamma}$ 在基Ⅱ中的坐标(向量)为

$$\boldsymbol{P}^{-1}\begin{pmatrix}-2\\1\\2\end{pmatrix}=\begin{pmatrix}-18&-11&-6\\5&3&2\\3&2&1\end{pmatrix}\begin{pmatrix}-2\\1\\2\end{pmatrix}=\begin{pmatrix}13\\-3\\-2\end{pmatrix},$$

即向量 $\boldsymbol{\gamma}$ 在基Ⅱ中的坐标为$(13, -3, -2)$.

第六节　向量及线性方程组的应用*

向量的相关性在实际生活中有广泛的应用，线性方程组也被广泛应用于遗传学、人口统计学、化学、工程学、生态学、社会学以及物理学等领域，本节主要介绍相关知识点在一些理论及实际问题中的应用案例.

一、药品配置

某中药厂用 9 种中草药(A～I)根据不同的比例配制成了 7 种特效药，各用量成分见下表(单位：克).

	1 号成药	2 号成药	3 号成药	4 号成药	5 号成药	6 号成药	7 号成药
A	10	2	14	12	20	38	100
B	12	0	12	25	35	60	55
C	5	3	11	0	5	14	0
D	7	9	25	5	15	47	35
E	0	1	2	25	5	33	6
F	25	5	35	5	35	55	50
G	9	4	17	25	2	39	25
H	6	5	16	10	10	35	10
I	8	2	12	0	0	6	20

现有如下问题：

(1) 某医院要购买这 7 种特效药，但药厂的第 3 号药和第 6 号药已经卖完，请问能否用其他特效药配制出这两种脱销的药品?

(2) 医院想用这 7 种草药配制 3 种新的特效药，下表给出了 3 种新的特效药的成分，请问能否配制? 如何配制?

	1 号新药	2 号新药	3 号新药
A	40	162	88
B	62	141	67
C	14	27	8

（续表）

	1 号新药	2 号新药	3 号新药
D	44	102	51
E	53	60	7
F	50	155	80
G	71	118	38
H	41	68	21
I	14	52	30

解 （1）把每一种特效药看成一个 9 维列向量 $\boldsymbol{u}_i(i=1, \cdots, 7)$，分析 7 个列向量构成向量组的线性相关性．若向量组线性无关，则无法配制脱销的特效药；若向量组线性相关，并且能找到不含 $\boldsymbol{u}_3$，$\boldsymbol{u}_6$ 的一个最大线性无关组，则可以配制 3 号和 6 号药品．由于

$$\boldsymbol{U}=(\boldsymbol{u}_1, \boldsymbol{u}_2, \cdots, \boldsymbol{u}_7)=\begin{pmatrix} 10 & 2 & 14 & 12 & 20 & 38 & 100 \\ 12 & 0 & 12 & 25 & 35 & 60 & 55 \\ 5 & 3 & 11 & 0 & 5 & 14 & 0 \\ 7 & 9 & 25 & 5 & 15 & 47 & 35 \\ 0 & 1 & 2 & 25 & 5 & 33 & 6 \\ 25 & 5 & 35 & 5 & 35 & 55 & 50 \\ 9 & 4 & 17 & 25 & 2 & 39 & 25 \\ 6 & 5 & 16 & 10 & 10 & 35 & 10 \\ 8 & 2 & 12 & 0 & 0 & 6 & 20 \end{pmatrix}$$

$$\xrightarrow{r}\begin{pmatrix} 1 & 0 & 1 & 0 & 0 & 0 & 0 \\ 0 & 1 & 2 & 0 & 0 & 3 & 0 \\ 0 & 0 & 0 & 1 & 0 & 1 & 0 \\ 0 & 0 & 0 & 0 & 1 & 1 & 0 \\ 0 & 0 & 0 & 0 & 0 & 0 & 1 \\ 0 & 0 & 0 & 0 & 0 & 0 & 0 \\ 0 & 0 & 0 & 0 & 0 & 0 & 0 \\ 0 & 0 & 0 & 0 & 0 & 0 & 0 \\ 0 & 0 & 0 & 0 & 0 & 0 & 0 \end{pmatrix}.$$

显然，矩阵 $\boldsymbol{U}$ 等价的行最简形矩阵的非零行数为 5，即有 $r(\boldsymbol{U})=5$，从而向量组 $\boldsymbol{u}_1$，$\boldsymbol{u}_2$，$\cdots$，$\boldsymbol{u}_7$ 线性相关，一个最大无关组为 $\boldsymbol{u}_1$，$\boldsymbol{u}_2$，$\boldsymbol{u}_4$，$\boldsymbol{u}_5$，$\boldsymbol{u}_7$，其余向量 $\boldsymbol{u}_3$，$\boldsymbol{u}_6$ 用最大无关组表示为

$$\boldsymbol{u}_3=\boldsymbol{u}_1+2\boldsymbol{u}_2,$$
$$\boldsymbol{u}_6=3\boldsymbol{u}_2+\boldsymbol{u}_4+\boldsymbol{u}_5,$$

故可以配制新药.

(2) 三种新药用 $\boldsymbol{v}_1, \boldsymbol{v}_2, \boldsymbol{v}_3$ 表示，问题化为 $\boldsymbol{v}_1, \boldsymbol{v}_2, \boldsymbol{v}_3$ 能否由向量组 $\boldsymbol{u}_1, \boldsymbol{u}_2, \cdots, \boldsymbol{u}_7$ 线性表示. 若能表示，则可配制，否则不能配制. 为此，令

$$\overline{\boldsymbol{U}}=(\boldsymbol{u}_1, \boldsymbol{u}_2, \cdots, \boldsymbol{u}_7, \boldsymbol{v}_1, \boldsymbol{v}_2, \boldsymbol{v}_3),$$

通过有限次初等行变换，可得

$$\overline{\boldsymbol{U}} \longrightarrow \begin{pmatrix} 1 & 0 & 1 & 0 & 0 & 0 & 0 & 1 & 3 & 0 \\ 0 & 1 & 2 & 0 & 0 & 3 & 0 & 3 & 4 & 0 \\ 0 & 0 & 0 & 1 & 0 & 1 & 0 & 2 & 2 & 0 \\ 0 & 0 & 0 & 0 & 1 & 1 & 0 & 0 & 0 & 0 \\ 0 & 0 & 0 & 0 & 0 & 0 & 1 & 0 & 1 & 0 \\ 0 & 0 & 0 & 0 & 0 & 0 & 0 & 0 & 0 & 1 \\ 0 & 0 & 0 & 0 & 0 & 0 & 0 & 0 & 0 & 0 \\ 0 & 0 & 0 & 0 & 0 & 0 & 0 & 0 & 0 & 0 \\ 0 & 0 & 0 & 0 & 0 & 0 & 0 & 0 & 0 & 0 \end{pmatrix},$$

显然

$$\boldsymbol{v}_1=\boldsymbol{u}_1+3\boldsymbol{u}_2+2\boldsymbol{u}_4,$$
$$\boldsymbol{v}_2=3\boldsymbol{u}_1+4\boldsymbol{u}_2+2\boldsymbol{u}_4+\boldsymbol{u}_7,$$

故 $\boldsymbol{v}_1, \boldsymbol{v}_2$ 可配制，但是 $\boldsymbol{v}_3$ 不能被线性表示，所以无法配制.

二、混凝土配比

水与水泥的比例影响混凝土的最终强度，砂与石的比例影响混凝土的易加工性，灰与水泥的比例影响混凝土的耐久性等，所以不同用途的混凝土需要不同的原料配比. 比如一个混凝土生产企业的设备只能生产存储三种基本类型的混凝土，即超强型、通用型和长寿型. 它们的配方如下：

原料	超强型 A	通用型 B	长寿型 C
水泥	20	18	12
水	10	10	10
砂	20	25	15

（续表）

原料	超强型 A	通用型 B	长寿型 C
石	10	5	15
灰	0	2	8

生产企业希望，客户所订购的其他混凝土都由这三种基本类型按一定比例混合而成.

(1) 假如某客户要求的混凝土的五种成分为 16，10，21，9，4，试问 A，B，C 三种类型应各占多少比例？如果客户总共需要 200 kg 混凝土，三种类型各要多少？

(2) 如果客户要求的成分为 30，57，69，7，80，它能用 A，B，C 三种类型配成吗？

解 由题意可知，每一种基本类型混凝土就可以用一个 5 维的列向量来表示，具体如下：

$$\boldsymbol{\alpha}_A=\begin{pmatrix}20\\10\\20\\10\\0\end{pmatrix},\ \boldsymbol{\alpha}_B=\begin{pmatrix}18\\10\\25\\5\\2\end{pmatrix},\ \boldsymbol{\alpha}_C=\begin{pmatrix}12\\10\\15\\15\\8\end{pmatrix}.$$

问题(1)的实质就是计算向量$\boldsymbol{\beta}_1=(16\quad 10\quad 21\quad 9\quad 4)^T$由向量组$\boldsymbol{\alpha}_A$，$\boldsymbol{\alpha}_B$，$\boldsymbol{\alpha}_C$线性表示的表示系数. 由于

$$(\boldsymbol{\alpha}_A,\boldsymbol{\alpha}_B,\boldsymbol{\alpha}_C,\boldsymbol{\beta}_1)=\begin{pmatrix}20&18&12&16\\10&10&10&10\\20&25&15&21\\10&5&15&9\\0&2&8&4\end{pmatrix}\xrightarrow{r}\begin{pmatrix}1&0&0&\frac{2}{25}\\0&1&0&\frac{14}{25}\\0&0&1&\frac{9}{25}\\0&0&0&0\\0&0&0&0\end{pmatrix},$$

即$r(\boldsymbol{\alpha}_A,\boldsymbol{\alpha}_B,\boldsymbol{\alpha}_C)=r(\boldsymbol{\alpha}_A,\boldsymbol{\alpha}_B,\boldsymbol{\alpha}_C,\boldsymbol{\beta}_1)=3$，故非齐次线性方程组$x_1\boldsymbol{\alpha}_A+x_2\boldsymbol{\alpha}_B+x_3\boldsymbol{\alpha}_C=\boldsymbol{\beta}_1$有唯一解$\boldsymbol{x}=\left(\frac{2}{25},\frac{14}{25},\frac{9}{25}\right)^T$，也即 A，B，C 三种类型所占比例分别为 8%，56%，36%，从而如果客户总共需要 200 kg 混凝土，三种类型各要 16 kg，112 kg，72 kg.

问题(2)的实质就是判断向量$\boldsymbol{\beta}_2=(30,57,69,7,80)^T$能否由向量组$\boldsymbol{\alpha}_A$，$\boldsymbol{\alpha}_B$，$\boldsymbol{\alpha}_C$线性表示.

$$(\boldsymbol{\alpha}_A,\boldsymbol{\alpha}_B,\boldsymbol{\alpha}_C,\boldsymbol{\beta}_2)=\begin{pmatrix}20&18&12&30\\10&10&10&57\\20&25&15&69\\10&5&15&7\\0&2&8&80\end{pmatrix}\xrightarrow{r}\begin{pmatrix}10&10&10&0\\0&1&4&0\\0&0&1&0\\0&0&0&1\\0&0&0&0\end{pmatrix}.$$

显然 $r(\boldsymbol{\alpha}_A,\boldsymbol{\alpha}_B,\boldsymbol{\alpha}_C)<r(\boldsymbol{\alpha}_A,\boldsymbol{\alpha}_B,\boldsymbol{\alpha}_C,\boldsymbol{\beta}_2)$，故向量 $\boldsymbol{\beta}_2$ 不能由向量组 $\boldsymbol{\alpha}_A,\boldsymbol{\alpha}_B,\boldsymbol{\alpha}_C$ 线性表示.

三、化学方程式配平

化学方程式描述了因化学反应而消耗与增生的物质数量，例如，当丙烷气体燃烧时，有如下化学反应方程式：

$$(x_1)C_3H_8+(x_2)O_2\rightarrow(x_3)CO_2+(x_4)H_2O$$

根据能量守恒定律，即方程式中

左边碳(C)氢(H)氧(O)原子总数=右边碳(C)氢(H)氧(O)原子总数.

化学家必须求出整数 x_1,x_2,x_3,x_4，配平这个方程式的一个有条理的方法就是建立一个向量方程，说明化学反应中出现的每一类原子的数目.

解　首先按照分量 C、H、O 的次序构造如下向量

$$C_3H_8:\begin{pmatrix}3\\8\\0\end{pmatrix},\quad O_2:\begin{pmatrix}0\\0\\2\end{pmatrix},\quad CO_2:\begin{pmatrix}1\\0\\2\end{pmatrix},\quad H_2O:\begin{pmatrix}0\\2\\1\end{pmatrix}.$$

要配平方程式，系数 x_1,x_2,x_3,x_4 必须满足

$$x_1\begin{pmatrix}3\\8\\0\end{pmatrix}+x_2\begin{pmatrix}0\\0\\2\end{pmatrix}=x_3\begin{pmatrix}1\\0\\2\end{pmatrix}+x_4\begin{pmatrix}0\\2\\1\end{pmatrix},$$

移项整理，可得一个齐次线性方程组

$$\begin{pmatrix}3&0&-1&0\\8&0&0&-2\\0&2&-2&-1\end{pmatrix}\begin{pmatrix}x_1\\x_2\\x_3\\x_4\end{pmatrix}=\begin{pmatrix}0\\0\\0\end{pmatrix},$$

解得

$$x_1=\frac{1}{4}x_4,\ x_2=\frac{5}{4}x_4,\ x_3=\frac{3}{4}x_4\ (x_4\text{ 是自由未知量}).$$

因为化学方程式的系数必须是整数，取 $x_4=4$，可得 $x_1=1$，$x_2=5$，$x_3=3$，即配平后的化学方程式为

$$C_3H_8+5O_2=3CO_2+4H_2O.$$

注：虽然 x_4 可以取 4 的倍数，但在化学方程式配平时系数最好是用尽可能小的整数.

四、平板热传导

热传导研究中的一个重要问题是已知金属薄片边界附近的温度，确定其稳态温度的分布. 假设下图所示的金属薄片表示一根空心金属柱的横截面，并且忽略与盘面垂直方向上的热量传递，将薄片划分成一些正方形网格，位于四条边界上的点称为边界点，而其他的点叫作内点. 测量表明，当加热或者冷却时，任一内点的温度约等于它相邻的四个网格点(内点或边界点)温度值的算术平均. 我们希望边界点的温度(℃)如图所示，这是可能的吗？如果可能，试问内点的温度分布唯一确定吗？

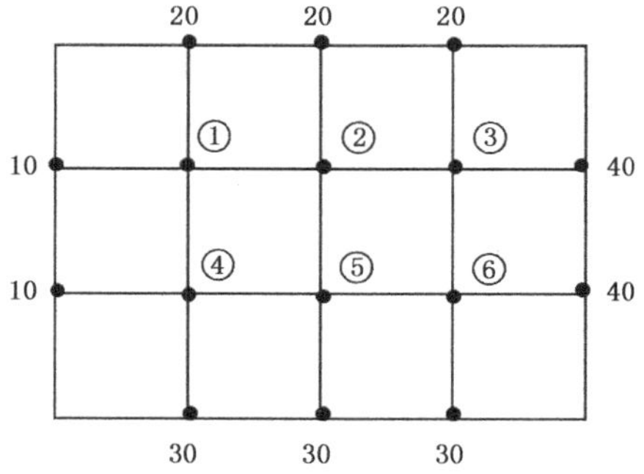

解　将 6 个内点编号为①～⑥(见上图)，并设对应的温度分别为 $t_1\sim t_6$. 由于任一内点的温度约等于相邻的 4 个网格点(内点或边界点)温度值的算术平均，因此可以得到内点温度分布满足的线性方程组为

$$\begin{cases}4t_1-t_2-t_4=30\\-t_1+4t_2-t_3-t_5=20\\-t_2+4t_3-t_6=60\\-t_1+4t_4-t_5=40\\-t_2-t_4+4t_5-t_6=30\\-t_3-t_5+4t_6=70\end{cases},$$

对此方程组的系数矩阵 $\boldsymbol{A}$ 作如下初等行变换，有

$$A \xrightarrow{r} \begin{pmatrix} 1 & -4 & 1 & 0 & 1 & 0 \\ 0 & 1 & -4 & 0 & 0 & 1 \\ 0 & 0 & 1 & 0 & 1 & -4 \\ 0 & 0 & 0 & 1 & -8 & 16 \\ 0 & 0 & 0 & 0 & 1 & -5 \\ 0 & 0 & 0 & 0 & 0 & 1 \end{pmatrix}.$$

显然方阵 $\boldsymbol{A}$ 的秩 $r(\boldsymbol{A})=6$，即 $\boldsymbol{A}$ 是可逆的，故该方程组的解可由 $\boldsymbol{t}=\boldsymbol{A}^{-1}\boldsymbol{b}$ 求得，或者考虑到该方程组未知量个数较多，也可利用 MATLAB 软件求解，近似解为

$$\boldsymbol{t}=(18.696, 23.478, 28.696, 21.304, 26.522, 31.304)^{\mathrm{T}}.$$

五、充分利用问题

一制造商生产三种不同的化学产品 A，B，C，每种产品都需要经过两种机器 M 和 N 的加工．而生产每一吨不同的产品需要使用两部机器不同的时间(见下表)．机器 M 每星期使用最多 80 h，机器 N 每星期使用最多 60 h．假设制造商可以卖出每周制造的所有产品，经营者不希望使昂贵的机器有空闲时间，那么在一周内每一产品需制造多少吨才能使机器被充分利用?

产品 / 机器	A	B	C
M	2	3	4
N	2	2	3

解　设 A，B，C 一周生产的吨数分别为 x_1，x_2，x_3，可列非齐次线性方程组

$$\begin{cases} 2x_1+3x_2+4x_3=80 \\ 2x_1+2x_2+3x_3=60 \end{cases}.$$

解得通解为

$$\begin{pmatrix} x_1 \\ x_2 \\ x_3 \end{pmatrix}=k\begin{pmatrix} -\dfrac{1}{2} \\ -1 \\ 1 \end{pmatrix}+\begin{pmatrix} 10 \\ 20 \\ 0 \end{pmatrix},\quad k\in\mathbf{R}.$$

由题意可知要找寻方程组的非负解，即要使 $x_i \geqslant 0(i=1, 2, 3)$，故得 $0 \leqslant k \leqslant 20$.

典型问题与方法解析

一、向量线性相关性的判定

方法 1 （定义法）令 $k_1\boldsymbol{\alpha}_1+k_2\boldsymbol{\alpha}_2+\cdots+k_m\boldsymbol{\alpha}_m=\mathbf{0}$，将此式整理，利用已知条件判断 k_1，k_2，…，k_m 的取值情况，从而判断出向量组 $\boldsymbol{\alpha}_1$，$\boldsymbol{\alpha}_2$，…，$\boldsymbol{\alpha}_m$ 的线性相关情况(抽象向量组的相关性判断一般应用此方法).

方法 2 （方程组法）将向量组线性相关性判断问题转化为对应齐次线性方程组有无非零解的判断问题，即向量组 $\boldsymbol{\alpha}_i=(a_{1i}, a_{2i}, \cdots, a_{ni})^{\mathrm{T}}$，$(i=1, 2, \cdots, m)$线性相关的充要条件是齐次线性方程组

$$\begin{cases} a_{11}x_1+a_{12}x_2+\cdots+a_{1m}x_m=0 \\ a_{21}x_1+a_{22}x_2+\cdots+a_{2m}x_m=0 \\ \qquad\vdots \\ a_{n1}x_1+a_{n2}x_2+\cdots+a_{nm}x_m=0 \end{cases},$$

有非零解(此方法一般应用于具体向量的相关性判别).

方法 3 （矩阵法）将向量组构成矩阵(一一对应)，利用矩阵的初等变换和秩加以判别.

例 1 证明线性相关的向量组增加有限个向量仍线性相关.

证 本题结论是本章第二节定理 6(1)结论的推广，定理 6(1)已利用矩阵形式(方法)给出了证明，现在再利用定义法(向量组形式)给出证明.

设 $\boldsymbol{\alpha}_1$，$\boldsymbol{\alpha}_2$，…，$\boldsymbol{\alpha}_m$ 线性相关，需证 $\boldsymbol{\alpha}_1$，$\boldsymbol{\alpha}_2$，…，$\boldsymbol{\alpha}_m$，$\boldsymbol{\alpha}_{m+1}$，…，$\boldsymbol{\alpha}_n$(增加 $n-m$ 个向量)仍然线性相关.

因 $\boldsymbol{\alpha}_1$，$\boldsymbol{\alpha}_2$，…，$\boldsymbol{\alpha}_m$ 线性相关，故存在一组不全为 0 的数 k_1，k_2，…，k_m，使得 $k_1\boldsymbol{\alpha}_1+k_2\boldsymbol{\alpha}_2+\cdots+k_m\boldsymbol{\alpha}_m=\mathbf{0}$ 成立.

那么就有

$$k_1\boldsymbol{\alpha}_1+k_2\boldsymbol{\alpha}_2+\cdots+k_m\boldsymbol{\alpha}_m+0\boldsymbol{\alpha}_{m+1}+\cdots+0\boldsymbol{\alpha}_n=\mathbf{0}$$

成立，且 k_1，k_2，… k_m，0，…，0 为一组不全为 0 的数.

所以，$\boldsymbol{\alpha}_1$，$\boldsymbol{\alpha}_2$，…，$\boldsymbol{\alpha}_m$，$\boldsymbol{\alpha}_{m+1}$，…，$\boldsymbol{\alpha}_n$ 线性相关.

例 2 设向量组 $\boldsymbol{\alpha}_1$，$\boldsymbol{\alpha}_2$，…，$\boldsymbol{\alpha}_m$ 线性无关，证明向量组 $\boldsymbol{\beta}_1=\boldsymbol{\alpha}_1$，$\boldsymbol{\beta}_2=\boldsymbol{\alpha}_1+\boldsymbol{\alpha}_2$，…，$\boldsymbol{\beta}_m=\boldsymbol{\alpha}_1+\boldsymbol{\alpha}_2+\cdots+\boldsymbol{\alpha}_m$ 也线性无关.

证　法 1　令 $x_1\boldsymbol{\beta}_1+x_2\boldsymbol{\beta}_2+\cdots+x_m\boldsymbol{\beta}_m=\mathbf{0}$，即

$$x_1\boldsymbol{\alpha}_1+x_2(\boldsymbol{\alpha}_1+\boldsymbol{\alpha}_2)+\cdots+x_m(\boldsymbol{\alpha}_1+\boldsymbol{\alpha}_2+\cdots+\boldsymbol{\alpha}_m)=\mathbf{0},$$

整理得

$$(x_1+x_2+\cdots+x_m)\boldsymbol{\alpha}_1+(x_2+x_3+\cdots+x_m)\boldsymbol{\alpha}_2+\cdots+x_m\boldsymbol{\alpha}_m=\mathbf{0}.$$

因为 $\boldsymbol{\alpha}_1,\boldsymbol{\alpha}_2,\cdots,\boldsymbol{\alpha}_m$ 线性无关，所以

$$\begin{cases}x_1+x_2+\cdots+x_m=0\\ \quad x_2+\cdots+x_m=0\\ \quad\quad\vdots\\ \quad\quad\quad x_m=0\end{cases},$$

由于此方程组的系数行列式

$$D=\begin{vmatrix}1&1&\cdots&1\\0&1&\cdots&1\\\vdots&\vdots&&\vdots\\0&0&\cdots&1\end{vmatrix}=1\neq0,$$

故上述方程组只有零解 $x_1=x_2=\cdots=x_m=0$，所以 $\boldsymbol{\beta}_1=\boldsymbol{\alpha}_1,\boldsymbol{\beta}_2=\boldsymbol{\alpha}_1+\boldsymbol{\alpha}_2,\cdots,\boldsymbol{\beta}_m=\boldsymbol{\alpha}_1+\boldsymbol{\alpha}_2+\cdots+\boldsymbol{\alpha}_m$ 线性无关.

法 2　本题也可以采用矩阵形式的方法来证明(法 1 采用的是定义法).

将向量组 $\boldsymbol{\beta}_1,\boldsymbol{\beta}_2,\cdots,\boldsymbol{\beta}_m$ 与向量组 $\boldsymbol{\alpha}_1,\boldsymbol{\alpha}_2,\cdots,\boldsymbol{\alpha}_m$ 的关系改写为矩阵乘积形式

$$(\boldsymbol{\beta}_1,\boldsymbol{\beta}_2,\cdots,\boldsymbol{\beta}_m)=(\boldsymbol{\alpha}_1,\boldsymbol{\alpha}_2,\cdots,\boldsymbol{\alpha}_m)\begin{pmatrix}1&1&\cdots&1\\0&1&\cdots&1\\\vdots&\vdots&&\vdots\\0&0&\cdots&1\end{pmatrix},$$

记 $\boldsymbol{K}=\begin{pmatrix}1&1&\cdots&1\\0&1&\cdots&1\\\vdots&\vdots&&\vdots\\0&0&\cdots&1\end{pmatrix}$，因为 $|\boldsymbol{K}|=1\neq0$，所以矩阵 $\boldsymbol{K}$ 可逆，从而有

$$r(\boldsymbol{\beta}_1,\boldsymbol{\beta}_2,\cdots,\boldsymbol{\beta}_m)=r(\boldsymbol{\alpha}_1,\boldsymbol{\alpha}_2,\cdots,\boldsymbol{\alpha}_m).$$

又因为向量组 $\boldsymbol{\alpha}_1,\boldsymbol{\alpha}_2,\cdots,\boldsymbol{\alpha}_m$ 线性无关，所以 $r(\boldsymbol{\alpha}_1,\boldsymbol{\alpha}_2,\cdots,\boldsymbol{\alpha}_m)=m$，故

$$r(\boldsymbol{\beta}_1,\boldsymbol{\beta}_2,\cdots,\boldsymbol{\beta}_m)=m,$$

所以向量组 $\boldsymbol{\beta}_1,\boldsymbol{\beta}_2,\cdots,\boldsymbol{\beta}_m$ 也线性无关.

注：证法 1(定义法)思路比较简单清晰，非常容易想出来。证法 2(矩阵法)过程比较简

洁，更需要熟练掌握。

二、向量能否由向量组线性表示的判定

方法 1 （定义法）即直接去证明 $\boldsymbol{\beta}=k_1\boldsymbol{\alpha}_1+k_2\boldsymbol{\alpha}_2+\cdots+k_m\boldsymbol{\alpha}_m$.

方法 2 （方程组法）即证明对应方程组有解：

记矩阵 $\boldsymbol{A}=(\boldsymbol{\alpha}_1,\boldsymbol{\alpha}_2,\cdots,\boldsymbol{\alpha}_m)$，$\boldsymbol{x}=(x_1,x_2,\cdots,x_m)^{\mathrm{T}}$，只需证明方程组 $\boldsymbol{Ax}=\boldsymbol{\beta}$ 有解.

方法 3 （矩阵法）记矩阵 $\boldsymbol{A}=(\boldsymbol{\alpha}_1,\boldsymbol{\alpha}_2,\cdots,\boldsymbol{\alpha}_m)$，$\boldsymbol{B}=(\boldsymbol{\alpha}_1,\boldsymbol{\alpha}_2,\cdots,\boldsymbol{\alpha}_m,\boldsymbol{\beta})$，只需证明 $r(\boldsymbol{A})=r(\boldsymbol{B})$ 即可（即利用本章第二节定理 1 的结论）.

例 3 设向量 $\boldsymbol{\beta}$ 能由向量组 $\boldsymbol{\alpha}_1,\boldsymbol{\alpha}_2,\cdots,\boldsymbol{\alpha}_m$ 线性表示，但不能由 $\boldsymbol{\alpha}_1,\boldsymbol{\alpha}_2,\cdots,\boldsymbol{\alpha}_{m-1}$ 线性表示，证明 $\boldsymbol{\alpha}_m$ 可由 $\boldsymbol{\alpha}_1,\boldsymbol{\alpha}_2,\cdots,\boldsymbol{\alpha}_{m-1},\boldsymbol{\beta}$ 线性表示.

证 利用定义法来证.

因为向量 $\boldsymbol{\beta}$ 能由向量组 $\boldsymbol{\alpha}_1,\boldsymbol{\alpha}_2,\cdots,\boldsymbol{\alpha}_m$ 线性表示，故存在 $k_1,k_2,\cdots,k_m$，使得

$$\boldsymbol{\beta}=k_1\boldsymbol{\alpha}_1+k_2\boldsymbol{\alpha}_2+\cdots+k_m\boldsymbol{\alpha}_m.$$

下面只需证 $k_m\neq0$，采用反证法. 假设 $k_m=0$，则有

$$\boldsymbol{\beta}=k_1\boldsymbol{\alpha}_1+k_2\boldsymbol{\alpha}_2+\cdots+k_{m-1}\boldsymbol{\alpha}_{m-1}$$

与已知条件矛盾. 所以有

$$\boldsymbol{\alpha}_m=\frac{1}{k_m}\boldsymbol{\beta}-\frac{k_1}{k_m}\boldsymbol{\alpha}_1-\frac{k_2}{k_m}\boldsymbol{\alpha}_2-\cdots-\frac{k_{m-1}}{k_m}\boldsymbol{\alpha}_{m-1}.$$

例 4 证明向量 $\boldsymbol{\beta}=(1,0,3,1)^{\mathrm{T}}$ 能由向量组

$$\boldsymbol{\alpha}_1=(1,1,2,2)^{\mathrm{T}},\ \boldsymbol{\alpha}_2=(1,2,1,3)^{\mathrm{T}},\ \boldsymbol{\alpha}_3=(1,-1,4,0)^{\mathrm{T}}$$

线性表示.

证 **法 1** 利用方程组法来证.

设有 $x_1\boldsymbol{\alpha}_1+x_2\boldsymbol{\alpha}_2+x_3\boldsymbol{\alpha}_3=\boldsymbol{\beta}$，对其增广矩阵进行初等行变换

$$(\boldsymbol{A},\boldsymbol{\beta})=(\boldsymbol{\alpha}_1,\boldsymbol{\alpha}_2,\boldsymbol{\alpha}_3,\boldsymbol{\beta})=\begin{pmatrix}1&1&1&1\\1&2&-1&0\\2&1&4&3\\2&3&0&1\end{pmatrix}$$

$$\xrightarrow[\substack{r_3-2r_1\\r_4-2r_1}]{r_2-r_1}\begin{pmatrix}1&1&1&1\\0&1&-2&-1\\0&-1&2&1\\0&1&-2&-1\end{pmatrix}\xrightarrow[r_4-r_2]{r_3+r_2}\begin{pmatrix}1&1&1&1\\0&1&-2&-1\\0&0&0&0\\0&0&0&0\end{pmatrix},$$

$r(\boldsymbol{A})=r(\boldsymbol{A},\boldsymbol{\beta})=2$，故方程组 $x_1\boldsymbol{\alpha}_1+x_2\boldsymbol{\alpha}_2+x_3\boldsymbol{\alpha}_3=\boldsymbol{\beta}$ 有解，所以向量 $\boldsymbol{\beta}$ 能由向量组 $\boldsymbol{\alpha}_1$，$\boldsymbol{\alpha}_2$，$\boldsymbol{\alpha}_3$ 线性表示.

法 2　利用矩阵法来证.

记 $\boldsymbol{A}=(\boldsymbol{\alpha}_1,\boldsymbol{\alpha}_2,\boldsymbol{\alpha}_3)$，$\boldsymbol{B}=(\boldsymbol{\alpha}_1,\boldsymbol{\alpha}_2,\boldsymbol{\alpha}_3,\boldsymbol{\beta})$.

$$\boldsymbol{B}=\begin{pmatrix}1&1&1&1\\1&2&-1&0\\2&1&4&3\\2&3&0&1\end{pmatrix}$$

$$\xrightarrow[\substack{r_3-2r_1\\r_4-2r_1}]{r_2-r_1}\begin{pmatrix}1&1&1&1\\0&1&-2&-1\\0&-1&2&1\\0&1&-2&-1\end{pmatrix}\xrightarrow[r_4-r_2]{r_3+r_2}\begin{pmatrix}1&1&1&1\\0&1&-2&-1\\0&0&0&0\\0&0&0&0\end{pmatrix},$$

即 $r(\boldsymbol{A})=r(\boldsymbol{B})=2$，所以向量 $\boldsymbol{\beta}$ 能由向量组 $\boldsymbol{\alpha}_1$，$\boldsymbol{\alpha}_2$，$\boldsymbol{\alpha}_3$ 线性表示.

三、求向量组的最大无关组

一般采用矩阵方法(由向量组构造矩阵，利用矩阵的初等行变换化为行阶梯形或行最简形). 当然也可以采用定义法：(1)先证所给向量组的某一部分组线性无关；(2)再证向量组中任一向量都可由该部分组线性表示(即最大无关组的等价定义，多用于抽象向量组).

例 5　设 $\boldsymbol{\alpha}_1=(1,3,2,0)^{\mathrm{T}}$，$\boldsymbol{\alpha}_2=(7,0,14,3)^{\mathrm{T}}$，$\boldsymbol{\alpha}_3=(2,-1,0,1)^{\mathrm{T}}$，$\boldsymbol{\alpha}_4=(5,1,6,2)^{\mathrm{T}}$，$\boldsymbol{\alpha}_5=(2,-1,4,1)^{\mathrm{T}}$. 求：

(1) 向量组 $\boldsymbol{\alpha}_1,\boldsymbol{\alpha}_2,\boldsymbol{\alpha}_3,\boldsymbol{\alpha}_4,\boldsymbol{\alpha}_5$ 的秩；

(2) 此向量组的一个最大无关组；

(3) 把向量组的其余向量用该最大无关组线性表示.

解　记 $\boldsymbol{A}=(\boldsymbol{\alpha}_1,\boldsymbol{\alpha}_2,\boldsymbol{\alpha}_3,\boldsymbol{\alpha}_4,\boldsymbol{\alpha}_5)$，对 $\boldsymbol{A}$ 施行初等行变换化为行阶梯形矩阵

$$\boldsymbol{A}=\begin{pmatrix}1&7&2&5&2\\3&0&-1&1&-1\\2&14&0&6&4\\0&3&1&2&1\end{pmatrix}\xrightarrow[r_3-2r_1]{r_2-3r_1}\begin{pmatrix}1&7&2&5&2\\0&-21&-7&-14&-7\\0&0&-4&-4&0\\0&3&1&2&1\end{pmatrix}$$

$$\xrightarrow[r_3\div(-4)]{r_2\div(-7)}\begin{pmatrix}1&7&2&5&2\\0&3&1&2&1\\0&0&1&1&0\\0&3&1&2&1\end{pmatrix}\xrightarrow{r_4-r_2}\begin{pmatrix}1&7&2&5&2\\0&3&1&2&1\\0&0&1&1&0\\0&0&0&0&0\end{pmatrix}.$$

知 $r(\boldsymbol{\alpha}_1, \boldsymbol{\alpha}_2, \boldsymbol{\alpha}_3, \boldsymbol{\alpha}_4, \boldsymbol{\alpha}_5)=r(\boldsymbol{A})=3$，故向量组 $\boldsymbol{\alpha}_1, \boldsymbol{\alpha}_2, \boldsymbol{\alpha}_3, \boldsymbol{\alpha}_4, \boldsymbol{\alpha}_5$ 的最大无关组含 3 个向量．而行阶梯形矩阵的三个非零行的首非零元在 1，2，3 三列，故 $\boldsymbol{\alpha}_1, \boldsymbol{\alpha}_2, \boldsymbol{\alpha}_3$ 是向量组 $\boldsymbol{\alpha}_1, \boldsymbol{\alpha}_2, \boldsymbol{\alpha}_3, \boldsymbol{\alpha}_4, \boldsymbol{\alpha}_5$ 的一个最大无关组．

为把 $\boldsymbol{\alpha}_4, \boldsymbol{\alpha}_5$ 用 $\boldsymbol{\alpha}_1, \boldsymbol{\alpha}_2, \boldsymbol{\alpha}_3$ 线性表示，把 $\boldsymbol{A}$ 接着化为行最简形矩阵

$$\boldsymbol{A} \xrightarrow{r} \begin{pmatrix} 1 & 7 & 2 & 5 & 2 \\ 0 & 3 & 1 & 2 & 1 \\ 0 & 0 & 1 & 1 & 0 \\ 0 & 0 & 0 & 0 & 0 \end{pmatrix} \xrightarrow[r_2-r_3]{r_1-2r_2} \begin{pmatrix} 1 & 1 & 0 & 1 & 0 \\ 0 & 3 & 0 & 1 & 1 \\ 0 & 0 & 1 & 1 & 0 \\ 0 & 0 & 0 & 0 & 0 \end{pmatrix}$$

$$\xrightarrow[r_1-r_2]{r_2\times\frac{1}{3}} \begin{pmatrix} 1 & 0 & 0 & \frac{2}{3} & -\frac{1}{3} \\ 0 & 1 & 0 & \frac{1}{3} & \frac{1}{3} \\ 0 & 0 & 1 & 1 & 0 \\ 0 & 0 & 0 & 0 & 0 \end{pmatrix}.$$

把上面行最简形矩阵记作 $\boldsymbol{B}=(\boldsymbol{\beta}_1, \boldsymbol{\beta}_2, \boldsymbol{\beta}_3, \boldsymbol{\beta}_4, \boldsymbol{\beta}_5)$，由于方程组 $\boldsymbol{Ax}=\boldsymbol{0}$ 与 $\boldsymbol{Bx}=\boldsymbol{0}$ 同解，即方程组

$$x_1\boldsymbol{\alpha}_1+x_2\boldsymbol{\alpha}_2+x_3\boldsymbol{\alpha}_3+x_4\boldsymbol{\alpha}_4+x_5\boldsymbol{\alpha}_5=\boldsymbol{0}$$

与

$$x_1\boldsymbol{\beta}_1+x_2\boldsymbol{\beta}_2+x_3\boldsymbol{\beta}_3+x_4\boldsymbol{\beta}_4+x_5\boldsymbol{\beta}_5=\boldsymbol{0}$$

同解，因此向量 $\boldsymbol{\alpha}_1, \boldsymbol{\alpha}_2, \boldsymbol{\alpha}_3, \boldsymbol{\alpha}_4, \boldsymbol{\alpha}_5$ 之间的线性关系与向量 $\boldsymbol{\beta}_1, \boldsymbol{\beta}_2, \boldsymbol{\beta}_3, \boldsymbol{\beta}_4, \boldsymbol{\beta}_5$ 之间的线性关系是相同的．现在

$$\boldsymbol{\beta}_4=\begin{pmatrix} \frac{2}{3} \\ \frac{1}{3} \\ 1 \\ 0 \end{pmatrix}=\frac{2}{3}\begin{pmatrix} 1 \\ 0 \\ 0 \\ 0 \end{pmatrix}+\frac{1}{3}\begin{pmatrix} 0 \\ 1 \\ 0 \\ 0 \end{pmatrix}+\begin{pmatrix} 0 \\ 0 \\ 1 \\ 0 \end{pmatrix}=\frac{2}{3}\boldsymbol{\beta}_1+\frac{1}{3}\boldsymbol{\beta}_2+\boldsymbol{\beta}_3,$$

$$\boldsymbol{\beta}_5=-\frac{1}{3}\boldsymbol{\beta}_1+\frac{1}{3}\boldsymbol{\beta}_2+0\cdot\boldsymbol{\beta}_3,$$

所以有

$$\boldsymbol{\alpha}_4=\frac{2}{3}\boldsymbol{\alpha}_1+\frac{1}{3}\boldsymbol{\alpha}_2+\boldsymbol{\alpha}_3,$$

$$\boldsymbol{\alpha}_5=-\frac{1}{3}\boldsymbol{\alpha}_1+\frac{1}{3}\boldsymbol{\alpha}_2+0\cdot\boldsymbol{\alpha}_3.$$

四、验证所给向量组是某空间的一个基及向量在这个基中的坐标的求法

要证 $\boldsymbol{\alpha}_1,\boldsymbol{\alpha}_2,\cdots,\boldsymbol{\alpha}_n$ 是 $\mathbf{R}^n$ 的一个基，只需证明 $\boldsymbol{\alpha}_1,\boldsymbol{\alpha}_2,\cdots,\boldsymbol{\alpha}_n$ 线性无关，即只要证 $r(\boldsymbol{A})=n$，$\boldsymbol{A}=(\alpha_1,\alpha_2,\cdots,\alpha_n)$，或 $\boldsymbol{A}\sim\boldsymbol{E}$；求 $\boldsymbol{\beta}$ 在基 $\boldsymbol{\alpha}_1,\boldsymbol{\alpha}_2,\cdots,\boldsymbol{\alpha}_n$ 中的坐标，可设

$$\boldsymbol{\beta}=x_1\boldsymbol{\alpha}_1+x_2\boldsymbol{\alpha}_2+\cdots+x_n\boldsymbol{\alpha}_n,$$

即

$$\boldsymbol{\beta}=(\boldsymbol{\alpha}_1,\boldsymbol{\alpha}_2,\cdots,\boldsymbol{\alpha}_n)\begin{pmatrix}x_1\\x_2\\\vdots\\x_n\end{pmatrix},$$

记作 $\boldsymbol{\beta}=\boldsymbol{A}\boldsymbol{x}$（或 $\boldsymbol{A}\boldsymbol{x}=\boldsymbol{\beta}$）.

对矩阵 $(\boldsymbol{A},\boldsymbol{\beta})$ 施行初等行变换，若 $\boldsymbol{A}$ 能变成 $\boldsymbol{E}$，则 $\boldsymbol{\alpha}_1,\boldsymbol{\alpha}_2,\cdots,\boldsymbol{\alpha}_n$ 是 $\mathbf{R}^n$ 的一个基，且当 $\boldsymbol{A}$ 能变成 $\boldsymbol{E}$ 时，$\boldsymbol{\beta}$ 变为 $\boldsymbol{x}=\boldsymbol{A}^{-1}\boldsymbol{\beta}$.

例 6　在 $\mathbf{R}^4$ 中，验证向量 $\boldsymbol{\alpha}_1=(1,2,-1,-2)^{\mathrm{T}}$，$\boldsymbol{\alpha}_2=(2,3,0,1)^{\mathrm{T}}$，$\boldsymbol{\alpha}_3=(1,2,1,3)^{\mathrm{T}}$，$\boldsymbol{\alpha}_4=(1,3,-1,1)^{\mathrm{T}}$ 构成 $\mathbf{R}^4$ 的一个基，并求向量 $\boldsymbol{\beta}=(7,14,-1,-2)^{\mathrm{T}}$ 在该基中的坐标.

解　记 $\boldsymbol{B}=(\boldsymbol{A},\boldsymbol{\beta})=(\boldsymbol{\alpha}_1,\boldsymbol{\alpha}_2,\boldsymbol{\alpha}_3,\boldsymbol{\alpha}_4,\boldsymbol{\beta})$，对 $\boldsymbol{B}$ 施行初等行变换化为行最简形矩阵

$$\boldsymbol{B}=\begin{pmatrix}1&2&1&1&7\\2&3&2&3&14\\-1&0&1&-1&-1\\-2&1&3&1&-2\end{pmatrix}\xrightarrow[\substack{r_3+r_1\\r_4+2r_1}]{r_2-2r_1}\begin{pmatrix}1&2&1&1&7\\0&-1&0&1&0\\0&2&2&0&6\\0&5&5&3&12\end{pmatrix}$$

$$\xrightarrow[\substack{r_3-2r_2\\r_4-5r_2}]{r_2\times(-1)}\begin{pmatrix}1&2&1&1&7\\0&1&0&-1&0\\0&0&2&2&6\\0&0&5&8&12\end{pmatrix}\xrightarrow[r_4-5r_3]{r_3\times\frac{1}{2}}\begin{pmatrix}1&2&1&1&7\\0&1&0&-1&0\\0&0&1&1&3\\0&0&0&3&-3\end{pmatrix}$$

$$\xrightarrow[\substack{r_3-r_4\\r_2+r_4\\r_1-2r_2-r_3-r_4}]{r_4\times\frac{1}{3}}\begin{pmatrix}1&0&0&0&6\\0&1&0&0&-1\\0&0&1&0&4\\0&0&0&1&-1\end{pmatrix}.$$

所以 $\boldsymbol{A}\sim\boldsymbol{E}$（或者说 $r(\boldsymbol{A})=r(\boldsymbol{\alpha}_1,\boldsymbol{\alpha}_2,\boldsymbol{\alpha}_3,\boldsymbol{\alpha}_4)=4$），故向量组 $\boldsymbol{\alpha}_1,\boldsymbol{\alpha}_2,\boldsymbol{\alpha}_3,\boldsymbol{\alpha}_4$ 构成 $\mathbf{R}^4$ 的一个基，且有 $\boldsymbol{\beta}=6\boldsymbol{\alpha}_1-\boldsymbol{\alpha}_2+4\boldsymbol{\alpha}_3-\boldsymbol{\alpha}_4$，所以 $\boldsymbol{\beta}=(7,14,-1,-2)^{\mathrm{T}}$ 在该基中的坐标为 $(6,-1,4,-1)$.

注：如果不需要验证 $\boldsymbol{\alpha}_1, \boldsymbol{\alpha}_2, \boldsymbol{\alpha}_3, \boldsymbol{\alpha}_4$ 构成 $\mathbf{R}^4$ 的一个基，只求 $\boldsymbol{\beta}$ 在基中的坐标，则可以利用过渡矩阵来求解.

记 $\boldsymbol{A}=(\boldsymbol{\alpha}_1, \boldsymbol{\alpha}_2, \boldsymbol{\alpha}_3, \boldsymbol{\alpha}_4)$，因为$(\boldsymbol{\alpha}_1, \boldsymbol{\alpha}_2, \boldsymbol{\alpha}_3, \boldsymbol{\alpha}_4)=(\boldsymbol{e}_1, \boldsymbol{e}_2, \boldsymbol{e}_3, \boldsymbol{e}_4)\boldsymbol{A}$，所以矩阵 $\boldsymbol{A}$ 就是从旧基 $\boldsymbol{e}_1, \boldsymbol{e}_2, \boldsymbol{e}_3, \boldsymbol{e}_4$ 到新基 $\boldsymbol{\alpha}_1, \boldsymbol{\alpha}_2, \boldsymbol{\alpha}_3, \boldsymbol{\alpha}_4$ 的过渡矩阵 $\boldsymbol{P}$，再由坐标变换公式，即得 $\boldsymbol{\beta}=(7, 14, -1, -2)^{\mathrm{T}}$ 在新基 $\boldsymbol{\alpha}_1, \boldsymbol{\alpha}_2, \boldsymbol{\alpha}_3, \boldsymbol{\alpha}_4$ 中的坐标为

$$\begin{pmatrix} y_1 \\ y_2 \\ y_3 \\ y_4 \end{pmatrix}=\boldsymbol{P}^{-1}\begin{pmatrix} x_1 \\ x_2 \\ x_3 \\ x_4 \end{pmatrix}=\boldsymbol{A}^{-1}\begin{pmatrix} 7 \\ 14 \\ -1 \\ -2 \end{pmatrix}=\frac{1}{6}\begin{pmatrix} -7 & 6 & 7 & -4 \\ 11 & -6 & -5 & 2 \\ -8 & 6 & 8 & -2 \\ -1 & 0 & -5 & 2 \end{pmatrix}\begin{pmatrix} 7 \\ 14 \\ -1 \\ -2 \end{pmatrix}=\begin{pmatrix} 6 \\ -1 \\ 4 \\ -1 \end{pmatrix}.$$

五、从旧基到新基的过渡矩阵及从旧坐标到新坐标的坐标变换公式求法

设向量空间 $\mathbf{R}^n$ 的两个基Ⅰ：$\boldsymbol{\alpha}_1, \boldsymbol{\alpha}_2, \cdots, \boldsymbol{\alpha}_n$ 和Ⅱ：$\boldsymbol{\beta}_1, \boldsymbol{\beta}_2, \cdots, \boldsymbol{\beta}_n$，记 $\boldsymbol{A}=(\boldsymbol{\alpha}_1, \boldsymbol{\alpha}_2, \cdots, \boldsymbol{\alpha}_n)$，$\boldsymbol{B}=(\boldsymbol{\beta}_1, \boldsymbol{\beta}_2, \cdots, \boldsymbol{\beta}_n)$. 由

$$(\boldsymbol{\alpha}_1, \boldsymbol{\alpha}_2, \cdots, \boldsymbol{\alpha}_n)=(\boldsymbol{e}_1, \boldsymbol{e}_2, \cdots, \boldsymbol{e}_n)\boldsymbol{A},$$

得

$$(\boldsymbol{e}_1, \boldsymbol{e}_2, \cdots, \boldsymbol{e}_n)=(\boldsymbol{\alpha}_1, \boldsymbol{\alpha}_2, \cdots, \boldsymbol{\alpha}_n)\boldsymbol{A}^{-1}.$$

所以

$$(\boldsymbol{\beta}_1, \boldsymbol{\beta}_2, \cdots, \boldsymbol{\beta}_n)=(\boldsymbol{e}_1, \boldsymbol{e}_2, \cdots, \boldsymbol{e}_n)\boldsymbol{B}=(\boldsymbol{\alpha}_1, \boldsymbol{\alpha}_2, \cdots, \boldsymbol{\alpha}_n)\boldsymbol{A}^{-1}\boldsymbol{B}.$$

所以过渡矩阵为 $\boldsymbol{P}=\boldsymbol{A}^{-1}\boldsymbol{B}$（即由旧基到新基的基变换公式中的系数矩阵，做题时直接利用公式 $\boldsymbol{P}=\boldsymbol{A}^{-1}\boldsymbol{B}$ 即可）.

设向量 $\boldsymbol{x}$ 在旧基Ⅰ和新基Ⅱ中的坐标分别为 $y_1, y_2, \cdots, y_n$ 和 $z_1, z_2, \cdots, z_n$，即

$$\boldsymbol{x}=(\boldsymbol{\alpha}_1, \boldsymbol{\alpha}_2, \cdots, \boldsymbol{\alpha}_n)\begin{pmatrix} y_1 \\ y_2 \\ \vdots \\ y_n \end{pmatrix}, \boldsymbol{x}=(\boldsymbol{\beta}_1, \boldsymbol{\beta}_2, \cdots, \boldsymbol{\beta}_n)\begin{pmatrix} z_1 \\ z_2 \\ \vdots \\ z_n \end{pmatrix},$$

故 $\boldsymbol{A}\begin{pmatrix} y_1 \\ y_2 \\ \vdots \\ y_n \end{pmatrix}=\boldsymbol{B}\begin{pmatrix} z_1 \\ z_2 \\ \vdots \\ z_n \end{pmatrix}$，得 $\begin{pmatrix} z_1 \\ z_2 \\ \vdots \\ z_n \end{pmatrix}=\boldsymbol{B}^{-1}\boldsymbol{A}\begin{pmatrix} y_1 \\ y_2 \\ \vdots \\ y_n \end{pmatrix}$，即 $\begin{pmatrix} z_1 \\ z_2 \\ \vdots \\ z_n \end{pmatrix}=\boldsymbol{P}^{-1}\begin{pmatrix} y_1 \\ y_2 \\ \vdots \\ y_n \end{pmatrix}$.

例 7　给定 $\mathbf{R}^4$ 中的两个基：

$$\text{Ⅰ}:\boldsymbol{\alpha}_1=\begin{pmatrix}2\\1\\0\\1\end{pmatrix},\boldsymbol{\alpha}_2=\begin{pmatrix}0\\1\\2\\2\end{pmatrix},\boldsymbol{\alpha}_3=\begin{pmatrix}-2\\1\\1\\2\end{pmatrix},\boldsymbol{\alpha}_4=\begin{pmatrix}1\\3\\1\\2\end{pmatrix};$$

$$\text{Ⅱ}:\boldsymbol{\beta}_1=\begin{pmatrix}1\\2\\-1\\0\end{pmatrix},\boldsymbol{\beta}_2=\begin{pmatrix}1\\-1\\1\\1\end{pmatrix},\boldsymbol{\beta}_3=\begin{pmatrix}-1\\2\\1\\1\end{pmatrix},\boldsymbol{\beta}_4=\begin{pmatrix}-1\\-1\\0\\1\end{pmatrix}.$$

(1) 求由基Ⅰ到基Ⅱ的过渡矩阵；

(2) 设向量 $\boldsymbol{\gamma}$ 在基Ⅰ中的坐标为(1，1，3，2)，求 $\boldsymbol{\gamma}$ 在基Ⅱ中的坐标.

解　(1) 由基Ⅰ到基Ⅱ的过渡矩阵为 $\boldsymbol{P}=\boldsymbol{A}^{-1}\boldsymbol{B}$，其中 $\boldsymbol{A}=(\boldsymbol{\alpha}_1,\boldsymbol{\alpha}_2,\boldsymbol{\alpha}_3,\boldsymbol{\alpha}_4)$，$\boldsymbol{B}=(\boldsymbol{\beta}_1,\boldsymbol{\beta}_2,\boldsymbol{\beta}_3,\boldsymbol{\beta}_4)$. 利用矩阵的初等行变换把矩阵 $(\boldsymbol{A},\boldsymbol{B})$ 中的 $\boldsymbol{A}$ 变成 $\boldsymbol{E}$，则 $\boldsymbol{B}$ 相应地变成了 $\boldsymbol{A}^{-1}\boldsymbol{B}$.

$$(\boldsymbol{A},\boldsymbol{B})=(\boldsymbol{\alpha}_1,\boldsymbol{\alpha}_2,\boldsymbol{\alpha}_3,\boldsymbol{\alpha}_4,\boldsymbol{\beta}_1,\boldsymbol{\beta}_2,\boldsymbol{\beta}_3,\boldsymbol{\beta}_4)=\begin{pmatrix}2&0&-2&1&1&1&-1&-1\\1&1&1&3&2&-1&2&-1\\0&2&1&1&-1&1&1&0\\1&2&2&2&0&1&1&1\end{pmatrix}$$

$$\xrightarrow[r_4-r_2]{r_1-2r_2}\begin{pmatrix}0&-2&-4&-5&-3&3&-5&1\\1&1&1&3&2&-1&2&-1\\0&2&1&1&-1&1&1&0\\0&1&1&-1&-2&2&-1&2\end{pmatrix}$$

$$\xrightarrow[\substack{r_2-r_4\\r_3-2r_4}]{r_1+2r_4}\begin{pmatrix}0&0&-2&-7&-7&7&-7&5\\1&0&0&4&4&-3&3&-3\\0&0&-1&3&3&-3&3&-4\\0&1&1&-1&-2&2&-1&2\end{pmatrix}$$

$$\xrightarrow[r_4+r_3]{r_1-2r_3}\begin{pmatrix}0&0&0&-13&-13&13&-13&13\\1&0&0&4&4&-3&3&-3\\0&0&-1&3&3&-3&3&-4\\0&1&0&2&1&-1&2&-2\end{pmatrix}$$

$$\xrightarrow[\substack{r_3-3r_1\\ r_4-2r_1}]{\substack{r_1\div(-13)\\ r_2-4r_1}}\begin{pmatrix}0&0&0&1&1&-1&1&-1\\1&0&0&0&0&1&-1&1\\0&0&-1&0&0&0&0&-1\\0&1&0&0&-1&1&0&0\end{pmatrix}$$

$$\xrightarrow[\substack{r_3\div(-1)\\ r_2\leftrightarrow r_4}]{r_1\leftrightarrow r_2}\begin{pmatrix}1&0&0&0&0&1&-1&1\\0&1&0&0&-1&1&0&0\\0&0&1&0&0&0&0&1\\0&0&0&1&1&-1&1&-1\end{pmatrix}.$$

所以，过渡矩阵为 $\boldsymbol{P}=\boldsymbol{A}^{-1}\boldsymbol{B}=\begin{pmatrix}0&1&-1&1\\-1&1&0&0\\0&0&0&1\\1&-1&1&-1\end{pmatrix}$.

(2) 易求得 $\boldsymbol{P}^{-1}=\begin{pmatrix}1&0&0&1\\1&1&0&1\\0&1&1&1\\0&0&1&0\end{pmatrix}$，故向量 $\boldsymbol{\gamma}$ 在基Ⅱ中的坐标(向量)为

$$\boldsymbol{P}^{-1}\begin{pmatrix}1\\1\\3\\2\end{pmatrix}=\begin{pmatrix}1&0&0&1\\1&1&0&1\\0&1&1&1\\0&0&1&0\end{pmatrix}\begin{pmatrix}1\\1\\3\\2\end{pmatrix}=\begin{pmatrix}3\\4\\6\\3\end{pmatrix},$$

即向量 $\boldsymbol{\gamma}$ 在基Ⅱ中的坐标为(3，4，6，3).

附：$\boldsymbol{P}^{-1}$ 的求解过程如下：

$$(\boldsymbol{P},\boldsymbol{E})=\begin{pmatrix}0&1&-1&1&1&0&0&0\\-1&1&0&0&0&1&0&0\\0&0&0&1&0&0&1&0\\1&-1&1&-1&0&0&0&1\end{pmatrix}$$

$$\xrightarrow{r_1\leftrightarrow r_4}\begin{pmatrix}1&-1&1&-1&0&0&0&1\\-1&1&0&0&0&1&0&0\\0&0&0&1&0&0&1&0\\0&1&-1&1&1&0&0&0\end{pmatrix}$$

$$\xrightarrow[\substack{r_2+r_1\\ r_4-r_2-r_3}]{r_1+r_4}\begin{pmatrix}1&0&0&0&1&0&0&1\\0&1&0&0&1&1&0&1\\0&0&0&1&0&0&1&0\\0&0&-1&0&0&-1&-1&-1\end{pmatrix}$$

$$\xrightarrow[r_3\leftrightarrow r_4]{r_4\times(-1)}\begin{pmatrix}1&0&0&0&1&0&0&1\\0&1&0&0&1&1&0&1\\0&0&1&0&0&1&1&1\\0&0&0&1&0&0&1&0\end{pmatrix}.$$

六、齐次线性方程组解的判定

齐次线性方程组 $\boldsymbol{A}_{m\times n}\boldsymbol{x}_n=\boldsymbol{0}$ 一定有解(至少有零解)．因此它的解只有两种情况：

(1) 方程组 $\boldsymbol{A}_{m\times n}\boldsymbol{x}_n=\boldsymbol{0}$ 仅有零解的充要条件是 $r(\boldsymbol{A}_{m\times n})=n$，即方程组未知量的个数等于系数矩阵的秩.

特别地，欲证方程个数与未知量个数相等的齐次线性方程组 $\boldsymbol{Ax}=\boldsymbol{0}$ 只有零解，只需证 $|\boldsymbol{A}|\neq 0$.

(2) 方程组 $\boldsymbol{A}_{m\times n}\boldsymbol{x}_n=\boldsymbol{0}$ 有非零解的充要条件是 $r(\boldsymbol{A}_{m\times n})<n$，即方程未知量的个数大于系数矩阵的秩.

特别地，欲证方程个数与未知量个数相等的齐次线性方程组 $\boldsymbol{Ax}=\boldsymbol{0}$，有非零解，只需证 $|\boldsymbol{A}|=0$.

例 8　λ 为何值时下列齐次线性方程组

$$(1)\begin{cases}(\lambda+3)x_1+x_2+2x_3=0\\ \lambda x_1+(\lambda-1)x_2+x_3=0,\\ 3(\lambda+1)x_1+\lambda x_2+(\lambda+3)x_3=0\end{cases}$$

$$(2)\begin{cases}x_1+x_2+x_3+x_4=0\\ \lambda x_1+x_2+x_3+x_4=0\\ x_1+\lambda x_2+x_3+x_4=0\\ x_1+x_2+\lambda x_3+x_4=0\\ x_1+x_2+x_3+\lambda x_4=0\end{cases}$$

有非零解？仅有零解？

解　(1) 方程组的系数行列式为

$$|\boldsymbol{A}|=\begin{vmatrix}\lambda+3 & 1 & 2\\ \lambda & \lambda-1 & 1\\ 3(\lambda+1) & \lambda & \lambda+3\end{vmatrix}=\lambda^2(\lambda-1),$$

故当 $\lambda^2(\lambda-1)=0$，即 $\lambda=0$ 或 1 时，有非零解；当 $\lambda^2(\lambda-1)\neq 0$，即 $\lambda\neq 0$，且 $\lambda\neq 1$ 时，仅有零解.

(2) 用初等变换求方程组系数矩阵的秩

$$\boldsymbol{A}=\begin{pmatrix}1 & 1 & 1 & 1\\ \lambda & 1 & 1 & 1\\ 1 & \lambda & 1 & 1\\ 1 & 1 & \lambda & 1\\ 1 & 1 & 1 & \lambda\end{pmatrix}\xrightarrow[\substack{r_4-r_1\\ r_5-r_1}]{\substack{r_2-r_1\\ r_3-r_1}}\begin{pmatrix}1 & 1 & 1 & 1\\ \lambda-1 & 0 & 0 & 0\\ 0 & \lambda-1 & 0 & 0\\ 0 & 0 & \lambda-1 & 0\\ 0 & 0 & 0 & \lambda-1\end{pmatrix}=\boldsymbol{B},$$

显然，当 $\lambda=1$ 时，$r(\boldsymbol{A})=r(\boldsymbol{B})=1<4$，方程组有非零解；当 $\lambda\neq 1$ 时，$r(\boldsymbol{A})=r(\boldsymbol{B})=4$，此时方程组仅有零解.

七、非齐次线性方程组解的判定

非齐次线性方程组 $\boldsymbol{Ax}=\boldsymbol{b}$ 的解有三种情况：无解，有唯一解，有无穷多解.

方程组 $\boldsymbol{Ax}=\boldsymbol{b}$ 有解的充要条件是 $r(\boldsymbol{A})=r(\boldsymbol{A},\boldsymbol{b})$.

(1) 当 $r(\boldsymbol{A})=r(\boldsymbol{A},\boldsymbol{b})=r$ 时，$\boldsymbol{Ax}=\boldsymbol{b}$ 有解，进一步：

当 $r=n$（n 为未知量的个数）时，$\boldsymbol{Ax}=\boldsymbol{b}$ 有唯一解；特别当方程的个数与未知量的个数相等时，则当系数行列式 $|\boldsymbol{A}|\neq 0$ 时，$\boldsymbol{Ax}=\boldsymbol{b}$ 有唯一解.

当 $r<n$ 时，$\boldsymbol{Ax}=\boldsymbol{b}$ 有无穷多解.

(2) $r(\boldsymbol{A})\neq r(\boldsymbol{A},\boldsymbol{b})$ 时，$\boldsymbol{Ax}=\boldsymbol{b}$ 无解.

例 9 设行列式

$$\begin{vmatrix}a_{11} & a_{12} & \cdots & a_{1n}\\ a_{21} & a_{22} & \cdots & a_{2n}\\ \vdots & \vdots & & \vdots\\ a_{n1} & a_{n2} & \cdots & a_{nn}\end{vmatrix}\neq 0,$$

证明下列线性方程组

$$\begin{cases} a_{11}x_1+a_{12}x_2+\cdots+a_{1,n-1}x_{n-1}=a_{1n} \\ a_{21}x_1+a_{22}x_2+\cdots+a_{2,n-1}x_{n-1}=a_{2n} \\ \qquad\vdots \\ a_{n1}x_1+a_{n2}x_2+\cdots+a_{n,n-1}x_{n-1}=a_{nn} \end{cases}$$

无解.

证　设线性方程组的增广矩阵为 $\boldsymbol{B}$，则由题设知

$$|\boldsymbol{B}|=\begin{vmatrix} a_{11} & a_{12} & \cdots & a_{1n} \\ a_{21} & a_{22} & \cdots & a_{2n} \\ \vdots & \vdots & & \vdots \\ a_{n1} & a_{n2} & \cdots & a_{nn} \end{vmatrix}\neq 0,$$

故 $r(\boldsymbol{B})=n$，而系数矩阵 $\boldsymbol{A}$ 只有 $n-1$ 列，故 $r(\boldsymbol{A})\leqslant n-1$，因此 $r(\boldsymbol{B})\neq r(\boldsymbol{A})$，从而所给方程组无解.

例 10　设线性方程组

$$\begin{cases} x_1+2x_2-x_3-2x_4=0 \\ 2x_1-x_2-x_3+x_4=1 \\ 3x_1+x_2-2x_3-x_4=a \end{cases},$$

试确定 a 的值，使方程组有解，并求其全部解.

解　对线性方程组的增广矩阵 $\boldsymbol{B}$ 作初等行变换

$$\boldsymbol{B}=\begin{pmatrix} 1 & 2 & -1 & -2 & 0 \\ 2 & -1 & -1 & 1 & 1 \\ 3 & 1 & -2 & -1 & a \end{pmatrix} \xrightarrow[r_3-3r_1]{r_2-2r_1} \begin{pmatrix} 1 & 2 & -1 & -2 & 0 \\ 0 & -5 & 1 & 5 & 1 \\ 0 & -5 & 1 & 5 & a \end{pmatrix}$$

$$\xrightarrow{r_3-r_2} \begin{pmatrix} 1 & 2 & -1 & -2 & 0 \\ 0 & -5 & 1 & 5 & 1 \\ 0 & 0 & 0 & 0 & a-1 \end{pmatrix},$$

因此当 $a=1$ 时，$r(\boldsymbol{A})=r(\boldsymbol{A},\boldsymbol{b})=r(\boldsymbol{B})$，方程组有解且有无穷多个解.

当 $a=1$ 时，

$$\boldsymbol{B}\to\begin{pmatrix} 1 & 2 & -1 & -2 & 0 \\ 0 & -5 & 1 & 5 & 1 \\ 0 & 0 & 0 & 0 & 0 \end{pmatrix} \xrightarrow{r_1+r_2} \begin{pmatrix} 1 & -3 & 0 & 3 & 1 \\ 0 & -5 & 1 & 5 & 1 \\ 0 & 0 & 0 & 0 & 0 \end{pmatrix},$$

得一般解为

$$\begin{cases} x_1 = 1 + 3x_2 - 3x_4 \\ x_3 = 1 + 5x_2 - 5x_4 \end{cases},$$

其中 x_2，x_4 为自由未知量，令 $x_2 = x_4 = 0$，可知 $x_1 = 1$，$x_3 = 1$，即得非齐次线性方程组的一个特解 $\boldsymbol{\eta}^* = (1,0,1,0)^{\mathrm{T}}$. 方程组对应的齐次线性方程组为

$$\begin{cases} x_1 = 3x_2 - 3x_4 \\ x_3 = 5x_2 - 5x_4 \end{cases}.$$

令 $\begin{pmatrix} x_2 \\ x_4 \end{pmatrix} = \begin{pmatrix} 1 \\ 0 \end{pmatrix}, \begin{pmatrix} 0 \\ 1 \end{pmatrix}$，得 $\begin{pmatrix} x_1 \\ x_3 \end{pmatrix} = \begin{pmatrix} 3 \\ 5 \end{pmatrix}, \begin{pmatrix} -3 \\ -5 \end{pmatrix}$，因此，得到对应的齐次线性方程组的一个基础解系为

$$\boldsymbol{\xi}_1 = \begin{pmatrix} 3 \\ 1 \\ 5 \\ 0 \end{pmatrix}, \boldsymbol{\xi}_2 = \begin{pmatrix} -3 \\ 0 \\ -5 \\ 1 \end{pmatrix}.$$

于是原方程组的通解为 $\boldsymbol{x} = c_1\boldsymbol{\xi}_1 + c_2\boldsymbol{\xi}_2 + \boldsymbol{\eta}^*$（$c_1$，$c_2$ 为任意实数）.

八、齐次线性方程组基础解系的证明

方法 1 即证明一组向量为 $\boldsymbol{A}\boldsymbol{x} = \boldsymbol{0}$ 的线性无关的解向量，且任一解向量都可由它线性表示.

方法 2 设 $\boldsymbol{A}\boldsymbol{x} = \boldsymbol{0}$ 为 n 个未知数的齐次线性方程组，且 $r(\boldsymbol{A}) = r$，欲证 $n-r$ 个解向量为基础解系，只需证它们线性无关即可.

例 11 设齐次线性方程组

$$\begin{cases} a_{11}x_1 + a_{12}x_2 + \cdots + a_{1n}x_n = 0 \\ a_{21}x_1 + a_{22}x_2 + \cdots + a_{2n}x_n = 0 \\ \qquad \vdots \\ a_{m1}x_1 + a_{m2}x_2 + \cdots + a_{mn}x_n = 0 \end{cases}$$

的系数矩阵的秩为 r，证明方程组的任意 $n-r$ 个线性无关的解都是它的一个基础解系.

证 设方程组的任意 $n-r$ 个线性无关的解向量为 $\boldsymbol{\alpha}_1$，$\boldsymbol{\alpha}_2$，…，$\boldsymbol{\alpha}_{n-r}$，由定义只需证方程组的任一个解 $\boldsymbol{\beta}$ 可由 $\boldsymbol{\alpha}_1$，$\boldsymbol{\alpha}_2$，…，$\boldsymbol{\alpha}_{n-r}$ 线性表示即可.

因为方程组的每一个基础解系只含有 $n-r$ 个解向量，故 $\boldsymbol{\alpha}_1$，$\boldsymbol{\alpha}_2$，…，$\boldsymbol{\alpha}_{n-r}$，$\boldsymbol{\beta}$ 线性相关，即存在 k_1，k_2，…，k_{n-r}，k（不全为 0），使得

$$k_1\boldsymbol{\alpha}_1 + k_2\boldsymbol{\alpha}_2 + \cdots + k_{n-r}\boldsymbol{\alpha}_{n-r} + k\boldsymbol{\beta} = \boldsymbol{0},$$

因为 $k\neq 0$（否则 $k_1, k_2, \cdots, k_{n-r}$ 不全为 0，推出 $\boldsymbol{\alpha}_1, \boldsymbol{\alpha}_2, \cdots, \boldsymbol{\alpha}_{n-r}$ 线性相关，矛盾），所以 $\boldsymbol{\beta}$ 可由 $\boldsymbol{\alpha}_1, \boldsymbol{\alpha}_2, \cdots, \boldsymbol{\alpha}_{n-r}$ 线性表示

$$\boldsymbol{\beta}=-\frac{k_1}{k}\boldsymbol{\alpha}_1-\frac{k_2}{k}\boldsymbol{\alpha}_2-\cdots-\frac{k_{n-r}}{k}\boldsymbol{\alpha}_{n-r}.$$

例 12　已知 $\boldsymbol{\alpha}_1, \boldsymbol{\alpha}_2, \boldsymbol{\alpha}_3, \boldsymbol{\alpha}_4$ 是线性方程组 $\boldsymbol{Ax}=\boldsymbol{0}$ 的一个基础解系，若 $\boldsymbol{\beta}_1=\boldsymbol{\alpha}_1+t\boldsymbol{\alpha}_2$，$\boldsymbol{\beta}_2=\boldsymbol{\alpha}_2+t\boldsymbol{\alpha}_3$，$\boldsymbol{\beta}_3=\boldsymbol{\alpha}_3+t\boldsymbol{\alpha}_4$，$\boldsymbol{\beta}_4=\boldsymbol{\alpha}_4+t\boldsymbol{\alpha}_1$，讨论数 t 满足什么关系时，$\boldsymbol{\beta}_1, \boldsymbol{\beta}_2, \boldsymbol{\beta}_3, \boldsymbol{\beta}_4$ 也是 $\boldsymbol{Ax}=\boldsymbol{0}$ 的一个基础解系.

解　显然，$\boldsymbol{\beta}_1, \boldsymbol{\beta}_2, \boldsymbol{\beta}_3, \boldsymbol{\beta}_4$ 是 $\boldsymbol{Ax}=\boldsymbol{0}$ 的解，因此当且仅当 $\boldsymbol{\beta}_1, \boldsymbol{\beta}_2, \boldsymbol{\beta}_3, \boldsymbol{\beta}_4$ 线性无关时，$\boldsymbol{\beta}_1, \boldsymbol{\beta}_2, \boldsymbol{\beta}_3, \boldsymbol{\beta}_4$ 是基础解系. 由已知

$$(\boldsymbol{\beta}_1, \boldsymbol{\beta}_2, \boldsymbol{\beta}_3, \boldsymbol{\beta}_4)=(\boldsymbol{\alpha}_1, \boldsymbol{\alpha}_2, \boldsymbol{\alpha}_3, \boldsymbol{\alpha}_4)\begin{pmatrix}1&0&0&t\\t&1&0&0\\0&t&1&0\\0&0&t&1\end{pmatrix},$$

故当且仅当

$$\begin{vmatrix}1&0&0&t\\t&1&0&0\\0&t&1&0\\0&0&t&1\end{vmatrix}\neq 0,$$

即 $t^4-1\neq 0$，亦即 $t\neq\pm 1$ 时，$\boldsymbol{\beta}_1, \boldsymbol{\beta}_2, \boldsymbol{\beta}_3, \boldsymbol{\beta}_4$ 线性无关. 所以当 $t\neq\pm 1$ 时，$\boldsymbol{\beta}_1, \boldsymbol{\beta}_2, \boldsymbol{\beta}_3, \boldsymbol{\beta}_4$ 是 $\boldsymbol{Ax}=\boldsymbol{0}$ 的基础解系.

例 13　已知非齐次线性方程组

$$\begin{cases}x_1+kx_2+k^2x_3=k^3\\x_1-kx_2+k^2x_3=-k^2\end{cases}\quad(k\neq 0\text{ 为常数})$$

的两个解向量为 $\boldsymbol{\alpha}_1=(-1, 1, 1)^{\mathrm{T}}$，$\boldsymbol{\alpha}_2=(1, 1, -1)^{\mathrm{T}}$，求其通解.

解　因为 $\begin{vmatrix}1&k\\1&-k\end{vmatrix}=-2k\neq 0$，故 $r(\boldsymbol{A})=r(\boldsymbol{A}, \boldsymbol{b})=2<n=3$，故方程组有无穷多解，且对应的齐次方程组的基础解系应含 $n-r=3-2=1$ 个解向量.

因为 $\boldsymbol{\alpha}_1, \boldsymbol{\alpha}_2$ 是非齐次方程组的两个解，故 $\boldsymbol{\eta}=\boldsymbol{\alpha}_1-\boldsymbol{\alpha}_2=(-2, 0, 2)^{\mathrm{T}}$ 是原方程组对应的齐次方程组的解，由 $\boldsymbol{\eta}\neq 0$，得 $\boldsymbol{\eta}$ 线性无关，从而 $\boldsymbol{\eta}$ 是对应的齐次方程组的基础解系，于是原方程组的通解为

$$\boldsymbol{x}=\boldsymbol{\alpha}_1+c\boldsymbol{\eta}=(-1, 1, 1)^{\mathrm{T}}+c(-2, 0, 2)^{\mathrm{T}}(c\text{ 为任意常数}).$$

本章要点小结

※**重要概念**：解向量、通解、基础解系、齐次线性方程组、非齐次线性方程组；向量组、线性组合与线性表示、线性相关与线性无关、最大线性无关组与秩、向量空间与维数、坐标变换与过渡矩阵.

※**主要结论**：线性方程组解的判定、齐次线性方程组解的结构、非齐次线性方程组解的结构；线性表示的判断与性质、向量组等价、线性相关（无关）的充要条件、基变换公式、坐标变换公式、过渡矩阵.

※**关键计算**：齐次线性方程组的通解、基础解系、非齐次线性方程组的通解；利用矩阵的初等行变换求最大无关组和秩、线性相关与线性无关的判定、利用矩阵的初等行变换求过渡矩阵和在新基中的坐标.

习题三

习题 A

1. 将向量 $\boldsymbol{\beta}=(3, 5, -6)^{\mathrm{T}}$ 表示为向量组

$$\boldsymbol{\alpha}_1=(1, 0, 1)^{\mathrm{T}}, \boldsymbol{\alpha}_2=(1, 1, 1)^{\mathrm{T}}, \boldsymbol{\alpha}_3=(0, -1, -1)^{\mathrm{T}}$$

的线性组合.

2. 已知向量组 A：$\boldsymbol{\alpha}_1=(0, 1, 1)^{\mathrm{T}}$，$\boldsymbol{\alpha}_2=(1, 1, 0)^{\mathrm{T}}$；$B$：$\boldsymbol{\beta}_1=(-1, 0, 1)^{\mathrm{T}}$，$\boldsymbol{\beta}_2=(1, 2, 1)^{\mathrm{T}}$，$\boldsymbol{\beta}_3=(3, 2, -1)^{\mathrm{T}}$. 证明向量组 A 与向量组 B 等价.

3. 判定下列向量组是线性相关还是线性无关：

(1) $\begin{pmatrix}-1\\3\\1\end{pmatrix}, \begin{pmatrix}2\\1\\0\end{pmatrix}, \begin{pmatrix}1\\4\\1\end{pmatrix}$；　　(2) $\begin{pmatrix}2\\3\\0\end{pmatrix}, \begin{pmatrix}-1\\4\\0\end{pmatrix}, \begin{pmatrix}0\\0\\2\end{pmatrix}$；

(3) $\begin{pmatrix}0\\1\\2\\3\end{pmatrix}, \begin{pmatrix}3\\0\\1\\2\end{pmatrix}, \begin{pmatrix}2\\3\\0\\1\end{pmatrix}$；　　(4) $\begin{pmatrix}1\\1\\1\\1\end{pmatrix}, \begin{pmatrix}1\\1\\-1\\-1\end{pmatrix}, \begin{pmatrix}1\\-1\\1\\-1\end{pmatrix}$.

4. 问 α 取什么值时下列向量组线性相关？

$$\boldsymbol{\alpha}_1=(\alpha,\ 1,\ 1)^{\mathrm{T}},\ \boldsymbol{\alpha}_2=(1,\ \alpha,\ -1)^{\mathrm{T}},\ \boldsymbol{\alpha}_3=(1,\ -1,\ \alpha)^{\mathrm{T}}.$$

5. 设 $\boldsymbol{\beta}_1=\boldsymbol{\alpha}_1+\boldsymbol{\alpha}_2$，$\boldsymbol{\beta}_2=\boldsymbol{\alpha}_2+\boldsymbol{\alpha}_3$，$\boldsymbol{\beta}_3=\boldsymbol{\alpha}_3+\boldsymbol{\alpha}_4$，$\boldsymbol{\beta}_4=\boldsymbol{\alpha}_4+\boldsymbol{\alpha}_1$，其中 $\boldsymbol{\alpha}_1$，$\boldsymbol{\alpha}_2$，$\boldsymbol{\alpha}_3$，$\boldsymbol{\alpha}_4$ 线性无关，证明向量组 $\boldsymbol{\beta}_1$，$\boldsymbol{\beta}_2$，$\boldsymbol{\beta}_3$，$\boldsymbol{\beta}_4$ 线性相关.

6. 设向量组 $\boldsymbol{\alpha}_1$，$\boldsymbol{\alpha}_2$，$\boldsymbol{\alpha}_3$ 线性无关，又 $\boldsymbol{\beta}_1=\boldsymbol{\alpha}_1+\boldsymbol{\alpha}_2+2\boldsymbol{\alpha}_3$，$\boldsymbol{\beta}_2=\boldsymbol{\alpha}_2+\boldsymbol{\alpha}_3+2\boldsymbol{\alpha}_1$，$\boldsymbol{\beta}_3=\boldsymbol{\alpha}_3+\boldsymbol{\alpha}_1+2\boldsymbol{\alpha}_2$，证明 $\boldsymbol{\beta}_1$，$\boldsymbol{\beta}_2$，$\boldsymbol{\beta}_3$ 也线性无关.

7. 求下列向量组的秩和一个最大线性无关组：

(1) $\boldsymbol{\alpha}_1=(1,\ 2,\ 3)^{\mathrm{T}}$，$\boldsymbol{\alpha}_2=(2,\ 3,\ 4)^{\mathrm{T}}$，$\boldsymbol{\alpha}_3=(4,\ 5,\ 6)^{\mathrm{T}}$；

(2) $\boldsymbol{\alpha}_1=(1,\ 2,\ 1,\ 3)^{\mathrm{T}}$，$\boldsymbol{\alpha}_2=(4,\ -1,\ -5,\ -6)^{\mathrm{T}}$，$\boldsymbol{\alpha}_3=(1,\ -3,\ -4,\ -7)^{\mathrm{T}}$；

(3) $\boldsymbol{\alpha}_1=(1,\ 1,\ 1,\ 1)^{\mathrm{T}}$，$\boldsymbol{\alpha}_2=(2,\ -1,\ -1,\ 3)^{\mathrm{T}}$，$\boldsymbol{\alpha}_3=(1,\ 2,\ 2,\ -2)^{\mathrm{T}}$，$\boldsymbol{\alpha}_4=(1,\ -5,\ -5,\ 3)^{\mathrm{T}}$.

8. 设矩阵

$$\boldsymbol{A}=\begin{pmatrix}1 & 1 & 2 & 2 & 1\\ 0 & 2 & 1 & 5 & -1\\ 2 & 0 & 3 & -1 & 3\\ 1 & 1 & 0 & 4 & -1\end{pmatrix},$$

求矩阵 $\boldsymbol{A}$ 的列向量组的一个最大无关组，并把不属于最大无关组的列向量用最大无关组线性表示.

9. 设有向量组 A：$\boldsymbol{\alpha}_1=(x,\ 2,\ 10)^{\mathrm{T}}$，$\boldsymbol{\alpha}_2=(-2,\ 1,\ 5)^{\mathrm{T}}$，$\boldsymbol{\alpha}_3=(-1,\ 1,\ 4)^{\mathrm{T}}$ 及向量 $\boldsymbol{\beta}=(1,\ y,\ -1)^{\mathrm{T}}$，问数 x，y 取何值时：

(1) 向量 $\boldsymbol{\beta}$ 不能由向量组 A 线性表示；

(2) 向量 $\boldsymbol{\beta}$ 能由向量组 A 线性表示，且表示式唯一；

(3) 向量 $\boldsymbol{\beta}$ 能由向量组 A 线性表示，且表示式不唯一，并求出一般表示式.

10. 设 $V_1=\{\boldsymbol{x}=(x_1,\ x_2,\ \cdots,\ x_n)^{\mathrm{T}}\mid x_1,\ x_2,\ \cdots,\ x_n\in\mathbf{R},x_1+x_2+\cdots+x_n=0\}$；

$V_2=\{\boldsymbol{x}=(x_1,\ x_2,\ \cdots,\ x_n)^{\mathrm{T}}\mid x_1,\ x_2,\ \cdots,\ x_n\in\mathbf{R},x_1+x_2+\cdots+x_n=1\}$.

问 V_1，V_2 是不是向量空间，为什么？

11. 验证 $\boldsymbol{\alpha}_1=(1,\ 0,\ 1)^{\mathrm{T}}$，$\boldsymbol{\alpha}_2=(0,\ 1,\ 0)^{\mathrm{T}}$，$\boldsymbol{\alpha}_3=(1,\ 2,\ 2)^{\mathrm{T}}$ 为 $\mathbf{R}^3$ 的一个基，并求向量 $\boldsymbol{\beta}=(1,\ 3,\ 0)^{\mathrm{T}}$ 在这个基中的坐标.

12. 给定 $\mathbf{R}^3$ 中的两个基：

$$\text{Ⅰ}:\boldsymbol{\alpha}_1=\begin{pmatrix}1\\1\\1\end{pmatrix},\boldsymbol{\alpha}_2=\begin{pmatrix}1\\0\\-1\end{pmatrix},\boldsymbol{\alpha}_3=\begin{pmatrix}1\\0\\1\end{pmatrix};\ \text{Ⅱ}:\boldsymbol{\beta}_1=\begin{pmatrix}1\\2\\1\end{pmatrix},\boldsymbol{\beta}_2=\begin{pmatrix}2\\3\\4\end{pmatrix},\boldsymbol{\beta}_3=\begin{pmatrix}3\\4\\3\end{pmatrix},$$

（1）求由基Ⅰ到基Ⅱ的过渡矩阵；

（2）设向量 $\boldsymbol{\gamma}$ 在基Ⅰ中的坐标为(1，1，3)，求 $\boldsymbol{\gamma}$ 在基Ⅱ中的坐标.

13. 求下列齐次线性方程组的一个基础解系和通解：

（1）$\begin{cases} x_1+3x_2+2x_3=0 \\ x_1+5x_2+x_3=0 \\ 3x_1+5x_2+8x_3=0 \end{cases}$；　（2）$\begin{cases} x_1+2x_2+4x_3-3x_4=0 \\ 3x_1+5x_2+6x_3-4x_4=0 \\ 4x_1+5x_2-2x_3+3x_4=0 \end{cases}$；

（3）$\begin{cases} 2x_1-x_2+3x_3-7x_4=0 \\ x_1-3x_2-2x_3-5x_4=0 \\ 3x_1-x_2-4x_3-6x_4=0 \\ 4x_1-2x_2+x_3-7x_4=0 \end{cases}$；　（4）$\begin{cases} 5x_1+6x_2-2x_3+7x_4+4x_5=0 \\ 2x_1+3x_2-x_3+4x_4+2x_5=0 \\ 7x_1+9x_2-3x_3+5x_4+6x_5=0 \\ 5x_1+9x_2-3x_3+x_4+6x_5=0 \end{cases}$.

14. 求下列非齐次线性方程组的通解：

（1）$\begin{cases} 2x_1-x_2+3x_3=1 \\ 4x_1-2x_2+5x_3=4 \\ 2x_1-x_2+4x_3=0 \end{cases}$；　（2）$\begin{cases} x_1+5x_2-x_3-x_4=-1 \\ x_1-2x_2+x_3+3x_4=3 \\ x_1-9x_2+3x_3+7x_4=7 \end{cases}$；

（3）$\begin{cases} x_1-2x_2+3x_3-4x_4=4 \\ x_1+3x_2+x_4=1 \\ x_2-x_3+x_4=-3 \\ 7x_2-3x_3-x_4=3 \end{cases}$；　（4）$\begin{cases} x_1+x_2+x_3+2x_4=3 \\ 2x_1+3x_2+x_3+7x_4=8 \\ x_1+2x_2+3x_4=4 \\ -x_1+x_2-3x_3=-1 \end{cases}$.

15. 当 λ 为何值时，线性方程组

$$\begin{cases} 2x_1-2x_2-5x_3+3x_4=1 \\ x_1-x_2-3x_3+x_4=\lambda \\ x_1-x_2-2x_3+2x_4=3 \end{cases}$$

有解？有解时，求其全部解.

16. 设 $\boldsymbol{\alpha}_1, \boldsymbol{\alpha}_2, \cdots, \boldsymbol{\alpha}_r$ 为齐次线性方程组 $\boldsymbol{Ax}=\boldsymbol{0}$ 的基础解系，试证 $\boldsymbol{\alpha}_1+\boldsymbol{\alpha}_2, \boldsymbol{\alpha}_2, \cdots, \boldsymbol{\alpha}_r$ 也是齐次线性方程组 $\boldsymbol{Ax}=\boldsymbol{0}$ 的基础解系.

17. 设 $\boldsymbol{\eta}_1, \boldsymbol{\eta}_2, \boldsymbol{\eta}_3$ 是三元非齐次线性方程组 $\boldsymbol{Ax}=\boldsymbol{b}$ 的解，且 $r(\boldsymbol{A})=1$ 及

$$\boldsymbol{\eta}_1+\boldsymbol{\eta}_2=\begin{pmatrix}1\\0\\0\end{pmatrix}, \boldsymbol{\eta}_2+\boldsymbol{\eta}_3=\begin{pmatrix}1\\1\\0\end{pmatrix}, \boldsymbol{\eta}_1+\boldsymbol{\eta}_3=\begin{pmatrix}1\\1\\1\end{pmatrix},$$

求方程组 $\boldsymbol{Ax}=\boldsymbol{b}$ 的通解.

18. 设 $\boldsymbol{\eta}^*$ 是三元非齐次线性方程组 $\boldsymbol{Ax}=\boldsymbol{b}$ 的一个解，ξ_1，ξ_2，…，ξ_{n-r} 是对应的齐次线性方程组 $\boldsymbol{Ax}=\boldsymbol{0}$ 的一个基础解系. 证明：

(1) $\boldsymbol{\eta}^*$，ξ_1，…，ξ_{n-r} 线性无关；

(2) $\boldsymbol{\eta}^*$，$\boldsymbol{\eta}^*+\xi_1$，…，$\boldsymbol{\eta}^*+\xi_{n-r}$ 线性无关.

习题 B

1. 单项选择题.

(1) 设 $\boldsymbol{A}$ 是 4×5 矩阵，则 $\boldsymbol{A}$ 的(　　).

A. 行向量组线性相关　　B. 列向量组线性相关

C. 列向量组线性无关　　D. 行向量组线性无关

(2) 设 $\boldsymbol{A}$ 是四阶方阵，且 $|\boldsymbol{A}|=0$，则下列结论正确的是(　　).

A. $\boldsymbol{A}$ 中必有一列元素全为 0

B. $\boldsymbol{A}$ 中有两列元素对应成比例

C. $\boldsymbol{A}$ 中至少有一列向量是其余列向量的线性组合

D. $\boldsymbol{A}$ 中任一列向量是其余列向量的线性组合

(3) 向量组 $\boldsymbol{\alpha}_1$，$\boldsymbol{\alpha}_2$，…，$\boldsymbol{\alpha}_m$ $(m\geqslant2)$ 线性相关的充分必要条件是(　　).

A. $\boldsymbol{\alpha}_1$，$\boldsymbol{\alpha}_2$，…，$\boldsymbol{\alpha}_m$ 中至少有一个零向量

B. $\boldsymbol{\alpha}_1$，$\boldsymbol{\alpha}_2$，…，$\boldsymbol{\alpha}_m$ 中至少有一个向量可由其余向量线性表示

C. $\boldsymbol{\alpha}_1$，$\boldsymbol{\alpha}_2$，…，$\boldsymbol{\alpha}_m$ 中有两个向量成比例

D. $\boldsymbol{\alpha}_1$，$\boldsymbol{\alpha}_2$，…，$\boldsymbol{\alpha}_m$ 中至少有一部分组线性相关

(4) 向量组 $\boldsymbol{\alpha}_1$，$\boldsymbol{\alpha}_2$，…，$\boldsymbol{\alpha}_m$ 的秩不为零的充要条件是(　　).

A. $\boldsymbol{\alpha}_1$，$\boldsymbol{\alpha}_2$，…，$\boldsymbol{\alpha}_m$ 中至少有一个非零向量

B. $\boldsymbol{\alpha}_1$，$\boldsymbol{\alpha}_2$，…，$\boldsymbol{\alpha}_m$ 中全是非零向量

C. $\boldsymbol{\alpha}_1$，$\boldsymbol{\alpha}_2$，…，$\boldsymbol{\alpha}_m$ 线性无关

D. $\boldsymbol{\alpha}_1$，$\boldsymbol{\alpha}_2$，…，$\boldsymbol{\alpha}_m$ 中没有两个向量对应元素成比例

(5) 设向量组 $\boldsymbol{\alpha}_1$，$\boldsymbol{\alpha}_2$，$\boldsymbol{\alpha}_3$ 线性无关，则 $\boldsymbol{\alpha}_1+\boldsymbol{\alpha}_2$，$\boldsymbol{\alpha}_2+\boldsymbol{\alpha}_3$，$\boldsymbol{\alpha}_3-\boldsymbol{\alpha}_1$ 的秩为(　　).

A. 0　　B. 1　　C. 2　　D. 3

(6) 方程组 $\boldsymbol{Ax}=\boldsymbol{b}$ 的系数矩阵的秩 $r(\boldsymbol{A})$ 和增广矩阵的秩 $r(\boldsymbol{B})$ 的关系是(　　).

A. $r(\boldsymbol{A})=r(\boldsymbol{B})$　　B. $r(\boldsymbol{B})=r(\boldsymbol{A})+1$

C. $r(\boldsymbol{B})>r(\boldsymbol{A})$　　D. $r(\boldsymbol{A})=r(\boldsymbol{B})$ 或 $r(\boldsymbol{B})=r(\boldsymbol{A})+1$

(7) 设 $\boldsymbol{A}$ 为 $m\times n$ 矩阵，则齐次线性方程组 $\boldsymbol{Ax}=\boldsymbol{0}$ 有非零解的充要条件是(　　).

A. $m<n$　　B. $m>n$　　C. $r(\boldsymbol{A})<n$　　D. $|\boldsymbol{A}|=0$

(8) 设 $\boldsymbol{\xi}_1$，$\boldsymbol{\xi}_2$，$\boldsymbol{\xi}_3$ 为齐次线性方程组 $\boldsymbol{Ax}=\boldsymbol{0}$ 的一个基础解系，则下面也为该方程组基础解系的是(　　).

A. 与 $\boldsymbol{\xi}_1$，$\boldsymbol{\xi}_2$，$\boldsymbol{\xi}_3$ 等价的向量组 $\boldsymbol{\beta}_1$，$\boldsymbol{\beta}_2$，$\boldsymbol{\beta}_3$

B. $\boldsymbol{\xi}_1-\boldsymbol{\xi}_3$，$3\boldsymbol{\xi}_2-\boldsymbol{\xi}_3$，$-\boldsymbol{\xi}_1-3\boldsymbol{\xi}_2+2\boldsymbol{\xi}_3$

C. $\boldsymbol{\xi}_1+2\boldsymbol{\xi}_2+\boldsymbol{\xi}_3$，$\boldsymbol{\xi}_1+\boldsymbol{\xi}_2$，$\boldsymbol{\xi}_2+\boldsymbol{\xi}_3$

D. 与 $\boldsymbol{\xi}_1$，$\boldsymbol{\xi}_2$，$\boldsymbol{\xi}_3$ 等价的向量组 $\boldsymbol{\alpha}_1$，$\boldsymbol{\alpha}_2$，$\boldsymbol{\alpha}_3$，$\boldsymbol{\alpha}_4$

2. 填空题.

(1) 向量组 $\boldsymbol{\alpha}_1$，$\boldsymbol{0}$，$\boldsymbol{\alpha}_2$，…，$\boldsymbol{\alpha}_m$ 线性______关.

(2) 设 $\boldsymbol{\alpha}_1=(1,\ 2,\ 3)^{\mathrm{T}}$，$\boldsymbol{\alpha}_2=(0,\ -1,\ 1)^{\mathrm{T}}$，$\boldsymbol{\alpha}_3=(3,\ 1,\ 2)^{\mathrm{T}}$，$\boldsymbol{\alpha}_4=(2,\ 1,\ 1)^{\mathrm{T}}$，则 $\boldsymbol{\alpha}_1$，$\boldsymbol{\alpha}_2$，$\boldsymbol{\alpha}_3$，$\boldsymbol{\alpha}_4$ 线性______关.

(3) 向量组 $\boldsymbol{\alpha}_1=(a_1,\ a_2)^{\mathrm{T}}$，$\boldsymbol{\alpha}_2=(b_1,\ b_2)^{\mathrm{T}}$ 线性无关的充要条件是____________.

(4) 设 $\boldsymbol{\alpha}_1=(t,\ -1,\ -1)^{\mathrm{T}}$，$\boldsymbol{\alpha}_2=(-1,\ t,\ -1)^{\mathrm{T}}$，$\boldsymbol{\alpha}_3=(-1,\ -1,\ t)^{\mathrm{T}}$ 线性相关，则 $t=$__.

(5) 向量 $\boldsymbol{\beta}=\begin{pmatrix}4\\3\\2\end{pmatrix}$ 在基 $\boldsymbol{\alpha}_1=\begin{pmatrix}1\\0\\0\end{pmatrix}$，$\boldsymbol{\alpha}_2=\begin{pmatrix}1\\1\\0\end{pmatrix}$，$\boldsymbol{\alpha}_3=\begin{pmatrix}1\\1\\1\end{pmatrix}$ 下的坐标为____________.

(6) 设矩阵 $\boldsymbol{A}=\begin{pmatrix}1&2&-2\\4&t&3\\3&-1&1\end{pmatrix}$，$\boldsymbol{B}$ 为三阶非零矩阵，且 $\boldsymbol{AB}=\boldsymbol{O}$，则 $t=$______.

(7) 设三阶方阵 $\boldsymbol{A}$ 的各行元素之和均为零，且 $r(\boldsymbol{A})=2$，则齐次线性方程组 $\boldsymbol{Ax}=\boldsymbol{0}$ 的通解为____________.

(8) 若线性方程组 $\begin{cases}x_1+x_2=-a_1\\x_2+x_3=a_2\\x_3+x_4=-a_3\\x_4+x_1=a_4\end{cases}$ 有解，则常数 a_1，a_2，a_3，a_4 应满足的条件是______.

3. 设向量组 $\boldsymbol{\alpha}_1$，$\boldsymbol{\alpha}_2$，$\boldsymbol{\alpha}_3$ 线性无关，又 $\boldsymbol{\beta}_1=\boldsymbol{\alpha}_1$，$\boldsymbol{\beta}_2=\boldsymbol{\alpha}_1+\boldsymbol{\alpha}_2$，$\boldsymbol{\beta}_3=\boldsymbol{\alpha}_1+\boldsymbol{\alpha}_2+\boldsymbol{\alpha}_3$，证明 $\boldsymbol{\beta}_1$，$\boldsymbol{\beta}_2$，$\boldsymbol{\beta}_3$ 也线性无关.

4. 设向量组 $\boldsymbol{\alpha}_1$，$\boldsymbol{\alpha}_2$，…，$\boldsymbol{\alpha}_s$ 线性无关，而向量组 $\boldsymbol{\alpha}_1$，$\boldsymbol{\alpha}_2$，…，$\boldsymbol{\alpha}_s$，$\boldsymbol{\beta}$ 线性相关，证明：$\boldsymbol{\beta}$ 能由 $\boldsymbol{\alpha}_1$，$\boldsymbol{\alpha}_2$，…，$\boldsymbol{\alpha}_s$ 线性表示，且表示式是唯一的.

5. 求下列向量组的秩和一个最大线性无关组，并将向量组中的其余向量表示为该最大无关组的线性组合：

(1) $\boldsymbol{\alpha}_1=(1,-2,5)^{\mathrm{T}}$，$\boldsymbol{\alpha}_2=(3,2,-1)^{\mathrm{T}}$，$\boldsymbol{\alpha}_3=(3,10,-17)^{\mathrm{T}}$；

(2) $\boldsymbol{\alpha}_1=(1,3,-5,1)^{\mathrm{T}}$，$\boldsymbol{\alpha}_2=(2,6,1,4)^{\mathrm{T}}$，$\boldsymbol{\alpha}_3=(3,9,7,10)^{\mathrm{T}}$；

(3) $\boldsymbol{\alpha}_1=(1,2,3,4)^{\mathrm{T}}$，$\boldsymbol{\alpha}_2=(2,3,4,5)^{\mathrm{T}}$，$\boldsymbol{\alpha}_3=(3,4,5,6)^{\mathrm{T}}$，$\boldsymbol{\alpha}_4=(4,5,6,7)^{\mathrm{T}}$.

6. 给定 $\mathbf{R}^3$ 中的两个基：

$$\text{Ⅰ}:\boldsymbol{\alpha}_1=\begin{pmatrix}1\\2\\-1\end{pmatrix},\boldsymbol{\alpha}_2=\begin{pmatrix}1\\-1\\1\end{pmatrix},\boldsymbol{\alpha}_3=\begin{pmatrix}-1\\2\\1\end{pmatrix},\quad \text{Ⅱ}:\boldsymbol{\beta}_1=\begin{pmatrix}2\\0\\1\end{pmatrix},\boldsymbol{\beta}_2=\begin{pmatrix}0\\1\\1\end{pmatrix},\boldsymbol{\beta}_3=\begin{pmatrix}1\\-1\\2\end{pmatrix},$$

求由基Ⅰ到基Ⅱ的过渡矩阵.

7. 设有向量组 A：$\boldsymbol{\alpha}_1=\begin{pmatrix}a\\2\\10\end{pmatrix}$，$\boldsymbol{\alpha}_2=\begin{pmatrix}-2\\1\\5\end{pmatrix}$，$\boldsymbol{\alpha}_3=\begin{pmatrix}-1\\1\\4\end{pmatrix}$ 及向量 $\boldsymbol{\beta}=\begin{pmatrix}1\\b\\-1\end{pmatrix}$，问 a，b 为何值时：

(1) 向量 $\boldsymbol{\beta}$ 不能由向量组 A 线性表示；

(2) 向量 $\boldsymbol{\beta}$ 能由向量组 A 线性表示，且表示式唯一；

(3) 向量 $\boldsymbol{\beta}$ 能由向量组 A 线性表示，且表示式不唯一，并求一般表示式.

8. 求出一个齐次线性方程组，使它的基础解系由下列向量组成：

$$(1)\ \boldsymbol{\xi}_1=\begin{pmatrix}-2\\1\\0\end{pmatrix},\boldsymbol{\xi}_2=\begin{pmatrix}3\\0\\1\end{pmatrix};\quad(2)\ \boldsymbol{\xi}_1=\begin{pmatrix}0\\1\\2\\3\end{pmatrix},\boldsymbol{\xi}_2=\begin{pmatrix}3\\2\\1\\0\end{pmatrix}.$$

9. 设 $\boldsymbol{B}$ 是一个三阶非零矩阵，它的每一列都是齐次方程组

$$\begin{cases}x_1+2x_2-2x_3=0\\2x_1-x_2+\lambda x_3=0\\3x_1+x_2-x_3=0\end{cases}$$

的解，求 λ 的值和 $|\boldsymbol{B}|$.

10. 设 $\boldsymbol{A}$，$\boldsymbol{B}$ 分别是 $m\times n$ 和 $n\times s$ 矩阵，且 $\boldsymbol{AB}=\boldsymbol{O}$，证明：

$$r(\boldsymbol{A})+r(\boldsymbol{B})\leqslant n.$$

11. 设 a，b，c 为互不相同的常数，证明下列线性方程组

$$\begin{cases}x_1+x_2=1\\ax_1+bx_2=c\\a^2x_1+b^2x_2=c^2\end{cases}$$

无解.

资料选读

《九章算术》中表示线性方程组的方法

在我国，早在两汉时期约公元1世纪，线性方程组就出现在了我国古代数学著名的专著《九章算术》一书的“方程章”中.《九章算术》是中国古代的一部数学专著，内容十分丰富，全书总结了战国、秦、汉时期的数学成就. 同时，《九章算术》在数学上还有其独到的成就，不仅最早提到分数问题，也首先记录了盈不足等问题，“方程章”还在世界数学史上首次阐述了负数及其加减运算法则. 它是一本综合性的历史著作，是当时世界上最简练有效的应用数学，它的出现标志中国古代数学形成了完整的体系.

书中第八章“方程”采用分离系数的方法表示线性方程组，相当于现在的矩阵；解线性方程组时使用的直除法，与矩阵的初等变换一致. 在用直除法解一次方程组过程中，不可避免地要出现正负数的问题，于是在方程章第三题中明确提出了正负术(正负数的加减法则). 刘徽在该术的注文里实质上给出了正、负数的定义：“两算得失相反，要令‘正’‘负’以名之.”这是世界上最早的完整的线性方程组的解法. 在西方，直到17世纪才由莱布尼兹提出完整的线性方程的解法法则.

《九章算术》确定了中国古代数学的框架，以计算为中心的特点，密切联系实际，以解决人们生产、生活中的数学问题为目的的风格. 其影响之深，以至以后中国数学著作大体采取两种形式：或为之作注，或仿其体例著书；甚至西算传入中国之后，人们著书立说时还常常把包括西算在内的数学知识纳入九章的框架.

第四章

矩阵的对角化与二次型

矩阵的特征值与特征向量理论在工程技术中的振动问题、稳定性问题、数学中的矩阵对角化问题以及微分方程组的求解问题等方面具有重要的应用. 本章主要讨论方阵的特征值与特征向量、相似矩阵、矩阵的对角化和二次型的化简与正定性等问题.

第一节　特征值与特征向量

定义 1　设 $\boldsymbol{A}$ 为 n 阶方阵，如果存在数 λ 和 n 维非零列向量 $\boldsymbol{x}$，使得

$$\boldsymbol{A}\boldsymbol{x}=\lambda\boldsymbol{x}, \tag{4-1}$$

则称 λ 为矩阵 $\boldsymbol{A}$ 的**特征值**，$\boldsymbol{x}$ 为 $\boldsymbol{A}$ 的对应于特征值 λ 的**特征向量**.

注：特征向量 $\boldsymbol{x}\neq\boldsymbol{0}$；特征值问题是对方阵而言的，本章的矩阵如不加说明，都是方阵.

根据定义，n 阶矩阵 $\boldsymbol{A}$ 的特征值，就是使 n 元齐次线性方程组

$$(\lambda\boldsymbol{E}-\boldsymbol{A})\boldsymbol{x}=\boldsymbol{0} \tag{4-2}$$

有非零解 $\boldsymbol{x}$ 的数 λ，而方程组(4-2)有非零解的充要条件为

$$|\lambda\boldsymbol{E}-\boldsymbol{A}|=0. \tag{4-3}$$

方程(4-3)的左端 $|\lambda\boldsymbol{E}-\boldsymbol{A}|$ 为 λ 的 n 次多项式，此多项式称为 $\boldsymbol{A}$ 的**特征多项式**，称关于 λ 的一元 n 次方程(4-3)为 $\boldsymbol{A}$ 的**特征方程**. 因此，$\boldsymbol{A}$ 的特征值就是特征方程的根.

设 λ_0 是 $\boldsymbol{A}$ 的一个特征值，则由齐次线性方程组

$$(\lambda_0\boldsymbol{E}-\boldsymbol{A})\boldsymbol{x}=\boldsymbol{0}$$

可求得非零解 $\boldsymbol{x}=\boldsymbol{p}_0$，$\boldsymbol{p}_0$ 就是 $\boldsymbol{A}$ 的对应于特征值 λ_0 的一个特征向量.

综上所述，求矩阵 $\boldsymbol{A}$ 的特征值与特征向量的步骤如下：

(1) 计算特征多项式 $|\lambda\boldsymbol{E}-\boldsymbol{A}|$；

(2) 求特征方程 $|\lambda\boldsymbol{E}-\boldsymbol{A}|=0$ 的全部根，即 $\boldsymbol{A}$ 的全部特征值；

(3) 对于 $\boldsymbol{A}$ 的每一个特征值 λ_0，求出齐次线性方程组 $(\lambda_0\boldsymbol{E}-\boldsymbol{A})\boldsymbol{x}=\boldsymbol{0}$ 的一个基础解系

$$\boldsymbol{p}_1,\ \boldsymbol{p}_2,\ \cdots,\ \boldsymbol{p}_t,$$

则

$$k_1\boldsymbol{p}_1+k_2\boldsymbol{p}_2+\cdots+k_t\boldsymbol{p}_t,$$

(其中，k_1，k_2，…，k_t 为不同时为零的任意常数)即为方阵 $\boldsymbol{A}$ 对应于特征值 λ_0 的全部特征向量.

例 1 求矩阵

$$\boldsymbol{A}=\begin{pmatrix}3 & 1\\ 5 & -1\end{pmatrix}$$

的特征值与特征向量.

解 $\boldsymbol{A}$ 的特征多项式为

$$|\lambda\boldsymbol{E}-\boldsymbol{A}|=\begin{vmatrix}\lambda-3 & -1\\ -5 & \lambda+1\end{vmatrix}=(\lambda-4)(\lambda+2),$$

求得 $\boldsymbol{A}$ 的特征值为 $\lambda_1=4$，$\lambda_2=-2$.

当 $\lambda_1=4$ 时，解方程组 $(4\boldsymbol{E}-\boldsymbol{A})\boldsymbol{x}=\boldsymbol{0}$，即

$$\begin{cases}x_1-x_2=0\\ -5x_1+5x_2=0\end{cases},$$

得到方程组的一个基础解系为

$$\boldsymbol{p}_1=(1,\ 1)^{\mathrm{T}},$$

所以，$\boldsymbol{A}$ 对应于 $\lambda_1=4$ 的全部特征向量为

$$k_1\boldsymbol{p}_1=k_1(1,\ 1)^{\mathrm{T}}\ (k_1\ \text{为不等于零的任意常数}).$$

当 $\lambda_2=-2$ 时，解方程组 $(-2\boldsymbol{E}-\boldsymbol{A})\boldsymbol{x}=\boldsymbol{0}$，即

$$\begin{cases}-5x_1-x_2=0\\ -5x_1-x_2=0\end{cases},$$

它的一个基础解系为

$$\boldsymbol{p}_2=(1,\ -5)^{\mathrm{T}},$$

所以，$\boldsymbol{A}$ 的对应于 $\lambda_2=-2$ 的全部特征向量为

$$k_2\boldsymbol{p}_2=k_2(1,\ -5)^{\mathrm{T}}\ (k_2\ \text{为不等于零的任意常数}).$$

例 2 求矩阵

$$\boldsymbol{A}=\begin{pmatrix}0 & 1 & 1\\ 1 & 0 & 1\\ 1 & 1 & 0\end{pmatrix}$$

的特征值与特征向量.

解　$\boldsymbol{A}$ 的特征多项式为

$$|\lambda \boldsymbol{E}-\boldsymbol{A}|=\begin{vmatrix}\lambda & -1 & -1\\ -1 & \lambda & -1\\ -1 & -1 & \lambda\end{vmatrix}=(\lambda-2)(\lambda+1)^2,$$

所以 $\boldsymbol{A}$ 的特征值为 $\lambda_1=2$，$\lambda_2=\lambda_3=-1$.

当 $\lambda_1=2$ 时，解方程组 $(2\boldsymbol{E}-\boldsymbol{A})\boldsymbol{x}=\boldsymbol{0}$，由

$$2\boldsymbol{E}-\boldsymbol{A}=\begin{pmatrix}2 & -1 & -1\\ -1 & 2 & -1\\ -1 & -1 & 2\end{pmatrix}\to\begin{pmatrix}2 & -1 & -1\\ -1 & 2 & -1\\ 0 & 0 & 0\end{pmatrix},$$

得同解方程组

$$\begin{cases}2x_1-x_2-x_3=0\\ -x_1+2x_2-x_3=0\end{cases},$$

求得基础解系

$$\boldsymbol{p}_1=(1,1,1)^{\mathrm{T}},$$

所以，对应于 $\lambda_1=2$ 的全部特征向量为 $k_1\boldsymbol{p}_1$（k_1 为任意非零常数）.

当 $\lambda_2=\lambda_3=-1$ 时，解方程组 $(-\boldsymbol{E}-\boldsymbol{A})\boldsymbol{x}=\boldsymbol{0}$，由

$$\boldsymbol{E}+\boldsymbol{A}=\begin{pmatrix}1 & 1 & 1\\ 1 & 1 & 1\\ 1 & 1 & 1\end{pmatrix}\to\begin{pmatrix}1 & 1 & 1\\ 0 & 0 & 0\\ 0 & 0 & 0\end{pmatrix},$$

得同解方程

$$x_1+x_2+x_3=0,$$

求得基础解系

$$\boldsymbol{p}_2=(-1,1,0)^{\mathrm{T}},\ \boldsymbol{p}_3=(-1,0,1)^{\mathrm{T}},$$

所以，对应于 $\lambda_2=\lambda_3=-1$ 的全部特征向量为 $k_2\boldsymbol{p}_2+k_3\boldsymbol{p}_3$（$k_2$，$k_3$ 为不同时为零的任意常数）.

例 3　求矩阵

$$\boldsymbol{A}=\begin{pmatrix}2 & 0 & 0\\ 1 & 1 & 0\\ 1 & 1 & 1\end{pmatrix}$$

的特征值与特征向量.

解 $\boldsymbol{A}$ 的特征多项式为

$$|\lambda\boldsymbol{E}-\boldsymbol{A}|=\begin{vmatrix}\lambda-2 & 0 & 0\\ -1 & \lambda-1 & 0\\ -1 & -1 & \lambda-1\end{vmatrix}=(\lambda-2)(\lambda-1)^2,$$

所以 $\boldsymbol{A}$ 的特征值为 $\lambda_1=2$，$\lambda_2=\lambda_3=1$.

对于 $\lambda_1=2$，解齐次线性方程组 $(2\boldsymbol{E}-\boldsymbol{A})\boldsymbol{x}=\boldsymbol{0}$，得基础解系

$$\boldsymbol{p}_1=\left(\frac{1}{2},\ \frac{1}{2},\ 1\right)^{\mathrm{T}},$$

所以，对应于 $\lambda_1=2$ 的全部特征向量为 $k_1\boldsymbol{p}_1$（k_1 为任意非零常数）.

对于 $\lambda_2=\lambda_3=1$，解齐次线性方程组 $(\boldsymbol{E}-\boldsymbol{A})\boldsymbol{x}=\boldsymbol{0}$，得基础解系

$$\boldsymbol{p}_2=(0,\ 0,\ 1)^{\mathrm{T}},$$

所以，对应于 $\lambda_2=\lambda_3=1$ 的全部特征向量为 $k_2\boldsymbol{p}_2$（k_2 为任意非零常数）.

注：实方阵 $\boldsymbol{A}$ 的特征值可能为实数，也可能为复数. 例如，矩阵

$$\boldsymbol{A}=\begin{pmatrix}0 & -1\\ 1 & 0\end{pmatrix}$$

的特征值即为一对共轭复数：$\lambda_1=\mathrm{i}$，$\lambda_2=-\mathrm{i}$.

例 4 设 λ 是方阵 $\boldsymbol{A}$ 的特征值，证明 λ^2 是 $\boldsymbol{A}^2$ 的特征值.

证 因 λ 是 $\boldsymbol{A}$ 的特征值，故有向量 $\boldsymbol{p}\neq\boldsymbol{0}$，使 $\boldsymbol{A}\boldsymbol{p}=\lambda\boldsymbol{p}$，于是

$$\boldsymbol{A}^2\boldsymbol{p}=\boldsymbol{A}(\boldsymbol{A}\boldsymbol{p})=\boldsymbol{A}(\lambda\boldsymbol{p})=\lambda(\boldsymbol{A}\boldsymbol{p})=\lambda^2\boldsymbol{p},$$

所以 λ^2 是 $\boldsymbol{A}^2$ 的特征值.

以此类推，不难证明：

如果 λ 是 $\boldsymbol{A}$ 的特征值，则 λ^k 是 $\boldsymbol{A}^k$ 的特征值，$\varphi(\lambda)$ 是 $\varphi(\boldsymbol{A})$ 的特征值（其中 $\varphi(\lambda)=a_0+a_1\lambda+\cdots+a_m\lambda^m$，$\varphi(\boldsymbol{A})=a_0\boldsymbol{E}+a_1\boldsymbol{A}+\cdots+a_m\boldsymbol{A}^m$）.

例 5 设 $\boldsymbol{A}^2=\boldsymbol{E}$，证明 $\boldsymbol{A}$ 的特征值只能是 ±1.

证 设 λ 为 $\boldsymbol{A}$ 的特征值，$\boldsymbol{p}$ 是对应的特征向量，则

$$\boldsymbol{A}\boldsymbol{p}=\lambda\boldsymbol{p},$$

用矩阵 $\boldsymbol{A}$ 左乘上式两端，并由 $\boldsymbol{A}^2=\boldsymbol{E}$，得 $\boldsymbol{A}^2\boldsymbol{p}=\boldsymbol{E}\boldsymbol{p}=\boldsymbol{p}$.

又由 $\boldsymbol{A}^2\boldsymbol{p}=\lambda\boldsymbol{A}\boldsymbol{p}=\lambda^2\boldsymbol{p}$，故

$$(\lambda^2-1)\boldsymbol{p}=\boldsymbol{0}.$$

由于特征向量 $\boldsymbol{p}$ 为非零向量，因而

$$\lambda^2-1=0,$$

即 $\lambda=\pm1$.

定理 1　设 $\boldsymbol{p}_1, \boldsymbol{p}_2, \cdots, \boldsymbol{p}_m$ 是矩阵 $\boldsymbol{A}$ 的互异特征值 $\lambda_1, \lambda_2, \cdots, \lambda_m$ 对应的特征向量，则 $\boldsymbol{p}_1, \boldsymbol{p}_2, \cdots, \boldsymbol{p}_m$ 线性无关.

证　基于特征值的个数，利用数学归纳法.

由于特征向量是非零向量，所以一个特征向量必线性无关. 现在假设对应于 $m-1$ 个不同特征值的特征向量线性无关，我们来证明对应于 m 个不同特征值 $\lambda_1, \lambda_2, \cdots, \lambda_m$ 的特征向量 $\boldsymbol{p}_1, \boldsymbol{p}_2, \cdots, \boldsymbol{p}_m$ 也线性无关. 设

$$k_1\boldsymbol{p}_1+k_2\boldsymbol{p}_2+\cdots+k_m\boldsymbol{p}_m=\boldsymbol{0}, \tag{4-4}$$

因为 $\boldsymbol{A}\boldsymbol{p}_i=\lambda_i\boldsymbol{p}_i(i=1, 2, \cdots, m)$，用 $\boldsymbol{A}$ 左乘式(4-4)，得

$$k_1\lambda_1\boldsymbol{p}_1+k_2\lambda_2\boldsymbol{p}_2+\cdots+k_m\lambda_m\boldsymbol{p}_m=\boldsymbol{0},$$

由上两式消去 $\boldsymbol{p}_m$，得到

$$k_1(\lambda_1-\lambda_m)\boldsymbol{p}_1+k_2(\lambda_2-\lambda_m)\boldsymbol{p}_2+\cdots+k_{m-1}(\lambda_{m-1}-\lambda_m)\boldsymbol{p}_{m-1}=\boldsymbol{0}.$$

由归纳假设，$\boldsymbol{p}_1, \boldsymbol{p}_2, \cdots, \boldsymbol{p}_{m-1}$ 线性无关，于是有

$$k_i(\lambda_i-\lambda_m)=0\quad(i=1, 2, \cdots, m-1),$$

但 $\lambda_i-\lambda_m\neq0(i=1, 2, \cdots, m-1)$，所以 $k_1=k_2=\cdots=k_{m-1}=0$，代入等式(4-4)可得 $k_m\boldsymbol{p}_m=\boldsymbol{0}$. 因为 $\boldsymbol{p}_m\neq\boldsymbol{0}$，于是 $k_m=0$，这说明 $\boldsymbol{p}_1, \boldsymbol{p}_2, \cdots, \boldsymbol{p}_m$ 线性无关.

推论　对应于矩阵 $\boldsymbol{A}$ 的各个不同特征值的各组线性无关的特征向量合在一起也是线性无关的.

例如，设 $\boldsymbol{x}_1, \boldsymbol{x}_2, \cdots, \boldsymbol{x}_k, \boldsymbol{y}_1, \boldsymbol{y}_2, \cdots, \boldsymbol{y}_l, \boldsymbol{z}_1, \boldsymbol{z}_2, \cdots, \boldsymbol{z}_m$ 分别为对应于不同特征值 $\lambda_1, \lambda_2, \lambda_3$ 的三组线性无关的特征向量，那么向量组 $\boldsymbol{x}_1, \boldsymbol{x}_2, \cdots, \boldsymbol{x}_k, \boldsymbol{y}_1, \boldsymbol{y}_2, \cdots, \boldsymbol{y}_l, \boldsymbol{z}_1, \boldsymbol{z}_2, \cdots, \boldsymbol{z}_m$ 也是线性无关的.

推论的证明方法可由定理 1 得到，这里略去.

由 n 次代数方程的根与系数之间的关系，可以得到

定理 2　设 $\lambda_1, \lambda_2, \cdots, \lambda_n$ 为 n 阶方阵 $\boldsymbol{A}=(a_{ij})_{n\times n}$ 的 n 个特征值(k 重特征值算作 k 个特征值)，则

(1) $\lambda_1\lambda_2\cdots\lambda_n=|\boldsymbol{A}|$；

(2) $\lambda_1+\lambda_2+\cdots+\lambda_n=a_{11}+a_{22}+\cdots+a_{nn}$.

第二节　相似矩阵和矩阵的对角化

定义 1　对于 n 阶方阵 $\boldsymbol{A}$，$\boldsymbol{B}$，若存在 n 阶可逆矩阵 $\boldsymbol{P}$，使

$$\boldsymbol{P}^{-1}\boldsymbol{A}\boldsymbol{P}=\boldsymbol{B},$$

则称 $\boldsymbol{A}$ 与 $\boldsymbol{B}$ 相似，或称 $\boldsymbol{A}$ 相似于 $\boldsymbol{B}$.

由定义 1 可见，若 $\boldsymbol{A}$ 与 $\boldsymbol{B}$ 相似，则 $\boldsymbol{B}$ 也必与 $\boldsymbol{A}$ 相似，相似矩阵的行列式值相等.

定理 1　若 n 阶方阵 $\boldsymbol{A}$ 与 $\boldsymbol{B}$ 相似，则 $\boldsymbol{A}$ 与 $\boldsymbol{B}$ 的特征多项式相同，从而 $\boldsymbol{A}$ 与 $\boldsymbol{B}$ 的特征值也相同.

证　因为 $\boldsymbol{A}$ 相似于 $\boldsymbol{B}$，所以必存在可逆矩阵 $\boldsymbol{P}$，使得

$$\boldsymbol{P}^{-1}\boldsymbol{A}\boldsymbol{P}=\boldsymbol{B},$$

故 $|\lambda\boldsymbol{E}-\boldsymbol{B}|=|\lambda\boldsymbol{P}^{-1}\boldsymbol{E}\boldsymbol{P}-\boldsymbol{P}^{-1}\boldsymbol{A}\boldsymbol{P}|=|\boldsymbol{P}^{-1}||\lambda\boldsymbol{E}-\boldsymbol{A}||\boldsymbol{P}|=|\lambda\boldsymbol{E}-\boldsymbol{A}|$.

推论 1　若 n 阶方阵 $\boldsymbol{A}$ 与对角阵

$$\boldsymbol{\Lambda}=\begin{pmatrix}\lambda_1 & & & \\ & \lambda_2 & & \\ & & \ddots & \\ & & & \lambda_n\end{pmatrix}$$

相似，则 λ_1，λ_2，…，λ_n 是 $\boldsymbol{A}$ 的特征值.

证　因为 λ_1，λ_2，…，λ_n 是 $\boldsymbol{\Lambda}$ 的特征值，由定理 1，λ_1，λ_2，…，λ_n 也是 $\boldsymbol{A}$ 的特征值.

如果 n 阶矩阵 $\boldsymbol{A}$ 与对角阵相似，则存在可逆方阵 $\boldsymbol{P}$，使得

$$\boldsymbol{P}^{-1}\boldsymbol{A}\boldsymbol{P}=\begin{pmatrix}\lambda_1 & & & \\ & \lambda_2 & & \\ & & \ddots & \\ & & & \lambda_n\end{pmatrix},$$

将上式两端左乘 $\boldsymbol{P}$，则有 $\boldsymbol{A}\boldsymbol{P}=\boldsymbol{P}\boldsymbol{\Lambda}$. 把 $\boldsymbol{P}$ 用列向量表示为

$$\boldsymbol{P}=(\boldsymbol{p}_1,\ \boldsymbol{p}_2,\ \cdots,\ \boldsymbol{p}_n),$$

可得

$$\boldsymbol{A}(\boldsymbol{p}_1,\ \boldsymbol{p}_2,\ \cdots,\ \boldsymbol{p}_n)=(\boldsymbol{p}_1,\ \boldsymbol{p}_2,\ \cdots,\ \boldsymbol{p}_n)\begin{pmatrix}\lambda_1 & & & \\ & \lambda_2 & & \\ & & \ddots & \\ & & & \lambda_n\end{pmatrix},$$

于是有 $\boldsymbol{A}\boldsymbol{p}_i=\lambda_i\boldsymbol{p}_i(i=1, 2, \cdots, n)$.

因为 $\boldsymbol{P}$ 可逆，所以 $\boldsymbol{p}_i(i=1, 2, \cdots, n)$都是非零向量，且线性无关，再由特征值和特征向量的定义知，$\boldsymbol{p}_1, \boldsymbol{p}_2, \cdots, \boldsymbol{p}_n$ 为 $\boldsymbol{A}$ 的 n 个线性无关的特征向量.

反之，如果 $\boldsymbol{A}$ 有 n 个线性无关的特征向量 $\boldsymbol{p}_1, \boldsymbol{p}_2, \cdots, \boldsymbol{p}_n$，分别对应于特征值 $\lambda_1, \lambda_2, \cdots, \lambda_n$，即有

$$\boldsymbol{A}\boldsymbol{p}_i=\lambda_i\boldsymbol{p}_i(i=1, 2, \cdots, n).$$

记 $\boldsymbol{P}=(\boldsymbol{p}_1, \boldsymbol{p}_2, \cdots, \boldsymbol{p}_n)$，因为 $\boldsymbol{p}_1, \boldsymbol{p}_2, \cdots, \boldsymbol{p}_n$ 线性无关，故 $\boldsymbol{P}$ 可逆，于是

$$\begin{aligned}\boldsymbol{AP}&=\boldsymbol{A}(\boldsymbol{p}_1, \boldsymbol{p}_2, \cdots, \boldsymbol{p}_n)=(\boldsymbol{A}\boldsymbol{p}_1, \boldsymbol{A}\boldsymbol{p}_2, \cdots, \boldsymbol{A}\boldsymbol{p}_n)\\&=(\lambda_1\boldsymbol{p}_1, \lambda_2\boldsymbol{p}_2, \cdots, \lambda_n\boldsymbol{p}_n)\\&=(\boldsymbol{p}_1, \boldsymbol{p}_2, \cdots, \boldsymbol{p}_n)\begin{pmatrix}\lambda_1&&&\\&\lambda_2&&\\&&\ddots&\\&&&\lambda_n\end{pmatrix}\\&=\boldsymbol{P}\begin{pmatrix}\lambda_1&&&\\&\lambda_2&&\\&&\ddots&\\&&&\lambda_n\end{pmatrix},\end{aligned}$$

以 $\boldsymbol{P}^{-1}$ 左乘上式两端，得

$$\boldsymbol{P}^{-1}\boldsymbol{AP}=\begin{pmatrix}\lambda_1&&&\\&\lambda_2&&\\&&\ddots&\\&&&\lambda_n\end{pmatrix}.$$

因此，矩阵 $\boldsymbol{A}$ 与对角阵相似.

于是由上面的讨论可得：

定理 2　n 阶矩阵 $\boldsymbol{A}$ 相似于对角阵 $\boldsymbol{\Lambda}$ 的充要条件是 $\boldsymbol{A}$ 有 n 个线性无关的特征向量.

推论 2　若 n 阶矩阵 $\boldsymbol{A}$ 有 n 个不同的特征值，则 $\boldsymbol{A}$ 与对角阵相似.

注：(1)假如 $\boldsymbol{p}_1, \boldsymbol{p}_2, \cdots, \boldsymbol{p}_n$ 是 $\boldsymbol{A}$ 的 n 个线性无关的特征向量，构造矩阵 $\boldsymbol{P}=(\boldsymbol{p}_1, \boldsymbol{p}_2, \cdots, \boldsymbol{p}_n)$，则有

$$\boldsymbol{P}^{-1}\boldsymbol{AP}=\begin{pmatrix}\lambda_1&&&\\&\lambda_2&&\\&&\ddots&\\&&&\lambda_n\end{pmatrix},$$

其中，$\lambda_1, \lambda_2, \cdots, \lambda_n$ 应与 $\boldsymbol{p}_1, \boldsymbol{p}_2, \cdots, \boldsymbol{p}_n$ 的顺序相对应，即 $\boldsymbol{p}_i$ 应是对应于特征值 λ_i 的特征向量.

例如在第一节例 2 中，三阶矩阵

$$\boldsymbol{A}=\begin{pmatrix}0&1&1\\1&0&1\\1&1&0\end{pmatrix}$$

有三个线性无关的特征向量

$$\boldsymbol{p}_1=(1, 1, 1)^{\mathrm{T}}, \ \boldsymbol{p}_2=(-1, 1, 0)^{\mathrm{T}}, \ \boldsymbol{p}_3=(-1, 0, 1)^{\mathrm{T}},$$

所以 $\boldsymbol{A}$ 相似于对角矩阵. 构造

$$\boldsymbol{P}=(\boldsymbol{p}_1, \boldsymbol{p}_2, \boldsymbol{p}_3)=\begin{pmatrix}1&-1&-1\\1&1&0\\1&0&1\end{pmatrix},$$

则

$$\boldsymbol{P}^{-1}\boldsymbol{AP}=\begin{pmatrix}2&&\\&-1&\\&&-1\end{pmatrix}.$$

(2) 因为 n 阶矩阵的线性无关特征向量最多有 n 个，但不一定有 n 个，所以任给一个方阵不一定能与对角矩阵相似.

例如在第一节例 3 中矩阵

$$\boldsymbol{A}=\begin{pmatrix}2&0&0\\1&1&0\\1&1&1\end{pmatrix}$$

只有两个线性无关的特征向量 $\boldsymbol{p}_1, \boldsymbol{p}_2$，所以 $\boldsymbol{A}$ 不与对角阵相似.

定义 2 称可与对角阵相似的矩阵为**可对角化矩阵**.

利用矩阵 $\boldsymbol{A}$ 可对角化，可以简化求其高次幂 $\boldsymbol{A}^k$ 的计算.

例 1 设矩阵

$$\boldsymbol{A}=\begin{pmatrix}1&-1\\2&4\end{pmatrix},$$

求 $\boldsymbol{A}^n$.

解 因为 $|\lambda\boldsymbol{E}-\boldsymbol{A}|=(\lambda-2)(\lambda-3)$，所以 $\boldsymbol{A}$ 有两个特征值 $\lambda_1=2, \lambda_2=3$.

当 $\lambda_1=2$ 时，解方程组 $(2\boldsymbol{E}-\boldsymbol{A})\boldsymbol{x}=\boldsymbol{0}$ 得基础解系

$$\boldsymbol{p}_1=(-1,\ 1)^{\mathrm{T}}.$$

当 $\lambda_2=3$ 时，解方程组 $(3\boldsymbol{E}-\boldsymbol{A})\boldsymbol{x}=\boldsymbol{0}$ 得基础解系

$$\boldsymbol{p}_2=\left(-\frac{1}{2},\ 1\right)^{\mathrm{T}}.$$

显然，$\boldsymbol{A}$ 有两个线性无关的特征向量，所以 $\boldsymbol{A}$ 为可对角化的矩阵.

令

$$\boldsymbol{P}=(\boldsymbol{p}_1,\ \boldsymbol{p}_2)=\begin{pmatrix}-1 & -\frac{1}{2}\\ 1 & 1\end{pmatrix},\ \boldsymbol{\Lambda}=\begin{pmatrix}2 & \\ & 3\end{pmatrix},$$

则有

$$\boldsymbol{P}^{-1}\boldsymbol{A}\boldsymbol{P}=\boldsymbol{\Lambda}.$$

从而

$$\begin{aligned}\boldsymbol{A}^n&=(\boldsymbol{P}\boldsymbol{\Lambda}\boldsymbol{P}^{-1})\cdots(\boldsymbol{P}\boldsymbol{\Lambda}\boldsymbol{P}^{-1})=\boldsymbol{P}\boldsymbol{\Lambda}(\boldsymbol{P}^{-1}\boldsymbol{P})\cdots(\boldsymbol{P}^{-1}\boldsymbol{P})\boldsymbol{\Lambda}\boldsymbol{P}^{-1}\\&=\boldsymbol{P}\boldsymbol{\Lambda}^n\boldsymbol{P}^{-1}\\&=\begin{pmatrix}-1 & -\frac{1}{2}\\ 1 & 1\end{pmatrix}\begin{pmatrix}2^n & \\ & 3^n\end{pmatrix}\begin{pmatrix}-2 & -1\\ 2 & 2\end{pmatrix}\\&=\begin{pmatrix}2^{n+1}-3^n & 2^n-3^n\\ -2^{n+1}+2\times 3^n & -2^n+2\times 3^n\end{pmatrix}.\end{aligned}$$

由例 1 可知，若 $\boldsymbol{A}$ 相似于 $\boldsymbol{B}$，则 $\boldsymbol{A}^k$ 相似于 $\boldsymbol{B}^k$，由此可得

$$f(\boldsymbol{A})=a_0\boldsymbol{E}+a_1\boldsymbol{A}+\cdots+a_k\boldsymbol{A}^k$$

相似于

$$f(\boldsymbol{B})=a_0\boldsymbol{E}+a_1\boldsymbol{B}+\cdots+a_k\boldsymbol{B}^k.$$

例 2　设三阶矩阵 $\boldsymbol{A}$ 的特征值为 1，2，-3，求 $|\boldsymbol{A}^3-3\boldsymbol{A}+\boldsymbol{E}|$.

解　因为三阶矩阵 $\boldsymbol{A}$ 有三个不同的特征值 1，2，-3，所以 $\boldsymbol{A}$ 相似于对角阵

$$\boldsymbol{\Lambda}=\begin{pmatrix}1 & & \\ & 2 & \\ & & -3\end{pmatrix}.$$

因此矩阵 $f(\boldsymbol{A})=\boldsymbol{A}^3-3\boldsymbol{A}+\boldsymbol{E}$ 相似于对角阵

$$f(\boldsymbol{\Lambda})=\boldsymbol{\Lambda}^3-3\boldsymbol{\Lambda}+\boldsymbol{E}$$

$$=\begin{pmatrix}1&&\\&2&\\&&-3\end{pmatrix}^3-3\begin{pmatrix}1&&\\&2&\\&&-3\end{pmatrix}+\begin{pmatrix}1&&\\&1&\\&&1\end{pmatrix}$$

$$=\begin{pmatrix}-1&&\\&3&\\&&-17\end{pmatrix}.$$

因为相似矩阵对应的行列式相等，所以

$$|\boldsymbol{A}^3-3\boldsymbol{A}+\boldsymbol{E}|=\begin{vmatrix}-1&&\\&3&\\&&-17\end{vmatrix}=51.$$

第三节　实对称矩阵的对角化

一、向量的内积

定义 1　设有 n 维实向量

$$\boldsymbol{\alpha}=\begin{pmatrix}a_1\\a_2\\\vdots\\a_n\end{pmatrix},\ \boldsymbol{\beta}=\begin{pmatrix}b_1\\b_2\\\vdots\\b_n\end{pmatrix},$$

令

$$(\boldsymbol{\alpha},\boldsymbol{\beta})=a_1b_1+a_2b_2+\cdots+a_nb_n=\boldsymbol{\alpha}^{\mathrm{T}}\boldsymbol{\beta},$$

称$(\boldsymbol{\alpha},\boldsymbol{\beta})$为向量 $\boldsymbol{\alpha}$ 与 $\boldsymbol{\beta}$ 的内积.

易证由定义 1 给出的内积具有如下的性质($\boldsymbol{\alpha},\boldsymbol{\beta},\boldsymbol{\gamma}$ 为 n 维向量，λ 为实数)：

(1) $(\boldsymbol{\alpha},\boldsymbol{\beta})=(\boldsymbol{\beta},\boldsymbol{\alpha})$；

(2) $(\lambda\boldsymbol{\alpha},\boldsymbol{\beta})=\lambda(\boldsymbol{\alpha},\boldsymbol{\beta})$；

(3) $(\boldsymbol{\alpha}+\boldsymbol{\beta},\boldsymbol{\gamma})=(\boldsymbol{\alpha},\boldsymbol{\gamma})+(\boldsymbol{\beta},\boldsymbol{\gamma})$.

在解析几何中，向量 $\boldsymbol{\alpha}=(a_1,a_2,a_3)$，$\boldsymbol{\beta}=(b_1,b_2,b_3)$的数量积

$$\boldsymbol{\alpha}\cdot\boldsymbol{\beta}=|\boldsymbol{\alpha}||\boldsymbol{\beta}|\cos\theta=a_1b_1+a_2b_2+a_3b_3.$$

由此可知，n 维向量的内积是三维向量的数量积的一种推广. 由于 n 维向量没有三维向

量那样直观的几何意义，因此只能按数量积的直角坐标计算公式来推广，类似地给出 n 维向量的长度和夹角等概念.

定义 2　令 $|\boldsymbol{\alpha}|=\sqrt{(\boldsymbol{\alpha},\boldsymbol{\alpha})}=\sqrt{a_1^2+a_2^2+\cdots+a_n^2}$，$|\boldsymbol{\alpha}|$ 称为 n 维向量 $\boldsymbol{\alpha}$ 的**长度**.

当 $|\boldsymbol{\alpha}|=1$ 时，称 $\boldsymbol{\alpha}$ 为**单位向量**. 显然，当 $|\boldsymbol{\beta}|\neq 0$ 时，$\dfrac{\boldsymbol{\beta}}{|\boldsymbol{\beta}|}$ 是单位向量.

当 $|\boldsymbol{\alpha}|\neq 0$，$|\boldsymbol{\beta}|\neq 0$ 时，称

$$\theta=\arccos\frac{(\boldsymbol{\alpha},\boldsymbol{\beta})}{|\boldsymbol{\alpha}||\boldsymbol{\beta}|}$$

为 n 维向量 $\boldsymbol{\alpha}$ 与 $\boldsymbol{\beta}$ 的**夹角**.

定义 3　如果 n 维向量 $\boldsymbol{\alpha}$ 与 $\boldsymbol{\beta}$ 的内积 $(\boldsymbol{\alpha},\boldsymbol{\beta})=0$，则称向量 $\boldsymbol{\alpha}$ 与 $\boldsymbol{\beta}$ **正交**. 一组两两正交的非零向量组称为**正交向量组**.

显然，如 $\boldsymbol{\alpha}=\boldsymbol{0}$，则 $\boldsymbol{\alpha}$ 与任何 n 维向量都正交.

定理 1　若 $\boldsymbol{\alpha}_1,\boldsymbol{\alpha}_2,\cdots,\boldsymbol{\alpha}_r$ 是一组两两正交的非零 n 维向量，则 $\boldsymbol{\alpha}_1,\boldsymbol{\alpha}_2,\cdots,\boldsymbol{\alpha}_r$ 线性无关.

证　设有 $\lambda_1,\lambda_2,\cdots,\lambda_r$ 使

$$\lambda_1\boldsymbol{\alpha}_1+\lambda_2\boldsymbol{\alpha}_2+\cdots+\lambda_r\boldsymbol{\alpha}_r=\boldsymbol{0},$$

以 $\boldsymbol{\alpha}_1^{\mathrm{T}}$ 左乘上式两端，得

$$\lambda_1\boldsymbol{\alpha}_1^{\mathrm{T}}\boldsymbol{\alpha}_1+\lambda_2\boldsymbol{\alpha}_1^{\mathrm{T}}\boldsymbol{\alpha}_2+\cdots+\lambda_r\boldsymbol{\alpha}_1^{\mathrm{T}}\boldsymbol{\alpha}_r=0,$$

因 $\boldsymbol{\alpha}_1^{\mathrm{T}}\boldsymbol{\alpha}_i=0(i=2,3,\cdots,r)$，于是有

$$\lambda_1\boldsymbol{\alpha}_1^{\mathrm{T}}\boldsymbol{\alpha}_1=0.$$

又因 $\boldsymbol{\alpha}_1\neq\boldsymbol{0}$，所以 $\lambda_1=0$. 同理可证 $\lambda_2=\cdots=\lambda_r=0$. 所以 $\boldsymbol{\alpha}_1,\boldsymbol{\alpha}_2,\cdots,\boldsymbol{\alpha}_r$ 线性无关.

反过来，若向量组 $\boldsymbol{\alpha}_1,\boldsymbol{\alpha}_2,\cdots,\boldsymbol{\alpha}_r$ 线性无关，在一般情况下，$\boldsymbol{\alpha}_1,\boldsymbol{\alpha}_2,\cdots,\boldsymbol{\alpha}_r$ 未必是正交的向量组. 不过，我们可以从线性无关向量组 $\boldsymbol{\alpha}_1,\boldsymbol{\alpha}_2,\cdots,\boldsymbol{\alpha}_r$ 的线性组合中构造出 r 个两两正交的单位向量组，这种方法称为**标准正交化方法**.

二、施密特正交化及正交矩阵

我们用以下办法把 $\boldsymbol{\alpha}_1,\boldsymbol{\alpha}_2,\cdots,\boldsymbol{\alpha}_r$ 标准正交化：

取

$\boldsymbol{\beta}_1=\boldsymbol{\alpha}_1,$

$\boldsymbol{\beta}_2=\boldsymbol{\alpha}_2-\dfrac{(\boldsymbol{\beta}_1,\boldsymbol{\alpha}_2)}{(\boldsymbol{\beta}_1,\boldsymbol{\beta}_1)}\boldsymbol{\beta}_1,$

$\vdots$

$$\boldsymbol{\beta}_r=\boldsymbol{\alpha}_r-\frac{(\boldsymbol{\beta}_1,\boldsymbol{\alpha}_r)}{(\boldsymbol{\beta}_1,\boldsymbol{\beta}_1)}\boldsymbol{\beta}_1-\frac{(\boldsymbol{\beta}_2,\boldsymbol{\alpha}_r)}{(\boldsymbol{\beta}_2,\boldsymbol{\beta}_2)}\boldsymbol{\beta}_2-\cdots-\frac{(\boldsymbol{\beta}_{r-1},\boldsymbol{\alpha}_r)}{(\boldsymbol{\beta}_{r-1},\boldsymbol{\beta}_{r-1})}\boldsymbol{\beta}_{r-1}.$$

容易验证$\boldsymbol{\beta}_1$，$\boldsymbol{\beta}_2$，…，$\boldsymbol{\beta}_r$ 两两正交，且$\boldsymbol{\beta}_1$，$\boldsymbol{\beta}_2$，…，$\boldsymbol{\beta}_r$ 与$\boldsymbol{\alpha}_1$，$\boldsymbol{\alpha}_2$，…，$\boldsymbol{\alpha}_r$ 等价.

然后再把它们单位化，即取

$$\boldsymbol{e}_1=\frac{\boldsymbol{\beta}_1}{|\boldsymbol{\beta}_1|},\ \boldsymbol{e}_2=\frac{\boldsymbol{\beta}_2}{|\boldsymbol{\beta}_2|},\ \cdots,\ \boldsymbol{e}_r=\frac{\boldsymbol{\beta}_r}{|\boldsymbol{\beta}_r|},$$

就得到 r 个正交单位向量$\boldsymbol{e}_1$，$\boldsymbol{e}_2$，…，$\boldsymbol{e}_r$.

上述从线性无关向量组$\boldsymbol{\alpha}_1$，$\boldsymbol{\alpha}_2$，…，$\boldsymbol{\alpha}_r$ 导出正交向量组$\boldsymbol{\beta}_1$，$\boldsymbol{\beta}_2$，…，$\boldsymbol{\beta}_r$ 的过程称为**施密特(Schmidt)正交化过程.**

例 1 试用施密特正交化方法把向量

$$\boldsymbol{\alpha}_1=\begin{pmatrix}1\\1\\1\end{pmatrix},\boldsymbol{\alpha}_2=\begin{pmatrix}1\\1\\-1\end{pmatrix},\boldsymbol{\alpha}_3=\begin{pmatrix}1\\-1\\-1\end{pmatrix}$$

标准正交化.

解 取

$$\boldsymbol{\beta}_1=\boldsymbol{\alpha}_1=\begin{pmatrix}1\\1\\1\end{pmatrix},$$

$$\boldsymbol{\beta}_2=\boldsymbol{\alpha}_2-\frac{(\boldsymbol{\beta}_1,\boldsymbol{\alpha}_2)}{(\boldsymbol{\beta}_1,\boldsymbol{\beta}_1)}\boldsymbol{\beta}_1$$

$$=\begin{pmatrix}1\\1\\-1\end{pmatrix}-\frac{1}{3}\begin{pmatrix}1\\1\\1\end{pmatrix}=\begin{pmatrix}\frac{2}{3}\\\frac{2}{3}\\-\frac{4}{3}\end{pmatrix},$$

$$\boldsymbol{\beta}_3=\boldsymbol{\alpha}_3-\frac{(\boldsymbol{\beta}_1,\boldsymbol{\alpha}_3)}{(\boldsymbol{\beta}_1,\boldsymbol{\beta}_1)}\boldsymbol{\beta}_1-\frac{(\boldsymbol{\beta}_2,\boldsymbol{\alpha}_3)}{(\boldsymbol{\beta}_2,\boldsymbol{\beta}_2)}\boldsymbol{\beta}_2$$

$$=\begin{pmatrix}1\\-1\\-1\end{pmatrix}-\left(\frac{-1}{3}\right)\begin{pmatrix}1\\1\\1\end{pmatrix}-\frac{1}{2}\begin{pmatrix}\frac{2}{3}\\\frac{2}{3}\\-\frac{4}{3}\end{pmatrix}=\begin{pmatrix}1\\-1\\0\end{pmatrix}.$$

再把它们单位化，得

$$e_1=\frac{\beta_1}{|\beta_1|}=\frac{1}{\sqrt{3}}\begin{pmatrix}1\\1\\1\end{pmatrix},\ e_2=\frac{\beta_2}{|\beta_2|}=\frac{\sqrt{6}}{4}\begin{pmatrix}\frac{2}{3}\\\frac{2}{3}\\-\frac{4}{3}\end{pmatrix},\ e_3=\frac{\beta_3}{|\beta_3|}=\frac{\sqrt{2}}{2}\begin{pmatrix}1\\-1\\0\end{pmatrix}.$$

定义 4　如果 n 阶矩阵 Q 满足

$$QQ^{\mathrm{T}}=E(\text{即 }Q^{-1}=Q^{\mathrm{T}}),$$

则称 Q 为**正交矩阵**.

例如

$$\begin{pmatrix}1&0\\0&1\end{pmatrix},\begin{pmatrix}1&0\\0&-1\end{pmatrix},\begin{pmatrix}\cos\theta&-\sin\theta\\\sin\theta&\cos\theta\end{pmatrix}$$

均为正交矩阵.

设 $Q=(a_{ij})_{n\times n}$ 是一个正交矩阵，根据正交矩阵的定义

$$QQ^{\mathrm{T}}=\begin{pmatrix}a_{11}&a_{12}&\cdots&a_{1n}\\a_{21}&a_{22}&\cdots&a_{2n}\\\vdots&\vdots&&\vdots\\a_{n1}&a_{n2}&\cdots&a_{nn}\end{pmatrix}\begin{pmatrix}a_{11}&a_{21}&\cdots&a_{n1}\\a_{12}&a_{22}&\cdots&a_{n2}\\\vdots&\vdots&&\vdots\\a_{1n}&a_{2n}&\cdots&a_{nn}\end{pmatrix}$$

$$=\begin{pmatrix}1&0&\cdots&0\\0&1&\cdots&0\\\vdots&\vdots&&\vdots\\0&0&\cdots&1\end{pmatrix},$$

可得

$$a_{i1}^2+a_{i2}^2+\cdots+a_{in}^2=1(i=1,2,\cdots,n),$$

$$a_{i1}a_{j1}+a_{i2}a_{j2}+\cdots+a_{in}a_{jn}=0(i\neq j).$$

即

$$\sum_{k=1}^{n}a_{ik}a_{jk}=\begin{cases}1, & i=j\\0, & i\neq j\end{cases}(i,j=1,2,\cdots,n).$$

这说明方阵 Q 为正交阵的充分必要条件是 Q 的行向量是两两正交的单位向量. 由 $QQ^{\mathrm{T}}=E$ 得 $Q^{\mathrm{T}}Q=E$，所以上述结论对 Q 的列向量也成立，即方阵 Q 为正交阵的充分必要条件是 Q 的列向量是两两正交的单位向量.

根据正交矩阵的定义可知，如果 $\boldsymbol{Q}$ 为正交矩阵，则 $|\boldsymbol{Q}|=1$ 或 -1，并且 $\boldsymbol{Q}^{-1}$，$\boldsymbol{Q}^{\mathrm{T}}$ 也是正交矩阵.

三、实对称阵的对角化

由特征值的定义可知，实方阵的特征值不一定为实数，但对于实对称矩阵有如下的结论.

定理 2 实对称矩阵的特征值都是实数.

证明略去.

定理 3 实对称矩阵的不同特征值对应的特征向量正交.

证 设 λ_1，λ_2 为实对称矩阵的两个不同的特征值，$\boldsymbol{p}_1$，$\boldsymbol{p}_2$ 分别为它们对应的特征向量，则

$$\boldsymbol{A}\boldsymbol{p}_1=\lambda_1\boldsymbol{p}_1,\ \boldsymbol{A}\boldsymbol{p}_2=\lambda_2\boldsymbol{p}_2,$$

故

$$\lambda_2\boldsymbol{p}_2^{\mathrm{T}}\boldsymbol{p}_1=\boldsymbol{p}_2^{\mathrm{T}}\boldsymbol{A}\boldsymbol{p}_1=\lambda_1\boldsymbol{p}_2^{\mathrm{T}}\boldsymbol{p}_1,$$

因此

$$(\lambda_2-\lambda_1)\boldsymbol{p}_2^{\mathrm{T}}\boldsymbol{p}_1=0.$$

因为 $\lambda_1\neq\lambda_2$，所以

$$(\boldsymbol{p}_2,\ \boldsymbol{p}_1)=\boldsymbol{p}_2^{\mathrm{T}}\boldsymbol{p}_1=0,$$

即 $\boldsymbol{p}_1$，$\boldsymbol{p}_2$ 正交.

定理 4 设 $\boldsymbol{A}$ 为 n 阶实对称矩阵，则必有正交矩阵 $\boldsymbol{Q}$，使

$$\boldsymbol{Q}^{-1}\boldsymbol{A}\boldsymbol{Q}=\begin{pmatrix}\lambda_1 & & & \\ & \lambda_2 & & \\ & & \ddots & \\ & & & \lambda_n\end{pmatrix}$$

为对角阵，其中 λ_1，λ_2，…，λ_n 是 $\boldsymbol{A}$ 的特征值.

证明略去.

下面直接给出求一个正交阵 $\boldsymbol{Q}$ 将一个实对称阵化为对角阵的方法：

(1) 由 $|\lambda\boldsymbol{E}-\boldsymbol{A}|=0$，求出实对称阵 $\boldsymbol{A}$ 的全部特征值 λ_1，λ_2，…，λ_n；

(2) 对于每个 λ_i(相同的只需计算一次)，求出齐次线性方程组 $(\lambda_i\boldsymbol{E}-\boldsymbol{A})\boldsymbol{x}=\boldsymbol{0}$ 的基础解系，它们是属于 λ_i 的线性无关的特征向量；

(3) 将每个 λ_i 相应的线性无关的特征向量用施密特方法正交标准化，这时如 λ_i 只有一

个线性无关的特征向量，只需将这个向量单位化就可以了；

(4) 将所有属于不同特征值的已单位正交化的特征向量放在与特征值在对角阵相应的位置就得到了正交矩阵 $\boldsymbol{Q}$.

例 2　设实对称矩阵

$$\begin{pmatrix} 1 & 1 & 1 \\ 1 & 1 & 1 \\ 1 & 1 & 1 \end{pmatrix},$$

求正交矩阵 $\boldsymbol{Q}$，使 $\boldsymbol{Q}^{-1}\boldsymbol{AQ}$ 为对角阵.

解　$|\lambda\boldsymbol{E}-\boldsymbol{A}|=\lambda^2(\lambda-3)$，故 $\boldsymbol{A}$ 的特征值为 $\lambda_1=\lambda_2=0$，$\lambda_3=3$.

当 $\lambda_1=\lambda_2=0$ 时，解方程组

$$-\boldsymbol{A}\boldsymbol{x}=\boldsymbol{0},$$

解得基础解系为

$$\boldsymbol{\alpha}_1=(-1,\ 1,\ 0)^{\mathrm{T}},\ \boldsymbol{\alpha}_2=(-1,\ 0,\ 1)^{\mathrm{T}}.$$

用施密特正交化过程将 $\boldsymbol{\alpha}_1$，$\boldsymbol{\alpha}_2$ 正交化，得到两个正交特征向量

$$\boldsymbol{\beta}_1=\boldsymbol{\alpha}_1=(-1,\ 1,\ 0)^{\mathrm{T}},$$

$$\boldsymbol{\beta}_2=\boldsymbol{\alpha}_2-\frac{(\boldsymbol{\beta}_1,\ \boldsymbol{\alpha}_2)}{(\boldsymbol{\beta}_1,\ \boldsymbol{\beta}_1)}\boldsymbol{\beta}_1$$

$$=(-1,\ 0,\ 1)^{\mathrm{T}}-\frac{1}{2}(-1,\ 1,\ 0)^{\mathrm{T}}=\left(-\frac{1}{2},\ -\frac{1}{2},\ 1\right)^{\mathrm{T}}.$$

当 $\lambda_3=3$ 时，解方程组

$$(3\boldsymbol{E}-\boldsymbol{A})\boldsymbol{x}=\boldsymbol{0},$$

得基础解系

$$\boldsymbol{\alpha}_3=(1,\ 1,\ 1)^{\mathrm{T}}.$$

再把 $\boldsymbol{\beta}_1$，$\boldsymbol{\beta}_2$，$\boldsymbol{\alpha}_3$ 单位化，得

$$\boldsymbol{e}_1=\left(-\frac{1}{\sqrt{2}},\ \frac{1}{\sqrt{2}},\ 0\right)^{\mathrm{T}},\ \boldsymbol{e}_2=\left(-\frac{1}{\sqrt{6}},\ -\frac{1}{\sqrt{6}},\ \frac{2}{\sqrt{6}}\right)^{\mathrm{T}},\ \boldsymbol{e}_3=\left(\frac{1}{\sqrt{3}},\ \frac{1}{\sqrt{3}},\ \frac{1}{\sqrt{3}}\right)^{\mathrm{T}},$$

于是求得正交阵

$$\boldsymbol{Q}=(\boldsymbol{e}_1,\ \boldsymbol{e}_2,\ \boldsymbol{e}_3)=\begin{pmatrix} -\frac{1}{\sqrt{2}} & -\frac{1}{\sqrt{6}} & \frac{1}{\sqrt{3}} \\ \frac{1}{\sqrt{2}} & -\frac{1}{\sqrt{6}} & \frac{1}{\sqrt{3}} \\ 0 & \frac{2}{\sqrt{6}} & \frac{1}{\sqrt{3}} \end{pmatrix},$$

且

$$Q^{-1}AQ=\begin{pmatrix}0&&\\&0&\\&&3\end{pmatrix}.$$

例 3 求一个三阶实对称矩阵 $\boldsymbol{A}$，它的特征值为 6，3，3，且特征值 6 对应的特征向量为 $\boldsymbol{p}_1=(1,\ 1,\ 1)^{\mathrm{T}}$.

解 设特征值 3 对应的特征向量为 $\boldsymbol{x}=(x_1,\ x_2,\ x_3)^{\mathrm{T}}$，因为实对称矩阵不同的特征值对应的特征向量正交，所以

$$(\boldsymbol{p}_1,\ \boldsymbol{x})=x_1+x_2+x_3=0,$$

解这个齐次线性方程组得基础解系

$$\boldsymbol{p}_2=(-1,\ 1,\ 0)^{\mathrm{T}},\ \boldsymbol{p}_3=(-1,\ 0,\ 1)^{\mathrm{T}}.$$

取 $\boldsymbol{p}_2$，$\boldsymbol{p}_3$ 为特征值 3 对应的两个线性无关的特征向量，并令

$$\boldsymbol{P}=(\boldsymbol{p}_1,\ \boldsymbol{p}_2,\ \boldsymbol{p}_3)=\begin{pmatrix}1&-1&-1\\1&1&0\\1&0&1\end{pmatrix},$$

则 $\boldsymbol{P}^{-1}\boldsymbol{AP}=\begin{pmatrix}6&&\\&3&\\&&3\end{pmatrix}$，其中

$$\boldsymbol{P}^{-1}=\frac{1}{3}\begin{pmatrix}1&1&1\\-1&2&-1\\-1&-1&2\end{pmatrix},$$

所以

$$\boldsymbol{A}=\boldsymbol{P\Lambda P}^{-1}=\boldsymbol{P}\begin{pmatrix}6&&\\&3&\\&&3\end{pmatrix}\boldsymbol{P}^{-1}=\begin{pmatrix}4&1&1\\1&4&1\\1&1&4\end{pmatrix}.$$

第四节　二次型及其标准形

二次型就是二次齐次多项式，它的理论起源于二次曲线和二次曲面的化简问题.

例如，为了便于研究二次曲线

$$ax^2+bxy+cy^2=1$$

的几何性质，我们可以选择适当的坐标旋转变换

$$\begin{cases}x=x'\cos\theta-y'\sin\theta\\ y=x'\sin\theta+y'\cos\theta\end{cases},$$

把方程化为标准形

$$mx'^2+ny'^2=1.$$

从代数学的观点看，化标准形的过程就是通过变量的线性变换化简一个二次齐次多项式，使它只含有平方项．二次齐次多项式不仅在几何问题中出现，而且在数学的其他分支及物理、力学和网络计算中常会遇到．下面把这类问题一般化，讨论 n 个变量的二次齐次多项式的化简问题．

一、二次型及其矩阵形式

定义 1　含有 n 个变量 $x_1, x_2, \cdots, x_n$ 的二次齐次多项式

$$\begin{aligned}f(x_1, x_2, \cdots, x_n)=a_{11}x_1^2+a_{22}x_2^2+\cdots+a_{nn}x_n^2+2a_{12}x_1x_2\\ +2a_{13}x_1x_3+\cdots+2a_{1n}x_1x_n+2a_{23}x_2x_3\\ +\cdots+2a_{2n}x_2x_n+\cdots+2a_{n-1,n}x_{n-1}x_n\end{aligned}\qquad(4\text{-}5)$$

称为 n 元**二次型**，简称**二次型**．当 a_{ij} 为实数时，f 称为**实二次型**．下面仅讨论实二次型．

将 $2a_{ij}x_ix_j$ 写成 $a_{ij}x_ix_j+a_{ji}x_jx_i$，其中 $a_{ij}=a_{ji}$，于是式(4-5)可写成

$$\begin{aligned}f=a_{11}x_1^2+a_{12}x_1x_2+a_{13}x_1x_3+\cdots+a_{1n}x_1x_n+\\ a_{21}x_2x_1+a_{22}x_2^2+a_{23}x_2x_3+\cdots+a_{2n}x_2x_n+\cdots+\\ a_{n1}x_nx_1+a_{n2}x_nx_2+a_{n3}x_nx_3+\cdots+a_{nn}x_n^2.\end{aligned}$$

若令

$$\boldsymbol{A}=\begin{pmatrix}a_{11}&a_{12}&\cdots&a_{1n}\\ a_{21}&a_{22}&\cdots&a_{2n}\\ \vdots&\vdots&&\vdots\\ a_{n1}&a_{n2}&\cdots&a_{nn}\end{pmatrix},\ \boldsymbol{x}=\begin{pmatrix}x_1\\ x_2\\ \vdots\\ x_n\end{pmatrix},$$

则

$$f=(x_1, x_2, \cdots, x_n)\begin{pmatrix}a_{11}&a_{12}&\cdots&a_{1n}\\ a_{21}&a_{22}&\cdots&a_{2n}\\ \vdots&\vdots&&\vdots\\ a_{n1}&a_{n2}&\cdots&a_{nn}\end{pmatrix}\begin{pmatrix}x_1\\ x_2\\ \vdots\\ x_n\end{pmatrix}=\boldsymbol{x}^{\mathrm{T}}\boldsymbol{A}\boldsymbol{x},\qquad(4\text{-}6)$$

其中 $\boldsymbol{A}$ 为对称矩阵，即 $a_{ij}=a_{ji}(i, j=1, 2, \cdots, n)$.

由此可知，任给一个二次型 f，就唯一地确定一个对称矩阵 $\boldsymbol{A}$；反之，任给一个对称矩阵 $\boldsymbol{A}$，也可唯一地确定一个二次型 f. 这样二次型与对称矩阵之间存在一一对应关系，二次型完全由对称矩阵 $\boldsymbol{A}$ 所决定. 称对称矩阵 $\boldsymbol{A}$ 为二次型 f 的**矩阵**，对称矩阵 $\boldsymbol{A}$ 的秩称为二次型 f 的**秩**.

例 1 试将二次型 $f(x_1, x_2, x_3)=x_1^2+3x_2^2+6x_3^2+2x_1x_2+2x_1x_3+8x_2x_3$ 用矩阵的形式表示.

解

$$f(x_1, x_2, x_3)=(x_1, x_2, x_3)\begin{pmatrix}1 & 1 & 1\\ 1 & 3 & 4\\ 1 & 4 & 6\end{pmatrix}\begin{pmatrix}x_1\\ x_2\\ x_3\end{pmatrix}.$$

二、用正交变换化二次型为标准形

定义 2 只含有平方项的二次型

$$f=k_1y_1^2+k_2y_2^2+\cdots+k_ny_n^2 \tag{4-7}$$

称为**二次型的标准形**.

标准形如用矩阵表示，可以写成

$$f=(y_1, y_2, \cdots, y_n)\begin{pmatrix}k_1 & & & \\ & k_2 & & \\ & & \ddots & \\ & & & k_n\end{pmatrix}\begin{pmatrix}y_1\\ y_2\\ \vdots\\ y_n\end{pmatrix},$$

即标准形所对应的矩阵为一对角矩阵.

为了把一般的二次型化为标准形，下面将坐标旋转的概念进行推广.

定义 3 设变量 $x_1, x_2, \cdots, x_n$ 能用变量 $y_1, y_2, \cdots, y_n$ 线性表示，即

$$\begin{cases}x_1=c_{11}y_1+c_{12}y_2+\cdots+c_{1n}y_n\\ x_2=c_{21}y_1+c_{22}y_2+\cdots+c_{2n}y_n\\ \qquad\vdots\\ x_n=c_{n1}y_1+c_{n2}y_2+\cdots+c_{nn}y_n\end{cases} \tag{4-8}$$

称为变量 $y_1, y_2, \cdots, y_n$ 到变量 $x_1, x_2, \cdots, x_n$ 的**线性变换**，其中 $c_{ij}(i, j=1, 2, \cdots, n)$ 为常数，矩阵

$$C=\begin{pmatrix} c_{11} & c_{12} & \cdots & c_{1n} \\ c_{21} & c_{22} & \cdots & c_{2n} \\ \vdots & \vdots & & \vdots \\ c_{n1} & c_{n2} & \cdots & c_{nn} \end{pmatrix}$$

称为线性变换(4-8)的**系数矩阵**. 当 $\boldsymbol{C}$ 为可逆矩阵时，称式(4-8)为**可逆(线性)变换**. 当 $\boldsymbol{C}$ 为正交矩阵时，式(4-8)称为**正交变换**，如坐标旋转变换就是正交变换. 记

$$\boldsymbol{x}=(x_1, x_2, \cdots, x_n)^{\mathrm{T}}, \ \boldsymbol{y}=(y_1, y_2, \cdots, y_n)^{\mathrm{T}},$$

则式(4-8)可记为

$$\boldsymbol{x}=\boldsymbol{C}\boldsymbol{y}. \tag{4-9}$$

不难验证，如 $\boldsymbol{x}=\boldsymbol{C}\boldsymbol{y}$ 为可逆的线性变换，则向量 $\boldsymbol{x}\neq\boldsymbol{0}(=\boldsymbol{0})$ 的充要条件为向量 $\boldsymbol{y}\neq\boldsymbol{0}(=\boldsymbol{0})$.

定理 1　任给实二次型 $f=\boldsymbol{x}^{\mathrm{T}}\boldsymbol{A}\boldsymbol{x}$，总有正交变换 $\boldsymbol{x}=\boldsymbol{Q}\boldsymbol{y}$，使 f 化为标准形

$$f=\lambda_1 y_1^2+\lambda_2 y_2^2+\cdots+\lambda_n y_n^2,$$

其中 $\lambda_1, \lambda_2, \cdots, \lambda_n$ 是 f 的矩阵 $\boldsymbol{A}$ 的特征值.

证　$\boldsymbol{A}$ 为二次型 f 的实对称矩阵，由前面的定理知，总可以找到一个正交矩阵 $\boldsymbol{Q}$，使得 $\boldsymbol{Q}^{-1}\boldsymbol{A}\boldsymbol{Q}$ 为对角阵 $\boldsymbol{\Lambda}$.

又因 $\boldsymbol{Q}^{-1}=\boldsymbol{Q}^{\mathrm{T}}$，于是就有

$$\boldsymbol{Q}^{-1}\boldsymbol{A}\boldsymbol{Q}=\boldsymbol{\Lambda}=\begin{pmatrix} \lambda_1 & & & \\ & \lambda_2 & & \\ & & \ddots & \\ & & & \lambda_n \end{pmatrix},$$

即总有正交变换 $\boldsymbol{x}=\boldsymbol{Q}\boldsymbol{y}$ 存在，使 f 化为标准形

$$\begin{aligned} f &=\boldsymbol{x}^{\mathrm{T}}\boldsymbol{A}\boldsymbol{x}=(\boldsymbol{Q}\boldsymbol{y})^{\mathrm{T}}\boldsymbol{A}(\boldsymbol{Q}\boldsymbol{y})=\boldsymbol{y}^{\mathrm{T}}(\boldsymbol{Q}^{\mathrm{T}}\boldsymbol{A}\boldsymbol{Q})\boldsymbol{y}=\boldsymbol{y}^{\mathrm{T}}\boldsymbol{\Lambda}\boldsymbol{y} \\ &=\lambda_1 y_1^2+\lambda_2 y_2^2+\cdots+\lambda_n y_n^2, \end{aligned}$$

其中 $\lambda_1, \lambda_2, \cdots, \lambda_n$ 是 $\boldsymbol{A}$ 的全部特征值.

例 2　求一个正交变换 $\boldsymbol{x}=\boldsymbol{Q}\boldsymbol{y}$，把二次型

$$f=2x_1^2+3x_2^2+3x_3^2+4x_2x_3$$

化为标准形.

解　二次型的矩阵为

$$\boldsymbol{A}=\begin{pmatrix} 2 & 0 & 0 \\ 0 & 3 & 2 \\ 0 & 2 & 3 \end{pmatrix},$$

由$|\lambda \boldsymbol{E}-\boldsymbol{A}|=(\lambda-2)(\lambda-5)(\lambda-1)=0$，得$\lambda_1=2$，$\lambda_2=5$，$\lambda_3=1$.

当$\lambda_1=2$时，解方程组$(2\boldsymbol{E}-\boldsymbol{A})\boldsymbol{x}=\boldsymbol{0}$得基础解系$\boldsymbol{p}_1=(1,0,0)^{\mathrm{T}}$；

当$\lambda_2=5$时，解方程组$(5\boldsymbol{E}-\boldsymbol{A})\boldsymbol{x}=\boldsymbol{0}$得基础解系$\boldsymbol{p}_2=(0,1,1)^{\mathrm{T}}$；

当$\lambda_3=1$时，解方程组$(\boldsymbol{E}-\boldsymbol{A})\boldsymbol{x}=\boldsymbol{0}$得基础解系$\boldsymbol{p}_3=(0,-1,1)^{\mathrm{T}}$.

显然，$\boldsymbol{p}_1$，$\boldsymbol{p}_2$，$\boldsymbol{p}_3$相互正交，将它们单位化得

$$\boldsymbol{e}_1=(1,0,0)^{\mathrm{T}},\ \boldsymbol{e}_2=\left(0,\frac{1}{\sqrt{2}},\frac{1}{\sqrt{2}}\right)^{\mathrm{T}},\ \boldsymbol{e}_3=\left(0,-\frac{1}{\sqrt{2}},\frac{1}{\sqrt{2}}\right)^{\mathrm{T}}.$$

令

$$\boldsymbol{Q}=(\boldsymbol{e}_1,\boldsymbol{e}_2,\boldsymbol{e}_3)=\begin{pmatrix}1&0&0\\0&\frac{1}{\sqrt{2}}&-\frac{1}{\sqrt{2}}\\0&\frac{1}{\sqrt{2}}&\frac{1}{\sqrt{2}}\end{pmatrix},$$

则二次型经正交变换$\boldsymbol{x}=\boldsymbol{Q}\boldsymbol{y}$化成标准形

$$f=2y_1^2+5y_2^2+y_3^2.$$

三、用配方法化二次型为标准形

配方法就是初等数学中的完全平方公式的应用，下面通过例题来说明这种方法.

例 3 化二次型

$$f=x_1^2+2x_2^2+5x_3^2+2x_1x_2+2x_1x_3+6x_2x_3$$

为标准形，并求所用的可逆线性变换.

解 由于f中含变量x_1的平方项，故先将所有包含x_1的项配成一个完全平方，即

$$\begin{aligned}f&=x_1^2+2(x_2+x_3)x_1+2x_2^2+5x_3^2+6x_2x_3\\&=x_1^2+2(x_2+x_3)x_1+(x_2+x_3)^2-(x_2+x_3)^2+2x_2^2+5x_3^2+6x_2x_3\\&=(x_1+x_2+x_3)^2+x_2^2+4x_2x_3+4x_3^2,\end{aligned}$$

再将所有包含x_2的项配成一个完全平方，得到

$$f=(x_1+x_2+x_3)^2+(x_2+2x_3)^2.$$

于是线性变换

$$\begin{cases}y_1=x_1+x_2+x_3\\y_2=x_2+2x_3,\\y_3=x_3\end{cases}$$

即

$$\begin{cases} x_1 = y_1 - y_2 + \ y_3 \\ x_2 = \qquad\ y_2 - 2y_3, \\ x_3 = \qquad\qquad\ y_3 \end{cases}$$

就把 f 化为标准形

$$f = y_1^2 + y_2^2,$$

所用的可逆变换为 $\boldsymbol{x} = \boldsymbol{C}\boldsymbol{y}$，其中

$$\boldsymbol{C} = \begin{pmatrix} 1 & -1 & 1 \\ 0 & 1 & -2 \\ 0 & 0 & 1 \end{pmatrix},$$

且 $|\boldsymbol{C}| = 1 \neq 0$.

例 4　化二次型

$$f = x_1x_2 + x_2x_3 + x_3x_1$$

为标准形，并求出所用的可逆线性变换.

解　在 f 中不含平方项，由于含有 x_1x_2 乘积项，故令

$$\begin{cases} x_1 = y_1 + y_2 \\ x_2 = y_1 - y_2, \\ x_3 = y_3 \end{cases}$$

代入可得

$$\begin{aligned} f &= (y_1 + y_2)(y_1 - y_2) + (y_1 - y_2)y_3 + (y_1 + y_2)y_3 \\ &= y_1^2 - y_2^2 + 2y_1y_3 = (y_1 + y_3)^2 - y_2^2 - y_3^2. \end{aligned}$$

再令

$$\begin{cases} z_1 = y_1 + y_3 \\ z_2 = y_2 \qquad\ , \\ z_3 = y_3 \end{cases}$$

即

$$\begin{cases} y_1 = z_1 - z_3 \\ y_2 = z_2 \qquad\ , \\ y_3 = z_3 \end{cases}$$

就把原二次型化为标准形

$$f = z_1^2 - z_2^2 - z_3^2,$$

所用的可逆线性变换为 $\boldsymbol{x}=\boldsymbol{C}\boldsymbol{z}$，其中

$$\boldsymbol{C}=\begin{pmatrix}1&1&0\\1&-1&0\\0&0&1\end{pmatrix}\begin{pmatrix}1&0&-1\\0&1&0\\0&0&1\end{pmatrix}=\begin{pmatrix}1&1&-1\\1&-1&-1\\0&0&1\end{pmatrix},$$

$$|\boldsymbol{C}|=-2\neq 0.$$

一般地，任何二次型都可用上面两例的方法找到可逆变换，把二次型化成标准形.

二次型的标准形显然不是唯一的，它的标准形与所采用的可逆线性变换有关. 但是，可逆线性变换不改变二次型的秩. 因而，在将一个二次型化为不同的标准形时，系数不等于零的平方项的项数总是相同的. 不仅如此，在限定变换为实变换时，标准形中正系数的个数是不变的(从而负系数的个数也不变).

定理 2 设有实二次型 $f=\boldsymbol{x}^{\mathrm{T}}\boldsymbol{A}\boldsymbol{x}$，它的秩为 r，有两个实的可逆变换

$$\boldsymbol{x}=\boldsymbol{C}_1\boldsymbol{y} \text{ 及 } \boldsymbol{x}=\boldsymbol{C}_2\boldsymbol{z}$$

分别使

$$f=k_1y_1^2+k_2y_2^2+\cdots+k_ry_r^2, k_i\neq 0,\ i=1,\ 2,\ \cdots,\ r,$$

及

$$f=\lambda_1z_1^2+\lambda_2z_2^2+\cdots+\lambda_rz_r^2, \lambda_i\neq 0,\ i=1,\ 2,\ \cdots,\ r,$$

则 k_1，k_2，…，k_r 中正数的个数与 λ_1，λ_2，…，λ_r 中正数的个数相等.

这个定理称为**惯性定理**，证明从略.

通常，将实二次型 f 的标准形中正系数的个数叫作 f 的**正惯性指数**，负系数的个数叫作 f 的**负惯性指数**. 显然正惯性指数与负惯性指数的和等于二次型的秩.

第五节　正定二次型

本节讨论一种特殊的二次型，即所谓的正定二次型.

定义 1 设有实二次型 $f(x_1,\ x_2,\ \cdots,\ x_n)=\boldsymbol{x}^{\mathrm{T}}\boldsymbol{A}\boldsymbol{x}$，对于任意 $\boldsymbol{x}=(x_1,\ x_2,\ \cdots,\ x_n)^{\mathrm{T}}\neq\boldsymbol{0}$，如果都有 $f(x_1,\ x_2,\ \cdots,\ x_n)>0$，则称 f 为**正定二次型**，称正定二次型的矩阵 $\boldsymbol{A}$ 为**正定矩阵**.

显然，二次型 $f(x_1,\ x_2,\ \cdots,\ x_n)=d_1x_1^2+d_2x_2^2+\cdots+d_nx_n^2$ 是正定的，其中 $d_i(i=1,\ 2,\ \cdots,\ n)$均为大于零的常数.

更进一步，如果二次型经可逆变换 $\boldsymbol{x}=\boldsymbol{C}\boldsymbol{y}$ 变成标准形

$$f=k_1y_1^2+k_2y_2^2+\cdots+k_ny_n^2,\ k_i>0, i=1,\ 2,\ \cdots, n, \tag{4-10}$$

则对任意的 $\boldsymbol{x}\neq\boldsymbol{0}$，可唯一确定 $\boldsymbol{y}=\boldsymbol{C}^{-1}\boldsymbol{x}\neq\boldsymbol{0}$，使得

$$f=k_1y_1^2+k_2y_2^2+\cdots+k_ny_n^2>0,$$

即 f 是正定的.

反之，若 f 是正定的，则 f 经可逆变换 $\boldsymbol{x}=\boldsymbol{C}\boldsymbol{y}$ 变得的标准形(4-10)必有 $k_i>0(i=1,2,\cdots,n)$. 事实上，若有某个 $k_i\leqslant 0$，取 $\boldsymbol{y}=\boldsymbol{e}_i$(单位坐标向量)，由 $\boldsymbol{x}=\boldsymbol{C}\boldsymbol{y}$ 得 $\boldsymbol{x}\neq\boldsymbol{0}$ 使 $f(\boldsymbol{x})=f(\boldsymbol{C}\boldsymbol{y})=f(\boldsymbol{C}\boldsymbol{e}_i)=k_i\leqslant 0$，这与 f 为正定矛盾，于是可得如下定理.

定理 1　实二次型 $f=\boldsymbol{x}^{\mathrm{T}}\boldsymbol{A}\boldsymbol{x}$ 为正定的充要条件是它的标准形的 n 个系数全大于零.

联系到正交变换下二次型的标准形的系数就是它的矩阵的特征值，于是有如下推论.

推论　实二次型 $f=\boldsymbol{x}^{\mathrm{T}}\boldsymbol{A}\boldsymbol{x}$ 为正定的充要条件是其矩阵 $\boldsymbol{A}$ 的所有特征值 $\lambda_1,\lambda_2,\cdots,\lambda_n$ 都是正数，亦即实对称矩阵 $\boldsymbol{A}$ 为正定的充要条件是 $\boldsymbol{A}$ 的特征值都是正数.

例 1　设

$$f(x_1,x_2,x_3)=3x_1^2+4x_1x_2+3x_2^2+x_3^2,$$

判定 $f(x_1,x_2,x_3)$ 是否为正定二次型.

解　法 1　二次型的矩阵为

$$\boldsymbol{A}=\begin{pmatrix}3&2&0\\2&3&0\\0&0&1\end{pmatrix},$$

$\boldsymbol{A}$ 的特征方程为

$$|\lambda\boldsymbol{E}-\boldsymbol{A}|=(\lambda-1)^2(\lambda-5)=0,$$

因此，$\boldsymbol{A}$ 的特征值为

$$\lambda_1=\lambda_2=1>0,\ \lambda_3=5>0,$$

所以，$\boldsymbol{A}$ 为正定二次型.

法 2　由配方法得

$$f(x_1,x_2,x_3)=3\left(x_1+\frac{2}{3}x_2\right)^2+\frac{5}{3}x_2^2+x_3^2,$$

f 的标准形的系数都大于零，因此，它是正定二次型.

定理 2　n 阶实对称矩阵 $\boldsymbol{A}=(a_{ij})$ 为正定的充要条件是 $\boldsymbol{A}$ 的各阶顺序主子式都大于 0，即

$$a_{11}>0,\quad \begin{vmatrix}a_{11}&a_{12}\\a_{21}&a_{22}\end{vmatrix}>0,\ \cdots,\ \begin{vmatrix}a_{11}&a_{12}&\cdots&a_{1n}\\a_{21}&a_{22}&\cdots&a_{2n}\\\vdots&\vdots&&\vdots\\a_{n1}&a_{n2}&\cdots&a_{nn}\end{vmatrix}>0.$$

这个定理称为**霍尔维茨**(Hurwitz)定理，证明略去.

例 2 λ 为何值时，二次型

$$f=x_1^2+x_2^2+5x_3^2+2\lambda x_1x_2-2x_1x_3+4x_2x_3$$

是正定的.

解 f 的矩阵

$$\boldsymbol{A}=\begin{pmatrix}1&\lambda&-1\\\lambda&1&2\\-1&2&5\end{pmatrix},$$

$$a_{11}=1>0,\quad\begin{vmatrix}1&\lambda\\\lambda&1\end{vmatrix}=1-\lambda^2>0,\quad|\boldsymbol{A}|=\begin{vmatrix}1&\lambda&-1\\\lambda&1&2\\-1&2&5\end{vmatrix}=-5\lambda^2-4\lambda>0,$$

解得

$$-\frac{4}{5}<\lambda<0,$$

故当 $-\frac{4}{5}<\lambda<0$ 时，f 是正定的.

例 3 设 $\boldsymbol{A}$ 是 n 阶正定矩阵，证明 $|\boldsymbol{A}+\boldsymbol{E}|>1$.

证 因 $\boldsymbol{A}$ 是 n 阶正定矩阵，则存在正交矩阵 $\boldsymbol{Q}$，使

$$\boldsymbol{Q}^{-1}\boldsymbol{A}\boldsymbol{Q}=\begin{pmatrix}\lambda_1&&&\\&\lambda_2&&\\&&\ddots&\\&&&\lambda_n\end{pmatrix},$$

且 $\lambda_i>0(i=1,2,\cdots,n)$，所以

$$|\boldsymbol{A}+\boldsymbol{E}|=|\boldsymbol{Q}^{-1}||\boldsymbol{A}+\boldsymbol{E}||\boldsymbol{Q}|=|\boldsymbol{Q}^{-1}\boldsymbol{A}\boldsymbol{Q}+\boldsymbol{E}|$$

$$=\begin{vmatrix}\lambda_1+1&&&\\&\lambda_2+1&&\\&&\ddots&\\&&&\lambda_n+1\end{vmatrix}=(\lambda_1+1)(\lambda_2+1)\cdots(\lambda_n+1)>1.$$

除了正定二次型外，实二次型中还有负定二次型，半正(负)定二次型以及不定二次型，它们的定义如下：

定义 2 设 $f(x_1,x_2,\cdots,x_n)=\boldsymbol{x}^{\mathrm{T}}\boldsymbol{A}\boldsymbol{x}$ 为实二次型，如果对任意的 $\boldsymbol{x}=$

$(x_1, x_2, \cdots, x_n)^{\mathrm{T}} \neq \mathbf{0}$，都有

$$f(x_1, x_2, \cdots, x_n)<0,$$

则称 $f(x_1, x_2, \cdots, x_n)$ 为**负定二次型**；如果对任意的 $\boldsymbol{x}=(x_1, x_2, \cdots, x_n)^{\mathrm{T}} \neq \mathbf{0}$，都有

$$f(x_1, x_2, \cdots, x_n) \geqslant 0 (f(x_1, x_2, \cdots, x_n) \leqslant 0)$$

则称 $f(x_1, x_2, \cdots, x_n)$ 为**半正(负)定二次型**；如果 $f(x_1, x_2, \cdots, x_n)$ 既不是半正定二次型，又不是半负定二次型，则称它为**不定二次型**.

负定二次型、半正定二次型和半负定二次型的矩阵分别称为**负定矩阵**，**半正定矩阵**和**半负定矩阵**.

可以像正定二次型那样讨论上述各类二次型的相关性质，这里不再叙述了.

第六节　矩阵对角化及二次型的应用*

矩阵的对角化变换及二次型知识在很多领域具有广泛的应用，本节主要介绍相关知识点在一些理论及实际问题中的应用案例.

一、矩阵对角化在自动控制领域的应用

常系数线性齐次微分方程组的一般形式为

$$\begin{cases} \dfrac{\mathrm{d}x_1}{\mathrm{d}t}=a_{11}x_1+\cdots+a_{1n}x_n \\ \dfrac{\mathrm{d}x_2}{\mathrm{d}t}=a_{21}x_1+\cdots+a_{2n}x_n \\ \qquad \vdots \\ \dfrac{\mathrm{d}x_n}{\mathrm{d}t}=a_{n1}x_1+\cdots+a_{nn}x_n \end{cases},$$

其中 $x_1, x_2, \cdots, x_n$ 是 t 的未知函数，系数 $a_{ij}(i, j=1, 2, \cdots, n)$ 是常数，若记

$$\boldsymbol{x}=(x_1, x_2, \cdots, x_n)^{\mathrm{T}},$$

并规定

$$\dot{\boldsymbol{x}}=\frac{\mathrm{d}\boldsymbol{x}}{\mathrm{d}t}=\left(\frac{\mathrm{d}x_1}{\mathrm{d}t}, \frac{\mathrm{d}x_2}{\mathrm{d}t}, \cdots, \frac{\mathrm{d}x_n}{\mathrm{d}t}\right)^{\mathrm{T}},$$

则这个方程组可写成矩阵向量形式

$$\dot{\boldsymbol{x}}=\boldsymbol{A}\boldsymbol{x}.$$

例 1（系统自由运动问题） 在自动控制领域，确定一个系统在无控制、无扰动作用下的自由运动，实质上是求解齐次状态方程 $\dot{\boldsymbol{x}}=\boldsymbol{A}\boldsymbol{x}$ 的问题，也就是说方程的解即为在初始状态作用下系统的自由运动. 试基于特征值与特征向量的知识求该系统的通解.

解 当方程组的系数矩阵 $\boldsymbol{A}=(a_{ij})_{n\times n}$ 是可对角化的矩阵时，则其求解可用矩阵对角化的方法简单地完成. 设

$$\boldsymbol{A}=\boldsymbol{P}\boldsymbol{\Lambda}\boldsymbol{P}^{-1}=\boldsymbol{P}\begin{pmatrix}\lambda_1 & & & \\ & \lambda_2 & & \\ & & \ddots & \\ & & & \lambda_n\end{pmatrix}\boldsymbol{P}^{-1},$$

则有

$$\dot{\boldsymbol{x}}=\frac{\mathrm{d}\boldsymbol{x}}{\mathrm{d}t}=\boldsymbol{P}\boldsymbol{\Lambda}\boldsymbol{P}^{-1}\boldsymbol{x},$$

从而有

$$\boldsymbol{P}^{-1}\frac{\mathrm{d}\boldsymbol{x}}{\mathrm{d}t}=\boldsymbol{\Lambda}\boldsymbol{P}^{-1}\boldsymbol{x}.$$

因为 $\boldsymbol{P}^{-1}$ 的元素全为常数，故上式可写成

$$\frac{\mathrm{d}}{\mathrm{d}t}(\boldsymbol{P}^{-1}\boldsymbol{x})=\boldsymbol{\Lambda}(\boldsymbol{P}^{-1}\boldsymbol{x}),$$

引进待定函数 $\boldsymbol{y}=\boldsymbol{P}^{-1}\boldsymbol{x}$，则上式成为

$$\dot{\boldsymbol{y}}=\frac{\mathrm{d}\boldsymbol{y}}{\mathrm{d}t}=\boldsymbol{\Lambda}\boldsymbol{y},$$

这是 n 个常系数常微分方程，具体写出来为

$$\begin{cases}\dfrac{\mathrm{d}y_1}{\mathrm{d}t}=\lambda_1 y_1\\ \dfrac{\mathrm{d}y_2}{\mathrm{d}t}=\lambda_2 y_2\\ \quad\vdots\\ \dfrac{\mathrm{d}y_n}{\mathrm{d}t}=\lambda_n y_n\end{cases},$$

这个方程组可对每个方程分别求解，得

$$y_1=c_1\mathrm{e}^{\lambda_1 t},\ y_2=c_2\mathrm{e}^{\lambda_2 t},\ \cdots,\ y_n=c_n\mathrm{e}^{\lambda_n t},$$

其中 $\lambda_1,\lambda_2,\cdots,\lambda_n$ 是矩阵 $\boldsymbol{A}$ 的特征值，$c_1,c_2,\cdots,c_n$ 是任意常数.

由 $\boldsymbol{y}=\boldsymbol{P}^{-1}\boldsymbol{x}$ 可得齐次状态方程 $\dot{\boldsymbol{x}}=\boldsymbol{A}\boldsymbol{x}$ 的通解为

$$x=Py=P\begin{pmatrix}c_1e^{\lambda_1 t}\\c_2e^{\lambda_2 t}\\\vdots\\c_ne^{\lambda_n t}\end{pmatrix}=(p_1,p_2,\cdots,p_n)\begin{pmatrix}c_1e^{\lambda_1 t}\\c_2e^{\lambda_2 t}\\\vdots\\c_ne^{\lambda_n t}\end{pmatrix}$$

$$=c_1e^{\lambda_1 t}p_1+c_2e^{\lambda_2 t}p_2+\cdots+c_ne^{\lambda_n t}p_n,$$

其中，$\boldsymbol{p}_i$ 是对应于特征值 λ_i 的特征向量.

如要求一个问题的特解，只要将初始条件：当 $t=0$ 时 x_1，x_2，…，x_n 的值代入，就可以得到常数 c_1，c_2，…，c_n 的值.

定理 1　判断线性定常系统 $\dot{\boldsymbol{x}}=\boldsymbol{Ax}$ 渐进稳定的充要条件为系统系数矩阵 $\boldsymbol{A}$ 的特征值均具有负实部.

例 2（稳定性问题 Ⅰ）　试判断如下线性定常系统的稳定性：

$$\dot{\boldsymbol{x}}=\begin{pmatrix}0&1&-1\\-6&-11&6\\-6&-11&5\end{pmatrix}\boldsymbol{x}.$$

解　因为系统矩阵 $\boldsymbol{A}$ 的特征多项式为

$$f(\lambda)=|\lambda\boldsymbol{E}-\boldsymbol{A}|=\begin{vmatrix}\lambda&-1&1\\6&\lambda+11&-6\\6&11&\lambda-5\end{vmatrix}=(\lambda+1)(\lambda+2)(\lambda+3),$$

即矩阵 $\boldsymbol{A}$ 的特征值为 $\lambda_1=-1$，$\lambda_2=-2$，$\lambda_3=-3$，显然特征值全为负，从而知该系统渐进稳定.

对于非线性系统稳定性的讨论，常采用 Lyapunov 稳定性定理来判断，具体内容如下：

定理 2（Lyapunov 稳定性定理）　对于非线性系统 $\dot{\boldsymbol{x}}=f(\boldsymbol{x})$，令 $\boldsymbol{x}=\boldsymbol{0}$ 是唯一平衡点，$\boldsymbol{D}\subset\mathbf{R}^n$ 是包含 $\boldsymbol{x}=\boldsymbol{0}$ 的域. 如果在 $\boldsymbol{D}$ 内存在一个连续可微的正定函数 $V(\boldsymbol{x})\subset\mathbf{R}$，满足 $\dot{V}(\boldsymbol{x})$ 负定，则系统在平衡点处是渐近稳定的.

例 3（稳定性问题 Ⅱ）　试判断如下非线性系统在平衡点的稳定性：

$$\begin{cases}\dot{x}_1=-x_1-x_2\\\dot{x}_2=x_1-x_2^3\end{cases}.$$

解　显然，原点 $x_1=0$，$x_2=0$ 是系统唯一的平衡点，选取如下一个正定的 Lyapunov 函数，即

$$V(\boldsymbol{x})=\frac{1}{2}(x_1^2+x_2^2).$$

显然对于 $\forall \boldsymbol{x}\neq\mathbf{0}$，有

$$\dot{V}(\boldsymbol{x})=x_1\dot{x}_1+x_2\dot{x}_2=-x_1^2-x_2^4<0,$$

即 $\dot{V}(\boldsymbol{x})$ 负定，从而由 Lyapunov 稳定性定理知该系统在平衡点处是渐近稳定的.

二、矩阵对角化在人口迁移问题中的应用

例 4 设在一个大城市中的总人口是固定的，人口的分布则因居民在市区和郊区之间迁徙而变化. 每年有 6% 的市区居民搬到郊区去住，而有 2% 的郊区居民搬到市区. 假如开始时有 30% 的居民住在市区，70% 的居民住在郊区，问 10 年后市区和郊区的居民人口比例是多少？30 年、50 年后又如何？并进一步说明随着时间的增加，这个过程趋于稳态.

解 设最初城市和郊区人口分别为 x_{c0}，x_{s0}，则一年后市、郊人口为

$$\begin{cases} x_{c1}=(1-0.06)x_{c0}+0.02x_{s0} \\ x_{s1}=0.06x_{c0}+(1-0.02)x_{s0} \end{cases},$$

用矩阵乘法来描述可写为

$$\boldsymbol{x}_1=\begin{pmatrix} x_{c_1} \\ x_{s1} \end{pmatrix}=\begin{pmatrix} 0.94 & 0.02 \\ 0.06 & 0.98 \end{pmatrix}\cdot\begin{pmatrix} 0.3 \\ 0.7 \end{pmatrix}=\boldsymbol{A}\boldsymbol{x}_0=\begin{pmatrix} 0.296 \\ 0.704 \end{pmatrix}.$$

从初始到 k 年，此关系保持不变，因此上述算式可扩展为

$$\boldsymbol{x}_k=\boldsymbol{A}\boldsymbol{x}_{k-1}=\boldsymbol{A}^2\boldsymbol{x}_{k-2}=\cdots=\boldsymbol{A}^k\boldsymbol{x}_0,$$

从而进一步得到

$$\boldsymbol{x}_{10}=\begin{pmatrix} 0.2717 \\ 0.7283 \end{pmatrix},\ \boldsymbol{x}_{30}=\begin{pmatrix} 0.2541 \\ 0.7459 \end{pmatrix},\ \boldsymbol{x}_{50}=\begin{pmatrix} 0.2508 \\ 0.7492 \end{pmatrix}.$$

为了说明随着时间的增加，这个过程趋于稳态，需先将矩阵 $\boldsymbol{A}$ 对角化.

计算得 $\boldsymbol{A}$ 的特征值为 $\lambda_1=0.92$，$\lambda_2=1$，特征向量为

$$\boldsymbol{p}_1=\begin{pmatrix} -1 \\ 1 \end{pmatrix},\ \boldsymbol{p}_2=\begin{pmatrix} 1 \\ 3 \end{pmatrix},$$

显然，矩阵 $\boldsymbol{A}$ 有两个线性无关的特征向量，即 $\boldsymbol{A}$ 可对角化.

对 $\boldsymbol{A}$ 对角化，有 $\boldsymbol{A}=\boldsymbol{P\Lambda P}^{-1}=\begin{pmatrix} -1 & 1 \\ 1 & 3 \end{pmatrix}\begin{pmatrix} 0.92 & 0 \\ 0 & 1 \end{pmatrix}\begin{pmatrix} -1 & 1 \\ 1 & 3 \end{pmatrix}^{-1}$.

进而有 $\boldsymbol{A}^k=\boldsymbol{P\Lambda}^k\boldsymbol{P}^{-1}=\begin{pmatrix} -1 & 1 \\ 1 & 3 \end{pmatrix}\begin{pmatrix} 0.92^k & 0 \\ 0 & 1 \end{pmatrix}\begin{pmatrix} -1 & 1 \\ 1 & 3 \end{pmatrix}^{-1}$，从而可以得到

$$\boldsymbol{x}_k=\boldsymbol{A}^k\boldsymbol{x}_0=\frac{1}{4}(\boldsymbol{p}_1,\ \boldsymbol{p}_2)\begin{pmatrix} 0.92^k & 0 \\ 0 & 1 \end{pmatrix}\begin{pmatrix} -3 & 1 \\ 1 & 1 \end{pmatrix}\begin{pmatrix} 0.3 \\ 0.7 \end{pmatrix}$$

$$=0.25\boldsymbol{p}_2-0.05(0.92)^k\boldsymbol{p}_1$$
$$\to 0.25\boldsymbol{p}_2(k\to\infty).$$

显然随着时间 k 值的增加，市区和郊区人口数趋于稳态值$(0.25,0.75)^{\mathrm{T}}$.

三、二次型在曲面分类问题中的应用

例 5 将 $x^2+2y^2+3z^2-4xy-4yz=1$ 化为标准形方程，并指出它是什么二次曲面？

解 首先，此方程左端记为如下二次型：

$$f(x,y,z)=x^2+2y^2+3z^2-4xy-4yz,$$

显然该二次型的矩阵为 $\boldsymbol{A}=\begin{pmatrix}1&-2&0\\-2&2&-2\\0&-2&3\end{pmatrix}$，由特征方程

$$|\lambda\boldsymbol{E}-\boldsymbol{A}|=\begin{vmatrix}\lambda-1&2&0\\2&\lambda-2&2\\0&2&\lambda-3\end{vmatrix}=(\lambda-2)(\lambda-5)(\lambda+1)=0,$$

解得矩阵 $\boldsymbol{A}$ 的特征值为 2，5，-1. 令 $\begin{pmatrix}x\\y\\z\end{pmatrix}=\boldsymbol{T}\begin{pmatrix}x^*\\y^*\\z^*\end{pmatrix}$，其中 $\boldsymbol{T}$ 为正交矩阵. 在该正交变换下原二次型在新坐标系中的方程为 $2x^{*2}+5y^{*2}-z^{*2}=1$，是一个单叶双曲面.

四、半正定二次型在不等式证明中的应用

例 6 （Cauchy 不等式） 设 a_i，$b_i(i=1,2,\cdots,n)$为任意实数，则

$$\left(\sum_{i=1}^n a_ib_i\right)^2\leqslant\left(\sum_{i=1}^n a_i^2\right)\left(\sum_{i=1}^n b_i^2\right).$$

证 记

$$f(x_1,x_2)=\sum_{i=1}^n(a_ix_1+b_ix_2)^2$$
$$=\left(\sum_{i=1}^n a_i^2\right)x_1^2+2\left(\sum_{i=1}^n a_ib_i\right)x_1x_2+\left(\sum_{i=1}^n b_i^2\right)x_2^2.$$

因为对任意 x_1，x_2 都有 $f(x_1,x_2)\geqslant 0$，故关于 x_1，x_2 的二次型 $f(x_1,x_2)$ 是半正定的. 因此，该二次型的行列式大于或等于 0，即有

$$\begin{vmatrix} \sum_{i=1}^{n} a_i^2 & \sum_{i=1}^{n} a_i b_i \\ \sum_{i=1}^{n} a_i b_i & \sum_{i=1}^{n} b_i^2 \end{vmatrix} \geqslant 0,$$

故得

$$\left(\sum_{i=1}^{n} a_i b_i\right)^2 \leqslant \left(\sum_{i=1}^{n} a_i^2\right)\left(\sum_{i=1}^{n} b_i^2\right).$$

典型问题与方法分析

一、有关特征值与特征向量的概念

例 1 方阵 $\boldsymbol{A}$ 的属于特征值 λ_0 的特征向量是否唯一？

解 不唯一. 因为若 $\boldsymbol{A}$ 有一个属于特征值 λ_0 的特征向量 $\boldsymbol{\alpha}$，则

$$\boldsymbol{A\alpha}=\lambda_0\boldsymbol{\alpha},$$

因此，对 $k\neq 0$，有 $\boldsymbol{A}(k\boldsymbol{\alpha})=k\boldsymbol{A\alpha}=\lambda_0(k\boldsymbol{\alpha})$，所以 $k\boldsymbol{\alpha}(k\neq 0)$ 都是 $\boldsymbol{A}$ 的属于 λ_0 的特征向量.

例 2 设 λ_1，λ_2 是 n 阶方阵 $\boldsymbol{A}$ 的两个不同的特征值，$\boldsymbol{\alpha}_1$，$\boldsymbol{\alpha}_2$ 分别是 $\boldsymbol{A}$ 的属于 λ_1，λ_2 的特征向量. 证明：当 k_1，k_2 都不为零时，$k_1\boldsymbol{\alpha}_1+k_2\boldsymbol{\alpha}_2$ 不是 $\boldsymbol{A}$ 的特征向量.

证 用反证法，设 $k_1\boldsymbol{\alpha}_1+k_2\boldsymbol{\alpha}_2$ 是 $\boldsymbol{A}$ 的属于特征值 λ 的特征向量，则

$$\boldsymbol{A}(k_1\boldsymbol{\alpha}_1+k_2\boldsymbol{\alpha}_2)=\lambda(k_1\boldsymbol{\alpha}_1+k_2\boldsymbol{\alpha}_2)=\lambda k_1\boldsymbol{\alpha}_1+\lambda k_2\boldsymbol{\alpha}_2,$$

$$\boldsymbol{A}(k_1\boldsymbol{\alpha}_1+k_2\boldsymbol{\alpha}_2)=k_1\boldsymbol{A\alpha}_1+k_2\boldsymbol{A\alpha}_2=k_1\lambda_1\boldsymbol{\alpha}_1+k_2\lambda_2\boldsymbol{\alpha}_2,$$

将两式相减得

$$k_1(\lambda-\lambda_1)\boldsymbol{\alpha}_1+k_2(\lambda-\lambda_2)\boldsymbol{\alpha}_2=\boldsymbol{0}.$$

因为 $\boldsymbol{\alpha}_1$，$\boldsymbol{\alpha}_2$ 是 $\boldsymbol{A}$ 的属于互异特征值 λ_1，λ_2 的特征向量，故 $\boldsymbol{\alpha}_1$，$\boldsymbol{\alpha}_2$ 线性无关，从而

$$k_1(\lambda-\lambda_1)=k_2(\lambda-\lambda_2)=0.$$

因为 $k_1\neq 0$，$k_2\neq 0$，所以 $\lambda=\lambda_1=\lambda_2$，这与 $\lambda_1\neq\lambda_2$ 矛盾，因此原命题得证.

例 3 设 $\boldsymbol{A}$ 为正交矩阵，若 $|\boldsymbol{A}|=-1$，证明 $\boldsymbol{A}$ 有特征值 -1.

证 只需证 $|-\boldsymbol{E}-\boldsymbol{A}|=0$，因 $\boldsymbol{AA}^{\mathrm{T}}=\boldsymbol{E}$，所以

$$\begin{aligned}|-\boldsymbol{E}-\boldsymbol{A}|&=|-\boldsymbol{AA}^{\mathrm{T}}-\boldsymbol{A}|=|\boldsymbol{A}||-\boldsymbol{A}^{\mathrm{T}}-\boldsymbol{E}|\\&=-|(-\boldsymbol{E}-\boldsymbol{A})^{\mathrm{T}}|=-|-\boldsymbol{E}-\boldsymbol{A}|,\end{aligned}$$

因此 $2|-\boldsymbol{E}-\boldsymbol{A}|=0$，即得 $|-\boldsymbol{E}-\boldsymbol{A}|=0$.

注：由上面的例子可以想到要证 λ_0 是方阵 $\boldsymbol{A}$ 的特征值的两种方法.

法 1　只需证明存在向量 $\boldsymbol{\alpha}\neq\boldsymbol{0}$，使 $\boldsymbol{A\alpha}=\lambda_0\boldsymbol{\alpha}$.

法 2　只需证明 $|\lambda_0\boldsymbol{E}-\boldsymbol{A}|=0$.

为实现上述方法，还要运用必要的证明技巧，望读者在证明中归纳总结.

二、特征值、特征向量的应用

题型 1　已知 $\boldsymbol{A}$ 的特征值，计算 $|f(\boldsymbol{A})|$（f 为 λ 的多项式）.

一般可依据下面例 4 的结论及本章第一节中定理 2 来完成.

例 4　设 $\boldsymbol{A}$ 为 n 阶矩阵，λ 是 $\boldsymbol{A}$ 的特征值，$\boldsymbol{\alpha}$ 是对应的特征向量. 证明 $f(\lambda)=a_0+a_1\lambda+\cdots+a_m\lambda^m$ 是矩阵 $f(\boldsymbol{A})=a_0\boldsymbol{E}+a_1\boldsymbol{A}+\cdots+a_m\boldsymbol{A}^m$ 的特征值，$\boldsymbol{\alpha}$ 是对应的特征向量.

证　因为 λ 是 $\boldsymbol{A}$ 的特征值，所以 $\boldsymbol{A\alpha}=\lambda\boldsymbol{\alpha}(\boldsymbol{\alpha}\neq\boldsymbol{0})$，由此可得

$$\boldsymbol{A}^k\boldsymbol{\alpha}=\boldsymbol{A}^{k-1}(\boldsymbol{A\alpha})=\boldsymbol{A}^{k-1}\lambda\boldsymbol{\alpha}=\cdots=\lambda^k\boldsymbol{\alpha},$$

因而

$$\begin{aligned}f(\boldsymbol{A})\boldsymbol{\alpha}&=(a_0\boldsymbol{E}+a_1\boldsymbol{A}+\cdots+a_m\boldsymbol{A}^m)\boldsymbol{\alpha}=a_0\boldsymbol{\alpha}+a_1\boldsymbol{A\alpha}+\cdots+a_m\boldsymbol{A}^m\boldsymbol{\alpha}\\&=a_0\boldsymbol{\alpha}+a_1\lambda\boldsymbol{\alpha}+\cdots+a_m\lambda^m\boldsymbol{\alpha}=(a_0+a_1\lambda+\cdots+a_m\lambda^m)\boldsymbol{\alpha}\\&=f(\lambda)\boldsymbol{\alpha}.\end{aligned}$$

例 5　已知三阶矩阵 $\boldsymbol{A}$ 的特征值为 $1,-1,2$，设 $\boldsymbol{B}=\boldsymbol{A}^3-5\boldsymbol{A}^2$，求 $|\boldsymbol{B}|$，$|\boldsymbol{A}-5\boldsymbol{E}|$.

解　(1) 计算 $|\boldsymbol{B}|$.

设 $f(\lambda)=\lambda^3-5\lambda^2$，则 $\boldsymbol{B}=f(\boldsymbol{A})$.

因为 $\boldsymbol{A}$ 的特征值为 $1,-1,2$，所以 $f(1)=-4$，$f(-1)=-6$，$f(2)=-12$ 是 $\boldsymbol{B}=f(\boldsymbol{A})$ 的全部特征值，于是

$$|\boldsymbol{B}|=(-4)\times(-6)\times(-12)=-288.$$

(2) 计算 $|\boldsymbol{A}-5\boldsymbol{E}|$.

法 1　令 $f(\lambda)=\lambda-5$，则 $f(\boldsymbol{A})=\boldsymbol{A}-5\boldsymbol{E}$.

因为 $\boldsymbol{A}$ 的特征值为 $1,-1,2$，所以 $f(\boldsymbol{A})=\boldsymbol{A}-5\boldsymbol{E}$ 的特征值为 $f(1)=-4$，$f(-1)=-6$，$f(2)=-3$，于是

$$|\boldsymbol{A}-5\boldsymbol{E}|=|f(\boldsymbol{A})|=(-4)\times(-6)\times(-3)=-72.$$

法 2　因为 $\boldsymbol{A}$ 的特征值为 $1,-1,2$，故特征多项式 $f(\lambda)=|\lambda\boldsymbol{E}-\boldsymbol{A}|=(\lambda-1)(\lambda+1)(\lambda-2)$. 令 $\lambda=5$，得 $f(5)=|5\boldsymbol{E}-\boldsymbol{A}|=(5-1)(5+1)(5-2)=72$. 因此得 $|\boldsymbol{A}-5\boldsymbol{E}|=(-1)^3|5\boldsymbol{E}-\boldsymbol{A}|=-72$.

题型 2 用方阵 $\boldsymbol{A}$ 的特征值判断 $k\boldsymbol{E}-\boldsymbol{A}$ 的可逆性.

依据为：$k\boldsymbol{E}-\boldsymbol{A}$ 可逆等价于 $|k\boldsymbol{E}-\boldsymbol{A}|\neq 0$，等价于 k 不是 $\boldsymbol{A}$ 的特征值.

例 6 设 $\boldsymbol{A}$ 满足 $\boldsymbol{A}^2=\boldsymbol{A}$，证明 $3\boldsymbol{E}-\boldsymbol{A}$ 可逆.

证 因 $\boldsymbol{A}^2=\boldsymbol{A}$，故 $\boldsymbol{A}$ 的特征值为 1 或 0，故 3 不是 $\boldsymbol{A}$ 的特征值，从而 $|3\boldsymbol{E}-\boldsymbol{A}|\neq 0$，即 $3\boldsymbol{E}-\boldsymbol{A}$ 可逆.

例 7 设 $\boldsymbol{A}$ 为 n 阶正交矩阵，且 $|\boldsymbol{A}|=-1$，证明 $\boldsymbol{E}+\boldsymbol{A}$ 不可逆.

证 因为 $|\boldsymbol{E}+\boldsymbol{A}|=|\boldsymbol{A}^{\mathrm{T}}\boldsymbol{A}+\boldsymbol{A}|=|\boldsymbol{A}^{\mathrm{T}}+\boldsymbol{E}||\boldsymbol{A}|=|(\boldsymbol{A}+\boldsymbol{E})^{\mathrm{T}}||\boldsymbol{A}|=-|\boldsymbol{E}+\boldsymbol{A}|$，所以 $|\boldsymbol{E}+\boldsymbol{A}|=0$，即 $\boldsymbol{E}+\boldsymbol{A}$ 不可逆.

三、两抽象矩阵相似的证法

主要根据相似矩阵的定义进行证明，如若证明 $\boldsymbol{A}$ 与 $\boldsymbol{B}$ 相似，关键在于找可逆矩阵 $\boldsymbol{P}$，使 $\boldsymbol{P}^{-1}\boldsymbol{A}\boldsymbol{P}=\boldsymbol{B}$.

例 8 设 $\boldsymbol{A}$ 为 n 阶可逆阵，$\boldsymbol{A}$ 与 $\boldsymbol{B}$ 相似，证明 $\boldsymbol{A}^*$ 与 $\boldsymbol{B}^*$ 相似.

证 因为 $\boldsymbol{A}$ 与 $\boldsymbol{B}$ 相似，所以存在可逆阵 $\boldsymbol{P}$，使 $\boldsymbol{P}^{-1}\boldsymbol{A}\boldsymbol{P}=\boldsymbol{B}$，两边取行列式 $|\boldsymbol{A}|=|\boldsymbol{B}|\neq 0$，故 $\boldsymbol{B}$ 可逆，且 $\boldsymbol{P}^{-1}\boldsymbol{A}^{-1}\boldsymbol{P}=\boldsymbol{B}^{-1}$. 从而 $\boldsymbol{A}^{-1}$ 与 $\boldsymbol{B}^{-1}$ 相似，且有

$$\boldsymbol{P}^{-1}|\boldsymbol{A}|\boldsymbol{A}^{-1}\boldsymbol{P}=|\boldsymbol{A}|\boldsymbol{P}^{-1}\boldsymbol{A}^{-1}\boldsymbol{P}=|\boldsymbol{A}|\boldsymbol{B}^{-1}=|\boldsymbol{B}|\boldsymbol{B}^{-1},$$

故

$$\boldsymbol{P}^{-1}\boldsymbol{A}^*\boldsymbol{P}=\boldsymbol{B}^*,$$

所以 $\boldsymbol{A}^*$ 与 $\boldsymbol{B}^*$ 相似.

四、方阵的对角化方法

题型 1 计算 n 阶矩阵 $\boldsymbol{A}$ 的特征值与特征向量，若 $\boldsymbol{A}$ 有 n 个线性无关的特征向量，则 $\boldsymbol{A}$ 可对角化.

依据为：n 阶矩阵 $\boldsymbol{A}$ 与对角阵相似的充要条件是 $\boldsymbol{A}$ 的每个 k 重特征值对应有 k 个线性无关的特征向量. 更进一步说，就是 $(\lambda\boldsymbol{E}-\boldsymbol{A})\boldsymbol{x}=\boldsymbol{0}$ 的基础解系含有 k 个向量(即 $r(\lambda\boldsymbol{E}-\boldsymbol{A})=n-k$).

例 9 已知 $\boldsymbol{\alpha}=(1,1,-1)^{\mathrm{T}}$ 是 $\boldsymbol{A}=\begin{pmatrix}2&-1&2\\5&a&3\\-1&b&-2\end{pmatrix}$ 的一个特征向量.

(1) 试确定参数 a，b 及特征向量 $\boldsymbol{\alpha}$ 所对应的特征值.

(2) 问 $\boldsymbol{A}$ 是否与对角阵相似?

解　(1)设特征向量 $\boldsymbol{\alpha}$ 对应的特征值为 λ，则 λ 应满足 $(\lambda\boldsymbol{E}-\boldsymbol{A})\boldsymbol{\alpha}=\boldsymbol{0}$.

即得 $\begin{cases}\lambda-2+1+2=0\\-5+\lambda-a+3=0\\1-b-\lambda-2=0\end{cases}$，解得 $\begin{cases}\lambda=-1\\a=-3.\\b=0\end{cases}$

(2)由 $a=-3$，$b=0$ 得

$$\boldsymbol{A}=\begin{pmatrix}2&-1&2\\5&-3&3\\-1&0&-2\end{pmatrix},$$

从而得特征多项式 $|\lambda\boldsymbol{E}-\boldsymbol{A}|=(\lambda+1)^3$.

可知，$\boldsymbol{A}$ 只有三重特征值 $\lambda=-1$，但 $r(-\boldsymbol{E}-\boldsymbol{A})=2\neq 3$，从而 $\lambda=-1$ 只对应一个线性无关的特征向量，所以 $\boldsymbol{A}$ 不能化为对角阵.

题型 2　通过计算或证明得知 $\boldsymbol{A}$ 的特征值两两互异，则 $\boldsymbol{A}$ 可对角化.

例 10　设 $\boldsymbol{A}$ 为二阶实矩阵，问

(1) 若 $|\boldsymbol{A}|<0$，$\boldsymbol{A}$ 是否可对角化？

(2) 设 $\boldsymbol{A}=\begin{pmatrix}a&b\\c&d\end{pmatrix}$，其中 $ad-bc=1$，$|a+d|>2$，$\boldsymbol{A}$ 是否可对角化？

解 (1) 设 $\boldsymbol{A}$ 的特征值为 λ_1，λ_2，由其性质 $|\boldsymbol{A}|=\lambda_1\lambda_2<0$，即 λ_1，λ_2 互异，从而 $\boldsymbol{A}$ 有两个互异特征值，故 $\boldsymbol{A}$ 可对角化.

(2) $\boldsymbol{A}$ 的特征多项式 $f(\lambda)=|\lambda\boldsymbol{E}-\boldsymbol{A}|=\lambda^2-(a+d)\lambda+1$(展开过程中用到 $ad-bc=1$).因 $|a+d|>2$，故 $\Delta=(a+d)^2-4>0$，所以 $\boldsymbol{A}$ 有两个互异实根，因而 $\boldsymbol{A}$ 可对角化.

题型 3　不计算 $\boldsymbol{A}$ 的特征值、特征向量，只需证明满足 $\boldsymbol{P}^{-1}\boldsymbol{AP}=\boldsymbol{\Lambda}$ 的可逆阵 $\boldsymbol{P}$ 和对角阵 $\boldsymbol{\Lambda}$ 存在.

例 11　设 n 阶矩阵 $\boldsymbol{A}$ 可对角化，$|\boldsymbol{A}|\neq 0$. 证明 $\boldsymbol{A}^*$ 也可对角化.

证　因为 $\boldsymbol{A}$ 可对角化，所以存在可逆阵 $\boldsymbol{P}$，使

$$\boldsymbol{P}^{-1}\boldsymbol{AP}=\mathrm{diag}(\lambda_1,\lambda_2,\cdots,\lambda_n),$$

其中 λ_1，λ_2，$\cdots$，λ_n 是 $\boldsymbol{A}$ 的特征值.

因为 $|\boldsymbol{A}|\neq 0$，所以 $\lambda_i\neq 0(i=1,2,\cdots,n)$. 对上式两边取逆，得

$$\boldsymbol{P}^{-1}\boldsymbol{A}^{-1}\boldsymbol{P}=\mathrm{diag}\left(\frac{1}{\lambda_1},\frac{1}{\lambda_2},\cdots,\frac{1}{\lambda_n}\right),$$

上式两边分别乘 $|\boldsymbol{A}|$，得

$$\boldsymbol{P}^{-1}|\boldsymbol{A}|\boldsymbol{A}^{-1}\boldsymbol{P}=\mathrm{diag}\left(\frac{|\boldsymbol{A}|}{\lambda_1},\frac{|\boldsymbol{A}|}{\lambda_2},\cdots,\frac{|\boldsymbol{A}|}{\lambda_n}\right),$$

即

$$P^{-1}A^*P=\mathrm{diag}\left(\frac{|A|}{\lambda_1},\frac{|A|}{\lambda_2},\cdots,\frac{|A|}{\lambda_n}\right),$$

所以，A^* 可对角化.

例 12 证明若 n 阶方阵 A 与对角阵相似，则 A^{T} 与对角阵相似.

证 因 A 与对角阵相似，故存在可逆阵 P，使

$$P^{-1}AP=\mathrm{diag}(\lambda_1,\lambda_2,\cdots,\lambda_n),$$

其中 $\lambda_1,\lambda_2,\cdots,\lambda_n$ 为 A 的特征值. 对上式两边取转置

$$P^{\mathrm{T}}A^{\mathrm{T}}(P^{-1})^{\mathrm{T}}=\mathrm{diag}(\lambda_1,\lambda_2,\cdots,\lambda_n),$$

即

$$[(P^{\mathrm{T}})^{-1}]^{-1}A^{\mathrm{T}}(P^{\mathrm{T}})^{-1}=\mathrm{diag}(\lambda_1,\lambda_2,\cdots,\lambda_n),$$

所以 A^{T} 与对角阵相似.

题型 4 求方阵的幂.

设 n 阶矩阵 A 与对角阵 $\mathrm{diag}(\lambda_1,\lambda_2,\cdots,\lambda_n)$ 相似，则存在可逆阵 P，使 $A=P\mathrm{diag}(\lambda_1,\lambda_2,\cdots,\lambda_n)P^{-1}$，所以

$$A^n=P\mathrm{diag}(\lambda_1^n,\lambda_2^n,\cdots,\lambda_n^n)P^{-1}.$$

因为任何实对称矩阵都相似于对角阵，所以运用矩阵的对角化方法计算一般实对称矩阵的幂将是十分方便的.

本章第二节中已经有例子. 这里不再举例.

五、二次型及标准形中的参数的确定

主要根据二次型 $f=x^{\mathrm{T}}Ax$ 经正交变换 $x=Qy$ 化成标准形

$$f=\lambda_1y_1^2+\lambda_2y_2^2+\cdots+\lambda_ny_n^2,$$

而 $Q^{-1}AQ=\mathrm{diag}(\lambda_1,\lambda_2,\cdots,\lambda_n)$（其中 $\lambda_1,\cdots,\lambda_n$ 是 A 的特征值），来确定二次型及标准形中的参数.

例 13 设二次型 $f=x_1^2+ax_2^2+x_3^2-4x_1x_2-8x_1x_3-4x_2x_3$，通过正交变换化为标准形 $f=5y_1^2+by_2^2-4y_3^2$，试求参数 a，b.

解 二次型对应的矩阵为

$$A=\begin{pmatrix}1&-2&-4\\-2&a&-2\\-4&-2&1\end{pmatrix}.$$

由 $|\lambda\boldsymbol{E}-\boldsymbol{A}|=0$ 得 $\boldsymbol{A}$ 的特征方程为

$$(1-\lambda)^2(a-\lambda)-16(a-\lambda)-8(1-\lambda)-32=0,$$

而标准形 $f=5y_1^2+by_2^2-4y_3^2$ 是经正交变换得到的，因此可知 $\lambda_1=5$，$\lambda_2=b$，$\lambda_3=-4$ 为 $\boldsymbol{A}$ 的特征值，将 $\lambda_3=-4$ 代入上式中得

$$25(a+4)-16(a+4)-72=0,$$

即 $a=4$. 再由 $\lambda_1+\lambda_2+\lambda_3=a_{11}+a_{22}+a_{33}$，可知

$$5+b-4=1+a+1,$$

得 $b=5$.

六、正定矩阵

设 $\boldsymbol{A}$ 为实对称矩阵，则下列命题等价：

(1) $\boldsymbol{A}$ 是正定的；

(2) 二次型 $f=\boldsymbol{x}^{\mathrm{T}}\boldsymbol{A}\boldsymbol{x}$ 是正定的；

(3) $\boldsymbol{A}$ 的特征值均为正数；

(4) $\boldsymbol{A}$ 的各阶顺序主子式大于零.

例 14　证明 $\boldsymbol{A}$ 为正定矩阵的充要条件是存在可逆矩阵 $\boldsymbol{P}$，使 $\boldsymbol{A}=\boldsymbol{P}^{\mathrm{T}}\boldsymbol{P}$.

证　**必要性**　因为 $\boldsymbol{A}$ 为正定矩阵，所以 $\boldsymbol{A}$ 是对称矩阵，因此存在正交矩阵 $\boldsymbol{Q}$ 使

$$\boldsymbol{Q}^{\mathrm{T}}\boldsymbol{A}\boldsymbol{Q}=\mathrm{diag}(\lambda_1, \cdots, \lambda_n),$$

其中 $\lambda_i>0(i=1, 2, \cdots, n)$ 为 $\boldsymbol{A}$ 的特征值，由此可得

$$\boldsymbol{A}=\boldsymbol{Q}\mathrm{diag}(\lambda_1, \cdots, \lambda_n)\boldsymbol{Q}^{\mathrm{T}}=\boldsymbol{Q}\mathrm{diag}(\sqrt{\lambda_1}, \cdots, \sqrt{\lambda_n})\cdot\mathrm{diag}(\sqrt{\lambda_1}, \cdots, \sqrt{\lambda_n})\boldsymbol{Q}^{\mathrm{T}}.$$

令 $\boldsymbol{P}=\mathrm{diag}(\sqrt{\lambda_1}, \cdots, \sqrt{\lambda_n})\boldsymbol{Q}^{\mathrm{T}}$，则 $\boldsymbol{P}$ 可逆，且

$$\boldsymbol{P}^{\mathrm{T}}=\boldsymbol{Q}\mathrm{diag}(\sqrt{\lambda_1}, \cdots, \sqrt{\lambda_n}),$$

所以 $\boldsymbol{A}=\boldsymbol{P}^{\mathrm{T}}\boldsymbol{P}$.

充分性　对任意 n 维列向量 $\boldsymbol{x}\neq 0$，由 $\boldsymbol{P}$ 可逆得 $\boldsymbol{y}=\boldsymbol{P}\boldsymbol{x}\neq\boldsymbol{0}$，因此二次型

$$f=\boldsymbol{x}^{\mathrm{T}}\boldsymbol{A}\boldsymbol{x}=\boldsymbol{x}^{\mathrm{T}}\boldsymbol{P}^{\mathrm{T}}\boldsymbol{P}\boldsymbol{x}=(\boldsymbol{x}^{\mathrm{T}}\boldsymbol{P}^{\mathrm{T}})(\boldsymbol{P}\boldsymbol{x})=\boldsymbol{y}^{\mathrm{T}}\boldsymbol{y}=|\boldsymbol{y}|^2>0,$$

所以二次型 $f=\boldsymbol{x}^{\mathrm{T}}\boldsymbol{A}\boldsymbol{x}$ 为正定二次型. 由定义知，对称矩阵 $\boldsymbol{A}=\boldsymbol{P}^{\mathrm{T}}\boldsymbol{P}$ 为正定矩阵.

例 15　设 $\boldsymbol{A}$ 是 n 阶实对称矩阵，则当 t 充分大时，$\boldsymbol{A}+t\boldsymbol{E}$ 为正定矩阵.

证　设 $\boldsymbol{A}$ 的特征值为 $\lambda_1, \lambda_2, \cdots, \lambda_n$，取 $t>\max\{|\lambda_i|\}$，$1\leqslant i\leqslant n$. 则 $\boldsymbol{A}+t\boldsymbol{E}$ 的特征值 $\lambda_i+t(i=1, 2, \cdots, n)$ 全大于 0，故 $\boldsymbol{A}+t\boldsymbol{E}$ 为正定矩阵.

例 16　设 $\boldsymbol{A}$ 为正定矩阵，求证 $\boldsymbol{A}^{-1}$ 也是正定矩阵.

证 因 $\boldsymbol{A}$ 正定，故 $\boldsymbol{A}$ 的特征值 $\lambda_i>0(i=1, 2, \cdots, n)$，从而 $\boldsymbol{A}^{-1}$ 的特征值 $1/\lambda_i(i=1, 2, \cdots, n)$ 均大于零. 又因 $\boldsymbol{A}$ 为正定矩阵，所以 $\boldsymbol{A}^{\mathrm{T}}=\boldsymbol{A}$，故 $(\boldsymbol{A}^{-1})^{\mathrm{T}}=(\boldsymbol{A}^{\mathrm{T}})^{-1}=\boldsymbol{A}^{-1}$，因此 $\boldsymbol{A}^{-1}$ 为对称矩阵，且 $\boldsymbol{A}^{-1}$ 的全部特征值均大于零，故 $\boldsymbol{A}^{-1}$ 也是正定矩阵.

本章要点小结

※**重要概念**：特征值、特征向量、相似矩阵、对角化、向量的内积、向量的长度、向量的正交性、正交矩阵、二次型、二次型的标准形、正交变换、正定二次型、正定矩阵.

※**主要结论**：特征值与特征向量的性质、相似矩阵的性质、方阵可对角化的条件、实对称阵的对角化方法、二次型的矩阵、惯性定理、二次型正定的充要条件、霍尔维茨定理.

※**关键计算**：会求方阵的特征值与特征向量、会判别方阵是否可对角化、会求一个可逆阵将一个可对角化矩阵化为对角阵、会求一个正交阵将实对称阵化为对角阵、用正交变换化二次型为标准形、用配方法化二次型为标准形、二次型或二次型的矩阵正定的判断.

习 题 四

习题 A

1. 求下列矩阵的特征值与特征向量：

(1) $\begin{pmatrix} 2 & -3 \\ -3 & 1 \end{pmatrix}$；　　(2) $\begin{pmatrix} 3 & -1 & 1 \\ 2 & 0 & 1 \\ 1 & -1 & 2 \end{pmatrix}$；

(3) $\begin{pmatrix} 2 & 0 & 0 \\ 1 & 1 & 1 \\ 1 & -1 & 3 \end{pmatrix}$；　　(4) $\begin{pmatrix} 2 & -1 & 2 \\ 5 & -3 & 3 \\ -1 & 0 & -2 \end{pmatrix}$.

2. 设 λ 是可逆方阵 $\boldsymbol{A}$ 的特征值，证明：(1) $\lambda\neq 0$；(2) λ^{-1} 是 $\boldsymbol{A}^{-1}$ 的特征值.

3. 若方阵 $\boldsymbol{A}$ 满足 $\boldsymbol{A}^2=\boldsymbol{A}$，证明 $\boldsymbol{A}$ 的特征值只能是 0 或者 1.

4. 若方阵 $\boldsymbol{A}$ 与单位阵 $\boldsymbol{E}$ 相似，证明 $\boldsymbol{A}$ 也是单位阵.

5. 若 $\boldsymbol{A}$ 与对角阵 $\boldsymbol{\Lambda}=\begin{pmatrix}1&&\\&2&\\&&3\end{pmatrix}$ 相似，求 $|\boldsymbol{A}|$.

6. 设 $\boldsymbol{A}$，$\boldsymbol{B}$ 都是 n 阶方阵，且 $|\boldsymbol{A}|\neq 0$，证明 $\boldsymbol{AB}$ 与 $\boldsymbol{BA}$ 相似.

7. 下列矩阵 $\boldsymbol{A}$ 是否相似于某一对角阵，若相似于某一对角阵，求出可逆矩阵 $\boldsymbol{P}$ 及相应的对角阵 $\boldsymbol{\Lambda}$，使 $\boldsymbol{P}^{-1}\boldsymbol{AP}=\boldsymbol{\Lambda}$：

(1) $\begin{pmatrix}1&1\\1&1\end{pmatrix}$；　(2) $\begin{pmatrix}1&0\\-2&1\end{pmatrix}$；　(3) $\begin{pmatrix}1&2&3\\0&1&0\\2&1&2\end{pmatrix}$；　(4) $\begin{pmatrix}3&-2&1\\0&2&0\\0&0&0\end{pmatrix}$.

8. 设矩阵 $\boldsymbol{A}$ 与 $\boldsymbol{B}$ 相似，其中

$$\boldsymbol{A}=\begin{pmatrix}-2&0&0\\2&0&2\\3&1&1\end{pmatrix},\ \boldsymbol{B}=\begin{pmatrix}-1&0&0\\0&x&0\\0&0&y\end{pmatrix},$$

求 x，y 的值.

9. 用施密特正交化方法将下列向量组标准正交化：

(1) $(3,4)^{\mathrm{T}}$，$(2,3)^{\mathrm{T}}$；

(2) $(2,0,0)^{\mathrm{T}}$，$(0,1,-1)^{\mathrm{T}}$，$(5,6,0)^{\mathrm{T}}$.

10. 试判别下列矩阵是否为正交阵：

(1) $\begin{pmatrix}\frac{1}{\sqrt{2}}&\frac{1}{\sqrt{2}}&0\\-\frac{1}{\sqrt{2}}&\frac{1}{\sqrt{2}}&0\\0&0&1\end{pmatrix}$；　(2) $\begin{pmatrix}1&-\frac{1}{2}&\frac{1}{3}\\-\frac{1}{2}&1&\frac{1}{2}\\\frac{1}{3}&\frac{1}{2}&-1\end{pmatrix}$.

11. 若 $\boldsymbol{A}$ 为正交矩阵，证明 $\boldsymbol{A}^{\mathrm{T}}$，$\boldsymbol{A}^{-1}$ 也是正交矩阵.

12. 求正交矩阵 $\boldsymbol{Q}$，使 $\boldsymbol{Q}^{-1}\boldsymbol{AQ}$ 为对角阵，其中对称阵 $\boldsymbol{A}$ 为

(1) $\begin{pmatrix}\frac{3}{2}&-\frac{1}{2}&0\\-\frac{1}{2}&\frac{3}{2}&0\\0&0&3\end{pmatrix}$；　(2) $\begin{pmatrix}4&0&0\\0&3&1\\0&1&3\end{pmatrix}$.

13. 已知三阶实对称矩阵 $\boldsymbol{A}$ 的特征值为 -1，-1，8，且对应于 -1 的特征向量为 $(-1,$

2，0)^T，(1，0，−1)^T，求矩阵 $\boldsymbol{A}$.

14. 判断下列各式是否为二次型：

(1) $f_1=x_1^2+2x_2^2+4x_1x_2+2x_3$；

(2) $f_2=x_1^2+3x_2^2-5x_3^2+x_1x_3-x_2x_3+1$；

(3) $x_1^2+x_2^2+4x_1x_2=0$；

(4) $f_3=x_1^2+x_2^2+3x_3^2+2x_1x_2+2x_1x_3+4x_2x_3$.

15. 将下列二次型表示成矩阵形式：

(1) $f=x_1^2+2x_1x_2+4x_2^2+2x_1x_3+x_3^2+4x_2x_3$；

(2) $f=x_1x_2+x_2x_3+x_3x_4+x_4x_1$.

16. 求一个正交变换，将下列二次型化为标准形：

(1) $f=5x_1^2+5x_2^2+6x_1x_2$；

(2) $f=3x_1^2+6x_2^2+3x_3^2-4x_1x_2-8x_1x_3-4x_2x_3$.

17. 已知 $\boldsymbol{A}$，$\boldsymbol{B}$ 是 n 阶正定矩阵，证明 $\boldsymbol{A}+\boldsymbol{B}$ 也是正定矩阵.

18. 判别下列二次型的正定性：

(1) $f(x_1,x_2,x_3)=x_1^2+2x_2^2-3x_3^2+4x_1x_2+2x_2x_3$

(2) $f(x_1,x_2,x_3,x_4)=3x_1^2+3x_2^2+3x_3^2+x_4^2+2x_1x_2+2x_1x_3+2x_2x_3$.

19. 当 λ 取何值时，下列二次型是正定的：

(1) $f(x_1,x_2,x_3)=5x_1^2+x_2^2+\lambda x_3^2+4x_1x_2-2x_1x_3-2x_2x_3$；

(2) $f(x_1,x_2,x_3)=2x_1^2+x_2^2+3x_3^2+2\lambda x_1x_2+2x_1x_3$.

20. 证明实二次型 $f=\boldsymbol{x}^T\boldsymbol{A}\boldsymbol{x}$ 为正定的充要条件是：存在可逆阵 $\boldsymbol{U}$，使 $\boldsymbol{A}=\boldsymbol{U}^T\boldsymbol{U}$.

习题 B

1. 单项选择题.

(1) 若方阵 $\boldsymbol{A}$ 满足方程 $\boldsymbol{A}^2-3\boldsymbol{A}+2\boldsymbol{E}=\boldsymbol{O}$，则 $\boldsymbol{A}$ 的特征值必为(　　).

A. 0 或 1　　B. 2 或 3　　C. −1 或 1　　D. 1 或 2

(2) 已知三阶矩阵 $\boldsymbol{A}$ 的特征值为 −1，1，2，则矩阵 $\boldsymbol{B}=(3\boldsymbol{A}^*)^{-1}$ 的特征值为(　　).

A. 1，−1，−2　B. $\frac{1}{6}$，$-\frac{1}{6}$，$-\frac{1}{3}$　C. $-\frac{1}{6}$，$\frac{1}{6}$，$\frac{1}{3}$　D. $\frac{1}{2}$，$-\frac{1}{2}$，1

(3) 设矩阵 $\boldsymbol{B}=\begin{pmatrix}0&0&1\\0&1&0\\1&0&0\end{pmatrix}$，已知矩阵 $\boldsymbol{A}$ 相似于 $\boldsymbol{B}$，则 $r(\boldsymbol{A}-2\boldsymbol{E})$ 与 $r(\boldsymbol{A}-\boldsymbol{E})$ 之和

等于(　　).

A. 2　　B. 3　　C. 4　　D. 5

(4) 对于 n 阶实对称矩阵 $\boldsymbol{A}$，以下结论正确的是(　　).

A. 存在正交矩阵 $\boldsymbol{T}$，使 $\boldsymbol{T}^{\mathrm{T}}\boldsymbol{A}\boldsymbol{T}$ 成为对角矩阵

B. 一定有 n 个不同的特征值

C. 它的特征值一定是正数

D. 属于不同的特征值的特征向量线性无关，但不一定正交

(5) 下列二次型正定的是(　　).

A. $f(x_1, x_2)=x_1x_2$　　B. $f(x_1, x_2, x_3)=x_1x_2+x_1x_3$

C. $f(x_1, x_2)=x_1^2+x_2^2$　　D. $f(x_1, x_2, x_3)=x_1^2+x_2^2$

2. 填空题.

(1) 设 $\boldsymbol{A}$ 是三阶可逆矩阵，其逆矩阵的特征值为 $\frac{1}{2}$，$\frac{1}{3}$，$\frac{1}{4}$，则行列式 $|\boldsymbol{E}-\boldsymbol{A}|=$ ______.

(2) 设矩阵 $\boldsymbol{A}=\begin{pmatrix}0&0&1\\x&1&y\\1&0&0\end{pmatrix}$ 可对角化，则 x 与 y 应满足的条件是 ______.

(3) 设三阶实对称阵 $\boldsymbol{A}$ 满足 $\boldsymbol{A}^2+\boldsymbol{A}=\boldsymbol{O}$，且 $r(\boldsymbol{A})=2$，则 $\boldsymbol{A}$ 相似于对角阵 $\boldsymbol{\Lambda}=$ ______.

(4) 二次型 $f(x_1, x_2, x_3)=-2x_1x_2+2x_1x_3+2x_2x_3$ 在正交变换 $\boldsymbol{x}=\boldsymbol{C}\boldsymbol{y}$ 下的标准形为 ______.

(5) 设二次型 $f(x_1, x_2, x_3)=ax_1^2+4x_2^2+ax_3^2+6x_1x_2+2x_2x_3$ 为正定二次型，则 a 的取值范围是 ______.

3. 设矩阵 $\boldsymbol{A}=\begin{pmatrix}1&1&1\\1&1&1\\1&1&1\end{pmatrix}$，$\boldsymbol{B}=\begin{pmatrix}3&0&0\\0&0&0\\0&0&0\end{pmatrix}$，证明 $\boldsymbol{A}$ 与 $\boldsymbol{B}$ 合同且相似.

4. 已知矩阵 $\boldsymbol{A}=\begin{pmatrix}2&0&0\\0&0&1\\0&1&x\end{pmatrix}$ 与 $\boldsymbol{B}=\begin{pmatrix}2&0&0\\0&y&0\\0&0&-1\end{pmatrix}$ 相似，求：(1) x 与 y 的值；(2)一个满足 $\boldsymbol{P}^{-1}\boldsymbol{A}\boldsymbol{P}=\boldsymbol{B}$ 的可逆矩阵 $\boldsymbol{P}$.

5. 设λ_1，λ_2，λ_3为三阶矩阵$\boldsymbol{A}$的特征值，其对应的特征向量分别为$\boldsymbol{\alpha}_1=(1, 1, 1)^{\mathrm{T}}$，$\boldsymbol{\alpha}_2=(0, 1, 1)^{\mathrm{T}}$，$\boldsymbol{\alpha}_3=(0, 0, 1)^{\mathrm{T}}$，求$\boldsymbol{A}^n$.

6. 设二次型$f(x_1, x_2, x_3)=2x_1^2+3x_2^2+3x_3^2+2ax_2x_3(a>0)$通过正交变换化为标准形$f=y_1^2+2y_2^2+5y_3^2$，求常数$a$及所用的正交变换.

7. 已知n阶方阵$\boldsymbol{A}$的任意一行的n个元素之和都是a，证明：

(1) $\lambda=a$是$\boldsymbol{A}$的特征值；

(2) $\boldsymbol{\alpha}=(1, 1, \cdots, 1)^{\mathrm{T}}$是$\boldsymbol{A}$的属于$a$的特征向量.

8. 设$\boldsymbol{A}$是实对称矩阵，且$\boldsymbol{A}^3-3\boldsymbol{A}^2+5\boldsymbol{A}-3\boldsymbol{E}=\boldsymbol{O}$，证明$\boldsymbol{A}$为正定矩阵.

资料选读

二次型的发展

二次型的系统研究是从18世纪开始的，它起源于对二次曲线和二次曲面的分类问题的讨论，将二次曲线和二次曲面的方程变形，选有主轴方向的轴作为坐标轴以简化方程的形状．柯西在他的《几何中无穷小演算的应用教程》中给出结论：当方程是标准型即主轴是坐标轴时，二次曲面用二次项的符号来进行分类．然而，那时并不太清楚，在化简成标准型时，为何总是得到同样数目的正项和负项．西尔维斯特回答了这个问题，他给出了n个变数的二次型的惯性定律，但没有证明．这个定律后被雅克比重新发现和证明．1801年，高斯在《算术研究》中引进了二次型的正定、负定、半正定和半负定等术语．二次型化简的进一步研究涉及二次型或行列式的特征方程的概念．特征方程的概念隐含地出现在欧拉的化三个变数的二次型到它们的主轴上去的著作中，拉格朗日在其关于线性微分方程组的著作中首先明确地给出了这个概念．

尽管拉格朗日在二元二次型理论中作出了重大贡献，但二元二次型理论的系统化发展应归功于高斯．1801年，高斯的《算术研究》问世，在前言中他写道："丢番图对数论中很多特殊规律进行了研究，然而数论的发展更需考察'一般原则'，费马、欧拉、拉格朗日等人已开始着手这一工作，此书将系统地介绍我本人的数论研究成果．"

《算术研究》由七章构成，其中第五章对二次型进行了广泛讨论．在拉格朗日二元二次型工作的基础上，高斯引进了许多新的概念与术语（其中很多都参考了拉格朗日暗含使用的概念），将记号标准化，系统处理并推广了现存定理，从各个角度使二元二次型理论得到空前丰富与扩展．在高斯的引领之下，二次型的理论最终发展成19世纪数论研究的主要课题之一，成为一个独立、自在的数学对象．

高斯是数学史上一个转折时期的杰出代表人物，起着承上启下的作用．他对数学的兴趣是无止境的，不论在几何代数或者分析的成就无一不是辉煌，无怪乎数学界中大家公称他是"数学王子"，Bell就曾赞美他在数学中无所不在"he lives everywhere in mathematics"．《算术研究》是高斯最具有代表性的著作，于1801年在莱比锡出版，标志着近代数论的开端．

第五章

MATLAB 在线性代数中的应用简介*

MATLAB 是 matrix laboratory 的缩写，意为矩阵实验室，它是一种以矩阵运算为基础的交互式程序语言，具有强大的数值计算和数据可视化功能．本章介绍 MATLAB 在线性代数中的应用——线性代数中的一些运算问题在 MATLAB 中的具体实现．

第一节　矩阵的赋值

在 MATLAB 中，每个变量代表一个矩阵，而矩阵的阶数由所输入数据的行列数决定．

一、一般矩阵

矩阵赋值语句的一般形式为：矩阵变量＝表达式(或数)．

规则：矩阵元素放在方括号内，元素之间用空格或逗号隔开，不同行以分号隔开．

例如定义矩阵

$$\boldsymbol{A}=\begin{pmatrix}1&2&3\\4&5&6\\7&8&9\end{pmatrix}.$$

在 MATLAB 的命令窗口中输入

```
A=[1 2 3; 4 5 6; 7 8 9]
```

点击回车键，显示结果为

```
A =
    1    2    3
    4    5    6
    7    8    9
```

这样，就定义了矩阵变量 **A**.

二、特殊矩阵

线性代数中一些特殊矩阵可以直接用 MATLAB 的特殊指令来实现. 例如：

全一阵 ones(m, n)，得到元素全是 1 的 m 行 n 列的矩阵；

全零阵 zeros(m, n)，得到元素全是 0 的 m 行 n 列的矩阵；

单位阵 eye(n)，得到 n 阶单位矩阵；

对角阵 diag(v)，得到以数组 v 为对角元素的对角阵；

范德蒙矩阵 rot90(vander (v))，得到以数组 v 的元素构造的范德蒙矩阵.

举例：

输入 A=ones(3, 2)　%MATLAB 会将一个元素全是 1 的 3 行 2 列的矩阵赋值给变量 A

显示 A=

```
    1    1
    1    1
    1    1
```

输入 B=zeros(2, 3)　%MATLAB 会将一个元素全是 0 的 2 行 3 列的矩阵赋值给变量 B

显示 B=

```
    0    0    0
    0    0    0
```

输入 C=eye(2)　%得到二阶单位阵，

显示 C=

```
    1    0
    0    1
```

输入 D= diag([3　4　2　5])　%得到以 3，4，2，5 为主对角元素的对角阵 D

显示 D=

```
    3    0    0    0
    0    4    0    0
    0    0    2    0
    0    0    0    5
```

输入 E=vander([1　2　3　4])，

显示 E =

```
1    1    1    1
8    4    2    1
27   9    3    1
64   16   4    1
```

再输入 E＝rot90(E)　　%将矩阵逆时针旋转 90°

显示如下范德蒙矩阵

```
E＝
  1    1    1    1
  1    2    3    4
  1    4    9    16
  1    8    27   64
```

三、矩阵元素的选取

线性代数中经常会碰到对矩阵的某些元素进行选取或者赋值的情形.

例如对于已定义的矩阵

$$\boldsymbol{A}=\begin{pmatrix}1 & 2 & 4 & 0\\ 2 & 5 & 3 & 4\\ 1 & -2 & 9 & 3\\ 3 & 6 & 0 & 7\end{pmatrix}.$$

输入 b＝A(2，3)　　%将矩阵 A 的第 2 行第 3 列的元素赋值于变量 b

显示

```
b＝
    3
```

输入 c＝A(：，3)　　%将矩阵 A 的第 3 列的元素赋值于变量 c

显示

```
c ＝
    4
    3
    9
    0
```

输入 d＝A(2，：)　　%将矩阵 A 的第 2 行的元素赋值于变量 d

显示

d =

    2 5 3 4

输入 A(2，：)=[]　　　　%去掉矩阵 A 的第 2 行，

显示

A =

1	2	4	0
1	−2	9	3
3	6	0	7

输入 A(：，3)=[]　　　　%去掉矩阵 A 的第 3 列，此时 A 变为三阶方阵

显示

A =

1	2	0
1	−2	3
3	6	7

输入 A(：，3)=[1　1　3]　%将矩阵 A 的第 3 列元素变为 1，1，3

显示

A =

1	2	1
1	−2	1
3	6	3

四、符号矩阵

当矩阵元素中含有符号变量时，需要先定义符号变量，再进行矩阵的赋值. 在 MATLAB 中，使用 syms 命令定义符号变量(symbolic variable).

例如定义矩阵

$$\boldsymbol{A}=\begin{pmatrix}2x & x & 1 & 2\\ 1 & x & 1 & -1\\ 3 & 2 & x & 1\\ 1 & 1 & 1 & x\end{pmatrix}.$$

输入

```
syms x;
A=[2*x  x  1  2; 1  x  1  -1; 3  2  x  1; 1  1  1  x]
```

显示

```
A =
    [ 2*x, x, 1, 2]
    [1, x, 1, -1]
    [3, 2, x, 1]
    [1, 1, 1, x]
```

第二节 矩阵的运算

当矩阵阶数满足运算要求时，矩阵运算的书写格式与普通算术运算的书写格式相似. 在 MATLAB 中，用“+”“-”“*”运算符表示矩阵的加、减和相乘；A^n 表示方阵 $\boldsymbol{A}$ 的 n 次方幂；矩阵的转置运算符为“'”.

例 1 已知矩阵 $\boldsymbol{A}=\begin{pmatrix}5&3&5\\3&7&4\\7&9&8\end{pmatrix}$，$\boldsymbol{B}=\begin{pmatrix}2&4&2\\6&7&9\\8&3&6\end{pmatrix}$，计算：

(1) $\boldsymbol{A}+\boldsymbol{B}$； (2) $\boldsymbol{AB}$； (3) $\boldsymbol{BA}$； (4) $\boldsymbol{A}^{\mathrm{T}}$； (5) $\boldsymbol{A}^3$.

程序代码如下：

```
clear                      %清除变量
A=[5 3 5; 3 7 4; 7 9 8]; %分号“；”表示不显示矩阵 A，直接执行下一指令
B=[2 4 2; 6 7 9; 8 3 6];
D1=A+B
D2=A*B
D3=B*A
D4=A'
D5=A^3
```

运行结果为

```
D1 =
```

```
     7     7     7
     9    14    13
    15    12    14
D2 =
    68    56    67
    80    73    93
   132   115   143
D3 =
    36    52    42
   114   148   130
    91    99   100
D4 =
     5     3     7
     3     7     9
     5     4     8
D5 =
  1127  1467  1285
  1127  1525  1296
  2003  2661  2294
```

当矩阵 **A** 为方阵时，用 det(A)来计算行列式的值；可逆时，用 inv(A)求其逆阵；用右斜杠“\”和左斜杠“/”分别表示矩阵的“左除”和“右除”，两者的区别在于：A\B 相当于 A^—1*B；而 A/B 相当于 A*B^—1.

例 2 求下列行列式的值：

(1) $\begin{vmatrix} 1 & 1 & 1 & 1 \\ 1 & 2 & 3 & 4 \\ 1 & 3 & 6 & 10 \\ 1 & 4 & 10 & 20 \end{vmatrix}$.

程序代码如下：

```
clear
A=[1 1 1 1;1 2 3 4;1 3 6 10;1 4 10 20];
d=det(A)
```

运行结果为　d=1

(2) $\begin{vmatrix} 1 & 2 & 1 \\ 0 & 5 & -2 \\ 0 & 0 & 7 \end{vmatrix}$.

程序代码如下：

```
clear
B=[1  2  1;0  5  -2;0  0  7];
d=det(B)
```

运行结果为　d=35

(3) $\begin{vmatrix} 1 & 0 & 0 & 0 \\ 0 & 2 & 0 & 0 \\ 0 & 0 & 3 & 0 \\ 0 & 0 & 0 & 4 \end{vmatrix}$.

程序代码如下：

```
clear
C=diag([1  2  3  4]);
d=det(C)
```

运行结果为　d=24

(4) $\begin{vmatrix} 1 & 1 & 1 & 1 \\ 1 & 2 & 3 & 4 \\ 1 & 4 & 9 & 16 \\ 1 & 8 & 27 & 64 \end{vmatrix}$.

程序代码如下：

```
clear
D=vander([1  2  3  4]);
D=rot90(D);
d=det(D)
```

运行结果为　d=12

例 3　求下列行列式的值：

(1) $\begin{vmatrix} x & a & a & a \\ a & x & a & a \\ a & a & x & a \\ a & a & a & x \end{vmatrix}$.

程序代码如下：

```
clear
syms a x;
A=[x  a  a  a; a  x  a  a; a  a  x  a; a  a  a  x];
d=det(A)
```

运行结果为

```
d= - 3*a^4 + 8*a^3*x - 6*a^2*x^2 + x^4
```

(2) $\begin{vmatrix} 2x & x & 1 & 2 \\ 1 & x & 1 & -1 \\ 3 & 2 & x & 1 \\ 1 & 1 & 1 & x \end{vmatrix}$.

程序代码如下：

```
clear
syms x;
A=[2*x  x  1  2; 1  x  1  -1; 3  2  x  1; 1  1  1  x];
d=det(A)
```

运行结果为

```
d= 2*x^4 - x^3 - 7*x^2 + 12*x-8
```

例 4　设 $D=\begin{vmatrix} 1 & 2 & 4 & 0 \\ 2 & 5 & 3 & 4 \\ 1 & -2 & 9 & 3 \\ 3 & 6 & 0 & 7 \end{vmatrix}$，计算 $A_{13}+2A_{23}-4A_{33}+3A_{43}$.

程序代码如下：

```
clear
A=[1  2  4  0; 2  5  3  4; 1  -2  9  3; 3  6  0  7];
A(:, 3)=[1  2  -4  3];
x=det(A)
```

运行结果为

```
x =

    -35
```

例 5　已知矩阵 $\boldsymbol{A}=\begin{pmatrix}5&3&5\\3&7&4\\7&9&8\end{pmatrix}$，$\boldsymbol{B}=\begin{pmatrix}2&4&2\\6&7&9\\8&3&6\end{pmatrix}$，计算：

(1) $\boldsymbol{A}^{-1}$；　(2) $|\boldsymbol{B}|$；　(3) $\boldsymbol{B}^{*}$.

程序代码如下：

```
clear
A=[5 3 5; 3 7 4; 7 9 8];
B=[2 4 2; 6 7 9; 8 3 6];
D1=inv(A)
D2=det(B)
D3=D2 * inv(B)
```

运行结果为

```
D1 =

     10.0000    10.5000   -11.5000
      2.0000     2.5000    -2.5000
    -11.0000   -12.0000    13.0000

D2 =

    98.0000

D3 =

     15.0000   -18.0000    22.0000
     36.0000    -4.0000    -6.0000
    -38.0000    26.0000   -10.0000
```

例 6　解矩阵方程 $\boldsymbol{AX}=\boldsymbol{B}$，其中 $\boldsymbol{A}=\begin{pmatrix}1&9&2\\7&1&4\\3&5&1\end{pmatrix}$，$\boldsymbol{B}=\begin{pmatrix}3\\2\\2\end{pmatrix}$.

程序代码如下：

```
clear
format rat                        %显示有理格式
```

```
A=[1 9 2; 7 1 4; 3 5 1];
B=[3; 2; 2];
disp('方法 1 先求 A 的逆矩阵，再左乘 B')          %显示文字说明
disp('A 的逆矩阵为')
C=inv(A)
X1=C * B
disp('方法 2 利用矩阵左除')                       %显示文字说明
X2=A\B
```

运行结果为

```
方法 1　先求 A 的逆矩阵，再左乘 B
A 的逆矩阵为
C =
      -19/90     1/90      17/45
        1/18    -1/18       1/9
       16/45    11/45     -31/45
X1 =
      13/90
       5/18
       8/45
方法 2　利用矩阵左除
X2 =
      13/90
       5/18
       8/45
```

第三节　矩阵的初等变换与向量组的线性相关性

一、矩阵的行最简形和矩阵的秩

矩阵的初等变换是矩阵理论的一种重要运算．在 MATLAB 中，用指令 rref(A)得到矩

阵 $\boldsymbol{A}$ 的行最简形矩阵(reduced row echelon form)，用指令 rank(A)得到矩阵 $\boldsymbol{A}$ 的秩.

例 1 将矩阵 $\boldsymbol{A}=\begin{pmatrix}4 & -3 & 0 & -3 & 1\\ 1 & -1 & 2 & 3 & 4\\ 3 & -2 & 8 & 4 & 5\\ 1 & 6 & 6 & 3 & 6\end{pmatrix}$ 化为行最简形，并求矩阵 $\boldsymbol{A}$ 的秩.

程序代码如下：

```
clear
A=[4  -3  0  -3  1; 1  -1  2  3  4; 3  -2  8  4  5; 1  6  6  3  6];
disp('矩阵 A 的行最简形矩阵为：')
R=rref(A)                              %得到矩阵 A 的行最简形矩阵 R
disp('矩阵 A 的秩 r 为：')
r=rank(A)                              %得到矩阵 A 的秩 r
```

运行结果为

```
矩阵 A 的行最简形矩阵为：
R =

    1.0000       0         0         0       1.6667
       0      1.0000       0         0       0.5778
       0         0      1.0000       0      -0.5111
       0         0         0      1.0000     1.3111
矩阵 A 的秩 r 为：
r =

     4
```

例 2 求矩阵 $\boldsymbol{A}=\begin{pmatrix}1 & 2 & 3\\ 2 & 3 & 1\\ 3 & 1 & 2\end{pmatrix}$ 的逆矩阵.

程序代码如下：

```
clear
format rat                              %输出格式为有理数
A=[1 2 3; 2 3 1; 3 1 2];
disp('方法 1 利用求逆公式，A 的逆矩阵为：')
B1=inv(A)
```

```
disp('方法 2 利用初等行变换求矩阵 A 的逆矩阵')
C=[A eye(3)];              %构造矩阵 C=[A E]
D=rref(C);                 %得到 C 的行最简形
B2=D(:,4:6)                %选取 D 的第 4 到 6 列元素，即为 A 的逆矩阵
```

运行结果为

```
方法 1  利用求逆公式，A 的逆矩阵为：
B1 =
     -5/18     1/18      7/18
      1/18     7/18     -5/18
      7/18    -5/18      1/18
方法 2  利用初等行变换求矩阵 A 的逆矩阵
B2 =
     -5/18     1/18      7/18
      1/18     7/18     -5/18
      7/18    -5/18      1/18
```

二、向量组的秩、极大线性无关组和向量组线性相关性的判定

将向量组以列向量的形式构建成一个矩阵 $\boldsymbol{A}$，则向量组的秩即为 $r=\text{rank}(\boldsymbol{A})$；而极大无关组可以使用命令[R, ip]=rref(A)，其中，$\boldsymbol{R}$ 为 $\boldsymbol{A}$ 的行最简形矩阵，$\boldsymbol{ip}$ 为极大无关组的向量在 $\boldsymbol{A}$ 中的列标所构成的向量.

例 3　求向量组 $\boldsymbol{\alpha}_1=(1,1,2,2,1)$，$\boldsymbol{\alpha}_2=(0,2,1,5,-1)$，$\boldsymbol{\alpha}_3=(2,0,3,-1,3)$，$\boldsymbol{\alpha}_4=(1,1,0,4,-1)$ 的秩和一个极大线性无关组，并把其余的向量用该极大线性无关组线性表出.

程序代码如下：

```
clear
format rat                 %输出有理格式
a1=[1 1 2 2 1];
a2=[0 2 1 5 -1];
a3=[2 0 3 -1 3];
a4=[1 1 0 4 -1];
A=[a1' a2' a3' a4'];       %以向量组构造矩阵 A
```

```
[R, ip]=rref(A)              %给出 A 的行最简形 R 和列向量组的一个极大无关组 ip
```

运行结果为

```
R =
     1   0    2   0
     0   1   -1   0
     0   0    0   1
     0   0    0   0
     0   0    0   0
ip =
     1     2     4
```

由 $\boldsymbol{ip}$ 的值可知，矩阵 $\boldsymbol{A}$ 的第 1，2，4 列向量即 $\boldsymbol{\alpha}_1$，$\boldsymbol{\alpha}_2$，$\boldsymbol{\alpha}_4$ 构成向量组的一个极大线性无关组，向量组的秩为 3，并且通过行最简形矩阵 $\boldsymbol{R}$ 的第三列元还可以看出 $\boldsymbol{\alpha}_3=2\boldsymbol{\alpha}_1-\boldsymbol{\alpha}_2$.

向量组线性相关性的判定，有时需要用到 if 判断语句，其格式为

```
if(条件为真)
指令 A
else
指令 B
end
```

例 4 判断向量组 $\boldsymbol{\alpha}_1=(1,-2,3,-1)$，$\boldsymbol{\alpha}_2=(0,2,-5,6)$，$\boldsymbol{\alpha}_3=(-1,0,2,4)$，$\boldsymbol{\alpha}_4=(2,-2,2,3)$ 的线性相关性.

程序代码如下：

```
clear
a1=[1 -2 3 -1];
a2=[0 2 -5 6];
a3=[-1 0 2 4];
a4=[2 -2 2 3];
A=[a1', a2', a3', a4'];          %以列向量的形式构造矩阵 A
disp('矩阵 A 的秩为')
r=rank(A)
if(r==4)
disp('向量组是线性无关的')
```

```
else
disp('向量组是线性相关的')
end
```

运行结果为

```
矩阵 A 的秩为
r =
     4
向量组是线性无关的
```

第四节　线性方程组的解

线性方程组的求解是线性代数的一个基本问题. 下面先讨论齐次线性方程组的求解.

一、齐次线性方程组的通解

MATLAB 用 null 函数来求解零空间正交基，即满足方程组 $\boldsymbol{Ax}=\boldsymbol{0}$ 的解空间的一个基础解系，语法如下：

```
D=null(A)          %D 的列向量是方程组解空间的标准正交基，满足 D'D=E;
D=null(A,'r')      %D 的列向量是方程组解空间的有理基.
```

例 1　求解齐次线性方程组 $\begin{cases} x_1-x_2+2x_3+x_4=0 \\ x_1-x_2+4x_3-2x_4=0 \\ 3x_1-x_2-2x_3+x_4=0 \end{cases}$.

程序代码如下：

```
clear
A=[1 -1 2 1; 1 -1 4 -2; 3 -1 -2 1];
[m, n]=size(A);                %判断矩阵 A 的行数 m 和列数 n
disp('A 的秩为')
r=rank(A)
if(r= =n)
disp('方程组只有零解')
else
```

```
disp('方程组存在基础解系为：')
D=null(A,'r')
end
```

运行结果为

```
A 的秩为
r =
     3
方程组存在基础解系为：
D=
      3
      7
     3/2
      1
```

若要表示方程组的通解形式，需要定义符号变量.

```
syms k;
disp('方程组的通解为')
x=k*D
```

运行结果为

```
方程组的通解为
x =
     3*k
     7*k
  (3*k)/2
      k
```

例 2 求解齐次线性方程组 $\begin{cases} x_1 + 2x_3 - x_4 = 0 \\ -x_1 + x_2 - 3x_3 + 2x_4 = 0 \\ 2x_1 - x_2 + 5x_3 - 3x_4 = 0 \end{cases}$.

程序代码如下：

```
clear
A=[1 0 2 -1; -1 1 -3 2; 2 -1 5 -3];
disp('方程组基础解系为')
```

```
D=null(A,'r')
```

运行结果为

方程组基础解系为

```
D =
    -2     1
     1    -1
     1     0
     0     1
syms k1;
syms k2;
disp('方程组的通解为')
x=k1*D(:,1)+k2*D(:,2)
```

运行结果为

方程组的通解为

```
x =
    k2-2*k1
     k1-k2
       k1
       k2
```

二、非齐次线性方程组的通解

例 3　求解非齐次线性方程组$\begin{cases} x_1-2x_2+3x_3-x_4=1 \\ 3x_1-x_2+5x_3-3x_4=2 \\ 2x_1+x_2+2x_3-2x_4=1 \end{cases}$.

程序代码如下：

```
clear
format rat
A=[1 -2 3 -1;3 -1 5 -3;2 1 2 -2];        % 输入系数矩阵 A
b=[1 2 1]';                               % 输入常数列向量 b
B=[A b];                                  % 构造增广矩阵 B
RA=rank(A);
```

```
RB==rank(B);
[m, n]=size(A);                %计算矩阵 A 的行、列数赋给了变量 m、n
if(RA= =RB&&RA<n)              % 若条件为真，则方程组存在无穷多解
[R, s]=rref(B);                %把增广矩阵的行最简形矩阵赋给 R
                               %而 R 的所有基准元素在矩阵中的列号构成了行向量 s
x0=zeros(n, 1);                %将特解 x0 初始化为 n 维零向量
r=length(s);                   %行向量 s 的长度即矩阵 A 的秩赋给变量 r
x0(s)=R(1: r, end);            %将 R 最后一列前 r 行的元素，按照基准元素所在的位
置给特解 x0 赋值，其他位置元素值为初始化的零
disp('非齐次线性方程组的一个特解为：')
x0                             %显示特解 x0
disp('对应齐次线性方程组的一个基础解系为：')
X=null(A,'r')                  %得到齐次线性方程组 Ax=0 的基础解系 X
else
if(RA= =RB&&RA= =n)            %若条件为真，则方程组存在唯一解
R=rref(B);
disp('非齐次线性方程组存在唯一解为：')
x0=R(1: n, end)
else
disp('非齐次线性方程组无解')
end
end
```

运行结果

```
非齐次线性方程组的一个特解为：
x0 =

      3/5
     -1/5
       0
       0

对应齐次线性方程组的一个基础解系为：
X =
```

```
   -7/5       1
    4/5       0
     1        0
     0        1
```

定义两个符号变量，可得到非齐次线性方程组的通解形式.

```
syms k1 k2;
disp('非齐次线性方程组的通解为')
x=x0+k1*X(:,1)+k2*X(:,2)
```

运行结果

```
非齐次线性方程组的通解为
x =
    k2 - (7*k1)/5 + 3/5
       (4*k1)/5 - 1/5
                 k1
                 k2
```

第五节　矩阵的相似对角化和二次型的标准形

在 MATLAB 中，使用命令 d=eig(A)，可求得矩阵 $\boldsymbol{A}$ 的所有特征值(eigenvalue)，这些特征值放在数组 d 中；使用命令[Q, D]=eig(A)，可求得矩阵 $\boldsymbol{A}$ 的所有特征值和特征向量，特征值位于对角矩阵 $\boldsymbol{D}$ 的主对角线上，特征向量位于矩阵 $\boldsymbol{Q}$ 的每一列上. 若 $\boldsymbol{A}$ 为实对称矩阵，则矩阵 $\boldsymbol{Q}$ 为正交矩阵.

一、方阵的特征值与矩阵的相似对角化

例 1　求矩阵 $\boldsymbol{A}=\begin{pmatrix}1&2&2\\2&1&2\\2&2&1\end{pmatrix}$ 的特征值和特征向量.

程序代码如下：

```
clear
A=[1 2 2; 2 1 2; 2 2 1];
```

```
disp('A 的全部特征值为')
d=eig(A)                      %求全部特征值所组成的向量
disp('A 的全部特征值和特征向量为')
[Q, D]=eig(A)                 %求特征值及特征向量所组成的矩阵
D1=inv(Q) * A * Q             %验证 A 的相似对角化
D2=Q' * A * Q                 %验证 A 的正交相似对角化
```

运行结果为

```
A 的全部特征值为
d =
      -1
      -1
       5
A 的全部特征值和特征向量为
Q =
      2131/3543      709/1284      780/1351
      408/2299       -369/463      780/1351
      -747/959       294/1201      780/1351
D =
      -1     0     0
       0    -1     0
       0     0     5
D1 =
      -1     *     *
       *    -1     *
       *     *     5
D2 =
      -1     *     *
       *    -1     *
       *     *     5
```

二、二次型的标准形

例 2 用正交变换将二次型 $f=-2x_1x_2+2x_1x_3+2x_2x_3$ 化为标准形.

程序代码如下：

```
clear
format rat                %显示有理格式
disp('二次型的系数矩阵为')
A=[0 -1 1; -1 0 1; 1 1 0]
[Q, D]=eig(A)
syms y1 y2 y3
Y=[y1; y2; y3];
disp('存在正交变换X=Q*Y，把二次型f化为标准形')
f=Y'*D*Y
```

运行结果为

```
二次型的系数矩阵为
A =
      0     -1      1
     -1      0      1
      1      1      0
Q =
     -780/1351      -523/1328      535/748
     -780/1351      7729/9468      -237/14314
      780/1351      935/2213       1273/1822
D =
     -2      0      0
      0      1      0
      0      0      1
存在正交变换X=Q*Y，把二次型f化为标准形
f =
     y2 * conj(y2) - 2 * y1 * conj(y1) + y3 * conj(y3)
```

三、正定性的判定

例3 判断矩阵 $\boldsymbol{A}=\begin{pmatrix}1 & 2 & 4\\ 2 & -2 & 2\\ 4 & 2 & 1\end{pmatrix}$ 的正定性.

程序代码如下：

```
clear
A=[1 2 4; 2 -2 2; 4 2 1];
disp('A的全部特征值为')
d=eig(A)                    %求全部特征值所组成的向量
if all(d > 0)               %判断全部特征值是否都大于零
disp('A为正定的')
else
disp('A不是正定的')
end
```

运行结果为

```
A的全部特征值为
d =
    -3
    -3
     6
A不是正定的
```

此外，也可根据各阶顺序主子式都为正(赫尔维茨定理)来判断正定性.

程序代码如下：

```
clear
A=[1 2 4; 2 -2 2; 4 2 1];
for i=1:3                   %for循环语句，i逐次取到1，2，3
  B=A(1:i, 1:i);            %选取构成i个顺序主子式的元素构造矩阵B
  fprintf ('%d阶顺序主子式的值为', i)          %输出语句
  d=det(B)
  if(d <= 0)
  disp('A不是正定的')
  break                     %终止for循环
  elseif(i==3)              %for循环完毕，即所有的顺序主子式都大于零
  disp('A是正定的')
  end
end
```

运行结果为

```
1阶顺序主子式的值为
d =

    1

2阶顺序主子式的值为
d =

   -6

A不是正定的
```

例 4 判断二次型 $f=-2x_1^2-6x_2^2-4x_3^2+2x_1x_2+2x_1x_3$ 的正定性.

程序代码如下：

```
clear
disp('二次型的系数矩阵为')
A=[-2 1 1; 1 -6 0; 1 0 -4]
disp('A的全部特征值为')
d=eig(A)
if all(d > 0)
disp('二次型正定')
else
disp('二次型非正定')
end
```

运行结果为

```
二次型的系数矩阵为
A =

   -2     1     1
    1    -6     0
    1     0    -4

A的全部特征值为
d =

   -6.2618
   -4.3399
   -1.3983

二次型非正定.
```

MATLAB 操作基础简介

MATLAB 是美国 MathWorks 公司出品的商业数学软件，用于算法开发、数据可视化、数据分析以及数值计算的高级技术计算语言和交互式环境. MATLAB 是 matrix & laboratory 两个词的组合，意为矩阵工厂(矩阵实验室). 下面以 MATLAB R2015b 为例，介绍 MATLAB 的基础知识. 对于其他版本的 MATLAB，界面会略有不同，但程序指令的编辑与使用基本类似.

一、MATLAB 启动与退出

用鼠标双击桌面上 MATLAB 图标，可启动 MATLAB 程序. 退出时，可直接关闭 MATLAB 窗口，或在命令窗口(Command Window)执行 quit 或 exit 命令.

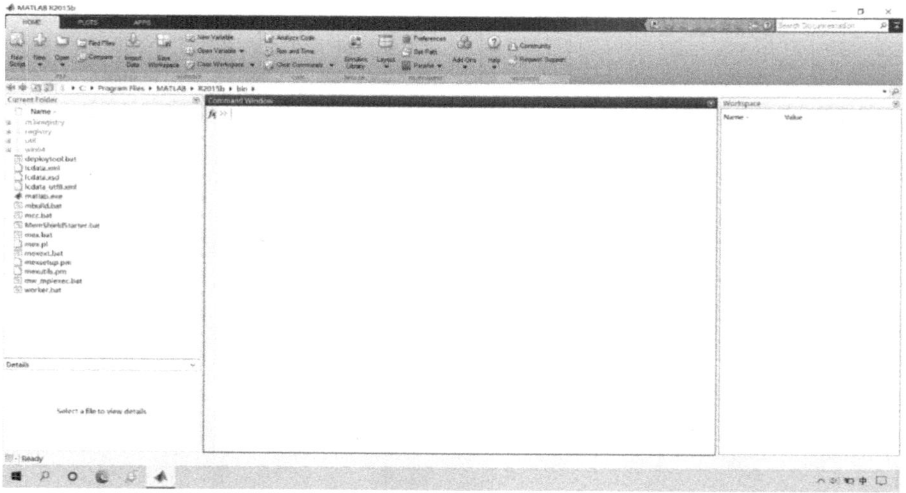

图 5.1　MATLAB 的操作界面——命令窗口

二、命令窗口的使用

先激活命令窗口. 在 MATLAB 命令窗口的提示符“>>”后面输入指令，按【Enter】键，执行指令.

MATLAB 所用运算符(如+、-、^等)是各种计算程序中常见的.

例如，想计算$[12+2\times(7-4)]\div 3^2$，可在 MATLAB 命令窗口中输入：(12+2*(7-4))/3^2，按【Enter】键，指令执行，结果显示为

```
Command Window
  >> (12+2*(7-4))/3^2

  ans =

       2

fx >>
```

也可以将结果赋予某个变量，以便后续使用. 在命令窗口中输入：A=(12+2*(7−4))/3^2，按【Enter】键，结果显示为

```
>> A=(12+2*(7-4))/3^2

A =

     2

fx >>
```

其他常见通用命令：

clc　　　　　　　%清除命令窗口的显示内容；

clear　　　　　　%清除 MATLAB 工作空间中保存的变量；

who 或 whos　　%显示 MATLAB 工作空间中的变量信息，也可点击工作空间查看；

help 或 lookfor　%帮助信息(简单纯文本)；

doc 或 helpwin　%窗口式综合帮助信息(文字、公式、图形).

例如，想获取 sin 函数的信息，可在命令行窗口中输入 help sin，按【Enter】键，显示为

```
Command Window
  >> help sin
   sin    Sine of argument in radians.
      sin(X) is the sine of the elements of X.

      See also asin, sind.

      Reference page for sin
      Other functions named sin

fx >>
```

三、M 文件

在 MATLAB 窗口中单击 HOME 菜单中的 New Script，或者在命令窗口激活状态下，使用快捷键“Ctrl+N”，可打开一个 M 文件编辑窗口.

图 5.2　M 文件的编辑窗口

在该窗口中输入程序指令，进行 M 文件的编辑，选择 EDITOR 菜单中的 Save 选项，可将编写的程序保存为一个后缀为 m 的文件. 点击 Run 选项，即可运行和调试此 M 文件. 也可在 MATLAB 命令窗口中直接输入文件名后回车即可，但该程序文件必须在 MATLAB 默认的路径下. 用户可以将要执行的文件所在的路径添加到 MATLAB 默认的路径序列中.

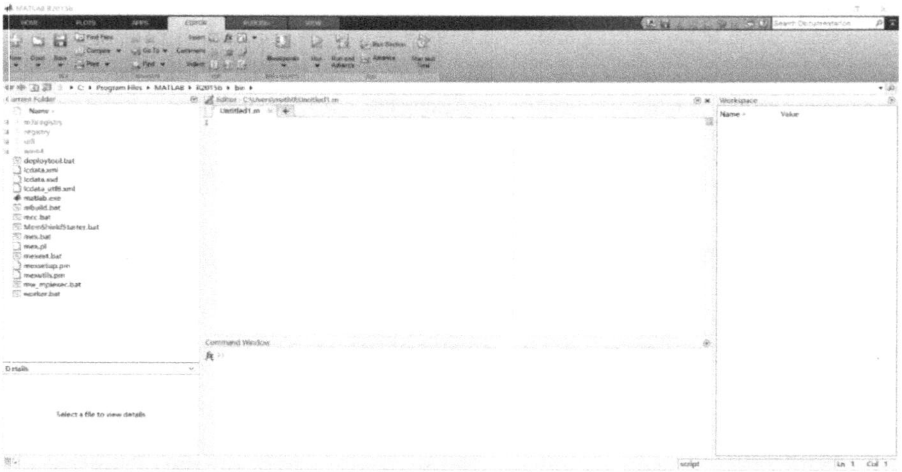

图 5.3　MATLAB 的操作界面——编辑器窗口

习题参考答案

习题一

习题 A(答案)

1. (1) 10; (2) $n(n-1)/2$.

2. (1) 负号; (2) 正号.

3. (1) $ab(b-a)$; (2) 1; (3) $(a-b)(b-c)(c-a)$; (4) $-2(x^3+y^3)$.

4. (1) 4; (2) -18; (3) a^2b^2; (4) $(x+3a)(x-a)^3$.

6. $-2(m+n)$.

7. (1) -160; (2) $b^2(b^2-4a^2)$; (3) $x^n+(-1)^{n+1}y^n$; (4) $(-1)^n(n+1)a_1a_2\cdots a_n$.

8. 7.

9. 4.

10. 0.

11. $(x-a)^{n-1}$.

12. $x_1=a$, $x_2=b$, $x_3=c$.

13. (1) $n+1$; (2) $a_1a_2\cdots a_n\left(1+\sum\limits_{i=1}^{n}\dfrac{1}{a_i}\right)$.

14. $\prod\limits_{i=1}^{n}(a_id_i-b_ic_i)$.

15. (1) $x_1=2$, $x_2=-1$, $x_3=3$; (2) $x_1=1$, $x_2=-1$, $x_3=-1$, $x_4=1$.

习题 B(答案)

1. 单项选择题.

   (1) C; (2) A; (3) C; (4) B; (5) D.

2. 填空题.

   (1) 0; (2) -2; (3) $(-1)^{n+1}n!$; (4) 1 或 2 或 3; (5) 12, -9.

3. $(a^2-b^2)(c^2-d^2)$.

4. $t=\dfrac{1}{4}$.

5. 1.

6. $n!\left(1-\sum_{k=2}^{n}\frac{1}{k}\right)$.

7. $1!\ 2!\ 3!\ \cdots(n-2)!\ (n-1)!\ n!$.

8. 提示：利用展开法则展开或数学归纳法.

习题二

习题 A(答案)

1. $\boldsymbol{A}+2\boldsymbol{B}=\begin{pmatrix}5 & 9 & 4\\ -2 & -1 & -2\end{pmatrix}$，$\boldsymbol{A}\boldsymbol{B}^{\mathrm{T}}=\begin{pmatrix}0 & -5\\ 5 & -5\end{pmatrix}$.

2. (1) $\begin{pmatrix}3 & -2 & 1\\ 6 & -4 & 2\\ 9 & -6 & 3\end{pmatrix}$；(2) 6；(3) $x^2+2y^2+2xy-2xz+2yz$；(4) $\begin{pmatrix}6 & -7 & 8\\ 20 & -5 & -6\end{pmatrix}$.

4. (1) $\boldsymbol{A}^2=\begin{pmatrix}0 & 0 & 1\\ 0 & 0 & 0\\ 0 & 0 & 0\end{pmatrix}$，$\boldsymbol{A}^n=0$，$n\geqslant 3$；(2) $\boldsymbol{A}^n=\begin{pmatrix}\lambda^n & n\lambda^{n-1} & \frac{n(n-1)}{2}\lambda^{n-2}\\ 0 & \lambda^n & n\lambda^{n-1}\\ 0 & 0 & \lambda^n\end{pmatrix}$，$n>1$.

5. (1) $\begin{pmatrix}5 & -2\\ -2 & 1\end{pmatrix}$；(2) $\begin{pmatrix}3 & -2 & 1\\ -3 & \frac{5}{2} & -\frac{3}{2}\\ 1 & -1 & 1\end{pmatrix}$；(3) $\begin{pmatrix}-4 & -3 & 1\\ -5 & -3 & 1\\ 6 & 4 & -1\end{pmatrix}$；

(4) $\begin{pmatrix}0 & 2 & -1 & 0\\ 0 & -3 & 2 & 0\\ 4 & -5 & 7 & -3\\ -\frac{1}{2} & 2 & -2 & \frac{1}{2}\end{pmatrix}$.

7. (1) $\boldsymbol{X}=\begin{pmatrix}2 & -23\\ 0 & 8\end{pmatrix}$；(2) $\boldsymbol{X}=\begin{pmatrix}-2 & 2 & 1\\ -\frac{8}{3} & 5 & -\frac{2}{3}\end{pmatrix}$；(3) $\boldsymbol{X}=\begin{pmatrix}-5 & 2\\ -10 & 4\\ -2 & 1\end{pmatrix}$.

9. (1) $\begin{pmatrix} -\frac{1}{3} & \frac{2}{3} & 0 \\ \frac{2}{3} & -\frac{1}{3} & 0 \\ 0 & 0 & \frac{1}{2} \end{pmatrix}$;(2) $\begin{pmatrix} 0 & 0 & 1 & 0 \\ 0 & 0 & 0 & 1 \\ 1 & -1 & 0 & 0 \\ -3 & 4 & 0 & 0 \end{pmatrix}$.

11. (1) $\begin{pmatrix} 1 & 0 & 0 & 5 \\ 0 & 0 & 1 & -3 \\ 0 & 0 & 0 & 0 \end{pmatrix}$;(2) $\begin{pmatrix} 1 & 0 & 2 & 0 & -2 \\ 0 & 1 & -1 & 0 & 3 \\ 0 & 0 & 0 & 1 & 4 \\ 0 & 0 & 0 & 0 & 0 \end{pmatrix}$.

12. (1) $\begin{pmatrix} \frac{2}{3} & \frac{2}{9} & -\frac{1}{9} \\ -\frac{1}{3} & -\frac{1}{6} & \frac{1}{6} \\ -\frac{1}{3} & \frac{1}{9} & \frac{1}{9} \end{pmatrix}$;(2) $\begin{pmatrix} 1 & 1 & -2 & -4 \\ 0 & 1 & 0 & -1 \\ -1 & -1 & 3 & 6 \\ 2 & 1 & -6 & -10 \end{pmatrix}$.

13. (1) 2;(2) 3.

14. 当 $x\neq 1$ 且 $x\neq -2$ 时，$r(\boldsymbol{A})=3$；当 $x=1$ 时，$r(\boldsymbol{A})=1$；当 $x=-2$ 时，$r(\boldsymbol{A})=2$.

17. 3.

18. $(\boldsymbol{B}-\boldsymbol{E})^{-1}=\begin{pmatrix} 1 & 0 & 1 \\ 0 & 2 & 0 \\ 1 & 0 & 3 \end{pmatrix}$.

19. $\lambda=5$，$\mu=1$.

20. $\begin{pmatrix} 2 & 0 & 0 \\ 0 & -4 & 0 \\ 0 & 0 & 2 \end{pmatrix}$.

习题 B(答案)

1. 单项选择题.

(1) B; (2) B; (3) C; (4) A; (5) C.

2. 填空题.

(1) $\begin{pmatrix} 1 & 0 \\ m\lambda & 1 \end{pmatrix}$; (2) a^2;(3) $\frac{1}{2}\boldsymbol{A}^{-1}$;(4) 2, (5) $\frac{1}{5}\boldsymbol{A}$.

4. $\begin{pmatrix} 9 & 6 & -2 \\ 10 & 7 & -2 \\ -12 & -8 & 3 \end{pmatrix}$.

6. $\mathrm{diag}\left(\frac{1}{3}, \frac{1}{16}, \frac{1}{45}\right)$.

7. 1.

习题三

习题 A(答案)

1. $\boldsymbol{\beta}=-11\boldsymbol{\alpha}_1+14\boldsymbol{\alpha}_2+9\boldsymbol{\alpha}_3$.

3. (1) 线性相关;(2) 线性无关;(3) 线性无关;(4) 线性无关.

4. $\alpha=2$ 或 $\alpha=-1$.

7. (1) $r=2$ $\boldsymbol{\alpha}_1$, $\boldsymbol{\alpha}_2$;(2) $r=2$ $\boldsymbol{\alpha}_1$, $\boldsymbol{\alpha}_2$;(3) $r=3$ $\boldsymbol{\alpha}_1$, $\boldsymbol{\alpha}_2$, $\boldsymbol{\alpha}_3$.

8. 一个最大无关组是 $\boldsymbol{\alpha}_1$, $\boldsymbol{\alpha}_2$, $\boldsymbol{\alpha}_3$;$\boldsymbol{\alpha}_4=\boldsymbol{\alpha}_1+3\boldsymbol{\alpha}_2-\boldsymbol{\alpha}_3$;$\boldsymbol{\alpha}_5=-\boldsymbol{\alpha}_2+\boldsymbol{\alpha}_3$.

9. (1) $x=-4$ 且 $y\neq 0$;(2) $x\neq -4$;(3) $x=-4$ 且 $y=0$, $\boldsymbol{\beta}=c\boldsymbol{\alpha}_1-(2c+1)\boldsymbol{\alpha}_2+\boldsymbol{\alpha}_3$($c$ 为任意常数).

10. V_1 是,V_2 不是.

11. $(2, 5, -1)$.

12. (1) $\begin{pmatrix} 2 & 3 & 4 \\ 0 & -1 & 0 \\ -1 & 0 & -1 \end{pmatrix}$;(2) $\begin{pmatrix} -8 \\ -1 \\ 5 \end{pmatrix}$.

13. (1) 基础解系:$\boldsymbol{\xi}=\begin{pmatrix} 7 \\ -1 \\ -2 \end{pmatrix}$,通解:$\boldsymbol{x}=k\boldsymbol{\xi}$, $k\in\mathbf{R}$.

(2) 基础解系:$\boldsymbol{\xi}_1=\begin{pmatrix} 8 \\ -6 \\ 1 \\ 0 \end{pmatrix}$, $\boldsymbol{\xi}_2=\begin{pmatrix} -7 \\ 5 \\ 0 \\ 1 \end{pmatrix}$,通解:$\boldsymbol{x}=k_1\boldsymbol{\xi}_1+k_2\boldsymbol{\xi}_2$, k_1, $k_2\in\mathbf{R}$.

（3）只有零解，无基础解系.

（4）基础解系：$\boldsymbol{\xi}_1=\begin{pmatrix}0\\1/3\\1\\0\\0\end{pmatrix}$，$\boldsymbol{\xi}_2=\begin{pmatrix}0\\-2/3\\0\\0\\1\end{pmatrix}$，通解：$\boldsymbol{x}=k_1\boldsymbol{\xi}_1+k_2\boldsymbol{\xi}_2$，$k_1, k_2\in\mathbf{R}$.

14.（1）无解.

（2）通解：$\boldsymbol{x}=k_1\begin{pmatrix}-3/7\\2/7\\1\\0\end{pmatrix}+k_2\begin{pmatrix}-13/7\\4/7\\0\\1\end{pmatrix}+\begin{pmatrix}13/7\\-4/7\\0\\0\end{pmatrix}$，$k_1, k_2\in\mathbf{R}$.

（3）唯一解：$\boldsymbol{x}=\begin{pmatrix}-8\\3\\6\\0\end{pmatrix}$.（4）通解：$\boldsymbol{x}=k\begin{pmatrix}-2\\1\\1\\0\end{pmatrix}+\begin{pmatrix}3/2\\1/2\\0\\1/2\end{pmatrix}$，$k\in\mathbf{R}$.

15. 当$\lambda=-2$时有解，

$$\boldsymbol{x}=k_1\begin{pmatrix}1\\1\\0\\0\end{pmatrix}+k_2\begin{pmatrix}-4\\0\\-1\\1\end{pmatrix}+\begin{pmatrix}13\\0\\5\\0\end{pmatrix}，k_1, k_2\in\mathbf{R}.$$

17. 通解：$\boldsymbol{x}=k_1\begin{pmatrix}0\\0\\1\end{pmatrix}+k_2\begin{pmatrix}0\\1\\0\end{pmatrix}+\begin{pmatrix}1/2\\0\\1/2\end{pmatrix}$，$k_1, k_2\in\mathbf{R}$.

习题 B(答案)

1. 单项选择题.

（1）B；（2）C；（3）B；（4）A；（5）C；（6）D；（7）C；（8）A.

2. 填空题.

（1）相；（2）相；（3）$a_1\cdot b_2\neq a_2\cdot b_1$；（4）$t=2$ 或 $t=-1$；（5）$\begin{pmatrix}1\\1\\2\end{pmatrix}$；（6）$-3$；

(7) $\boldsymbol{x}=k(1\quad 1\quad 1)^{\mathrm{T}}$，$k\in\mathbf{R}$；(8) $a_1+a_2+a_3+a_4=0$.

5. (1) $r=2$　$\boldsymbol{\alpha}_1$，$\boldsymbol{\alpha}_2$，$\boldsymbol{\alpha}_3=-3\boldsymbol{\alpha}_1+2\boldsymbol{\alpha}_2$；

(2) $r=3$　$\boldsymbol{\alpha}_1$，$\boldsymbol{\alpha}_2$，$\boldsymbol{\alpha}_3$；

(3) $r=2$　$\boldsymbol{\alpha}_1$，$\boldsymbol{\alpha}_2$，$\boldsymbol{\alpha}_3=-\boldsymbol{\alpha}_1+2\boldsymbol{\alpha}_2$，$\boldsymbol{\alpha}_4=-2\boldsymbol{\alpha}_1+3\boldsymbol{\alpha}_2$.

6. $\frac{1}{8}\begin{pmatrix}5&1&6\\12&4&8\\1&5&3\end{pmatrix}$.

7. (1) $a=-4$ 且 $b\neq 0$；(2) $a\neq -4$；

(3) $a=-4$ 且 $b=0$，$\boldsymbol{\beta}=k\boldsymbol{\alpha}_1-(2k+1)\boldsymbol{\alpha}_2+\boldsymbol{\alpha}_3$，$k\in\mathbf{R}$.

8. (1) $x_1+2x_2-3x_3=0$；(2) $\begin{cases}x_1-2x_2+x_3=0\\2x_1-3x_2+x_4=0\end{cases}$.

9. $\lambda=1$，$|\boldsymbol{B}|=0$.

习题四

习题 A(答案)

1. (1) $\lambda=\frac{3}{2}\pm\frac{\sqrt{37}}{2}$，对应特征向量$(6, 1\mp\sqrt{37})^{\mathrm{T}}$；

(2) $\lambda_1=1$，$\lambda_2=\lambda_3=2$，对应特征向量$(0, 1, 1)^{\mathrm{T}}$，$(1, 1, 0)^{\mathrm{T}}$；

(3) $\lambda_1=\lambda_2=\lambda_3=2$，对应特征向量$(0, 1, 1)^{\mathrm{T}}$，$(1, 1, 0)^{\mathrm{T}}$；

(4) $\lambda_1=\lambda_2=\lambda_3=-1$，对应特征向量$(1, 1, -1)^{\mathrm{T}}$.

5. $|\boldsymbol{A}|=6$.

7. (1) 可逆矩阵 $\boldsymbol{P}=\frac{1}{\sqrt{2}}\begin{pmatrix}1&1\\-1&1\end{pmatrix}$，相应对角阵 $\boldsymbol{\Lambda}=\begin{pmatrix}0&0\\0&2\end{pmatrix}$；

(2) 不可对角化；

(3) 可逆矩阵 $\boldsymbol{P}=\begin{pmatrix}-3&1&1\\0&-6&0\\2&4&1\end{pmatrix}$，相应对角阵 $\boldsymbol{\Lambda}=\begin{pmatrix}-1&0&0\\0&1&0\\0&0&4\end{pmatrix}$；

(4) 可逆矩阵 $\boldsymbol{P}=\begin{pmatrix}1&2&1\\0&1&0\\-3&0&0\end{pmatrix}$，相应对角阵 $\boldsymbol{\Lambda}=\begin{pmatrix}0&0&0\\0&2&0\\0&0&3\end{pmatrix}$.

8. $x=2$，$y=-2$.

9. (1) $\left(\frac{3}{5},\frac{4}{5}\right)$，$\left(-\frac{4}{5},\frac{3}{5}\right)$；

(2) $(1,0,0)$，$\left(0,\frac{1}{\sqrt{2}},-\frac{1}{\sqrt{2}}\right)$，$\left(0,\frac{1}{\sqrt{2}},\frac{1}{\sqrt{2}}\right)$.

10. (1) 是；(2) 不是.

12. (1) $\begin{pmatrix}\frac{1}{\sqrt{2}}&-\frac{1}{\sqrt{2}}&0\\\frac{1}{\sqrt{2}}&\frac{1}{\sqrt{2}}&0\\0&0&1\end{pmatrix}$；(2) $\begin{pmatrix}0&1&0\\\frac{1}{\sqrt{2}}&0&\frac{1}{\sqrt{2}}\\-\frac{1}{\sqrt{2}}&0&\frac{1}{\sqrt{2}}\end{pmatrix}$.

13. $\boldsymbol{A}=\begin{pmatrix}3&2&4\\2&0&2\\4&2&3\end{pmatrix}$.

14. (1)(2)(3) 不是；(4) 是.

15. (1) $\begin{pmatrix}1&1&1\\1&4&2\\1&2&1\end{pmatrix}$；(2) $\begin{pmatrix}0&\frac{1}{2}&0&\frac{1}{2}\\\frac{1}{2}&0&\frac{1}{2}&0\\0&\frac{1}{2}&0&\frac{1}{2}\\\frac{1}{2}&0&\frac{1}{2}&0\end{pmatrix}$.

16. (1) 正交变换：$\begin{pmatrix}x_1\\x_2\end{pmatrix}=\begin{pmatrix}-\frac{1}{\sqrt{2}}&\frac{1}{\sqrt{2}}\\\frac{1}{\sqrt{2}}&\frac{1}{\sqrt{2}}\end{pmatrix}\begin{pmatrix}y_1\\y_2\end{pmatrix}$，标准形：$f=2y_1^2+8y_2^2$；

(2) 正交变换：$\begin{pmatrix} x_1 \\ x_2 \\ x_3 \end{pmatrix} = \begin{pmatrix} \frac{2}{3} & \frac{1}{\sqrt{5}} & \frac{-4}{3\sqrt{5}} \\ \frac{1}{3} & \frac{-2}{\sqrt{5}} & \frac{-2}{3\sqrt{5}} \\ \frac{2}{3} & 0 & \frac{5}{3\sqrt{5}} \end{pmatrix} \begin{pmatrix} y_1 \\ y_2 \\ y_3 \end{pmatrix}$，

标准形：$f=-2y_1^2+7y_2^2+7y_3^2$.

18. (1) 否；(2) 是.

19. (1) $\lambda>2$；(2) $|\lambda|<\sqrt{\frac{5}{3}}$.

习题 B(答案)

1. 单项选择题.

(1) D；(2) B；(3) C；(4) A；(5) C.

2. 填空题.

(1) -6；(2) $x+y=0$；(3) $\boldsymbol{\Lambda}=\begin{pmatrix} -1 & & \\ & -1 & \\ & & 0 \end{pmatrix}$；(4) $-2y_1^2+y_2^2+y_3^2$；(5) $a>\frac{5}{2}$.

4. (1) $x=0$，$y=1$；(2) $\boldsymbol{P}=\begin{pmatrix} 1 & 0 & 0 \\ 0 & 1 & 1 \\ 0 & 1 & -1 \end{pmatrix}$.

5. $\begin{pmatrix} \lambda_1^n & 0 & 0 \\ \lambda_1^n-\lambda_2^n & \lambda_2^n & 0 \\ \lambda_1^n-\lambda_2^n & \lambda_2^n-\lambda_3^n & \lambda_3^n \end{pmatrix}$.

6. $a=2$，正交变换 $\boldsymbol{x}=\boldsymbol{T}\boldsymbol{y}$，其中正交阵 $\boldsymbol{T}=\begin{pmatrix} 0 & 1 & 0 \\ \frac{1}{\sqrt{2}} & 0 & \frac{1}{\sqrt{2}} \\ -\frac{1}{\sqrt{2}} & 0 & \frac{1}{\sqrt{2}} \end{pmatrix}$.

参 考 文 献

[1] 王坤，等. 线性代数[M]. 2版. 北京：机械工业出版社，2015.

[2] 同济大学数学系. 线性代数[M]. 6版. 北京：高等教育出版社，2013.

[3] 方卫东，等. 线性代数[M]. 广州：华南理工大学出版社，2008.

[4] 吴赣昌. 线性代数[M]. 4版. 北京：中国人民大学出版社，2011.

[5] 上海交通大学数学系. 线性代数[M]. 3版. 上海：上海交通大学出版社，2014.

[6] 黄廷祝. 线性代数[M]. 北京：高等教育出版社，2021.

[7] 高淑萍，等. 线性代数及应用[M]. 西安：西安电子科技大学出版社，2020.

[8] 潘显兵，等. 线性代数及其应用[M]. 北京：清华大学出版社，2018.

[9] 莫里斯·克莱因. 古今数学思想[M]. 张理京，等译. 上海：上海科学技术出版社，2014.

[10] 徐品方，等. 数学符号史[M]. 北京：科学出版社，2019.

[11] 李富民，等. 线性代数实验[M]. 西安：西安电子科技大学出版社，2011.

[12] 周博，等. MATLAB科学计算范例实战速查宝典[M]. 北京：清华大学出版社，2013.